# 新一代
## 电力系统导论

XINYIDAI
DIANLI XITONG DAOLUN

徐 林 主编

中国电力出版社
CHINA ELECTRIC POWER PRESS

## 内 容 提 要

　　新一代电力系统是我国电力行业落实国家创新驱动发展战略的重要目标，是能源生产与消费革命背景下的重大战略举措。本书是多年来开展相关培训、教学、科研的研究成果之一，结合我国电力行业最新的技术发展态势和科学研究进展，介绍了新一代电力系统的理念和形态，阐述了建设新一代电力系统所需的关键技术，并从多个视角描述了新一代电力系统的形态架构。

　　本书可供电力科技行业的工作人员、研究人员学习借鉴，也可以作为高等院校和培训机构开展新一代电力系统培训教学的参考书。

**图书在版编目（CIP）数据**

新一代电力系统导论 / 徐林主编. —北京：中国电力出版社，2019.6（2021.7重印）
ISBN 978-7-5198-3303-9

Ⅰ. ①新…　Ⅱ. ①徐…　Ⅲ. ①电力系统　Ⅳ. ①TM7

中国版本图书馆 CIP 数据核字（2019）第 118454 号

出版发行：中国电力出版社
地　　址：北京市东城区北京站西街 19 号（邮政编码 100005）
网　　址：http://www.cepp.sgcc.com.cn
责任编辑：刘丽平（010-63412342）
责任校对：黄　蓓　李　楠
装帧设计：左　铭
责任印制：石　雷

印　　刷：三河市百盛印装有限公司
版　　次：2019 年 7 月第一版
印　　次：2021 年 7 月北京第二次印刷
开　　本：787 毫米×1092 毫米　16 开本
印　　张：13.75
字　　数：312 千字
印　　数：1501—2500 册
定　　价：60.00 元

# 编 写 组

主　　编　徐　林

副 主 编　江全元　李　伟　耿光超

编写人员　顾建明　宋　勤　张　媛　严红滨

　　　　　张　静　叶丽雅　曹诗侯　完泾平

　　　　　叶　碧　赵能能　庞　正　李　亚

　　　　　李　晋　刘文灿　王璐琦　王晓玲

　　　　　罗　勇　刘华蕾　汤陈芳　王佳培

# 前　言

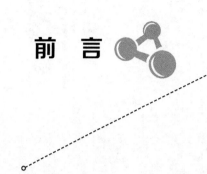

　　实施新一代电力系统研究和建设工作，是深入贯彻党的十九大精神，落实国家创新驱动发展战略，应对能源生产和消费革命的重大战略举措，也是当前和今后一段时期电力行业发展的行动纲领和战略方向。

　　2018年，国家电网有限公司科技部组织相关科研单位编制完成《新一代电力系统技术研究框架》，提炼总结了新一代电力系统技术特征、技术发展方向、重点研发任务和科技示范工程，布局了电网互联及大电网安全稳定、高比例新能源友好接入、智能配电及用户互动、电力市场化机制与商业模式、基础性支撑技术5个研究方向20个技术领域，以及百万千瓦级可再生能源友好并网示范工程等13项科技示范工程，明确了今后一段时期新一代电力系统研究和工程示范的重点。

　　本书依据近年来改变电力系统的关键技术的发展及电网形态演变的规律，分为上、下两篇，上篇主要介绍新一代电力系统的关键技术，包括新型电力关键设备、新型数据获取途径、新型决策范式等；下篇主要阐述新一代电力系统的形态架构，包括新型能源获取、传输、消费模式，新型监管和标准化模式，新型商业模式等。

　　鉴于以数据驱动智能电网、泛在电力物联网等为代表的电力系统新技术快速发展，以及电力市场化进程地不断加快，对电力工作者的综合素质提出了更高、更新的要求，电力系统内广泛应用高新技术设备，使电力工作者必须紧随新设备、新知识的更新步伐。本书结合新一代电力系统出现的新技术，以新一代电力系统的关键技术和形态结构为核心，展现电力系统发展新趋势。本书可为从事电力系统工作者提供一个新知识学习的平台，促进大家转变发展观念，积极从事电力行业工作以迎接电力事业的新发展。

　　本书由国网浙江省电力有限公司培训中心联合浙江大学高性能计算实验室完成编写，编写组成员对全书的资料收集、整理等做了大量的工作，在此谨对他们表示衷心的感谢。

　　限于编者时间和精力，书中不妥之处在所难免，恳请广大读者批评指正。

编　者

2019年5月

# 目 录

# 第1章

# 新一代电力系统的概述

## 1.1 面向未来的新一代电力系统

21 世纪以来，随着我国经济的迅速发展和能源需求的大幅增长，能源发展面临资源和环境的巨大挑战。新形势下，习近平总书记于 2014 年 6 月提出推动能源消费革命、能源供给革命、能源技术革命和全方位加强国际合作的重大战略思想；在党的十九大报告中进一步提出推进能源生产和消费革命，构建清洁低碳、安全高效能源体系，为我国能源发展改革指明了方向。出于环境保护和可持续发展的要求，在世界范围内与能源生产、消费密切相关的温室气体排放也受到高度关注。2016 年 9 月 3 日全国人大常委会批准我国加入《巴黎气候变化协定》，在该协定框架之下，我国提出了有雄心、有力度的国家自主贡献四大目标：① 到 2030 年中国单位 GDP 的二氧化碳排放，同比 2005 年下降 60%～65%；② 到 2030 年非化石能源在一次能源消费中的比重要提升到 20%左右；③ 到 2030 年左右，中国二氧化碳排放达到峰值，并且争取早日达到峰值；④ 增加森林蓄积量和增加碳汇，到 2030 年中国的森林蓄积量要比 2005 年增加 45 亿 $m^3$。这四大目标既是我国对世界的承诺，也是我国实现能源生产和消费转型的重要依据。其中非化石能源（主要包括水电、风电、太阳能发电等可再生能源以及核能）在一次能源消费中比重是能源转型的核心指标。

基于上述情况，我国能源革命的主要目标是以可再生能源逐步替代化石能源，实现清洁能源在一次能源生产和消费中占更大份额，推动能源转型，建设清洁低碳、安全高效的新一代能源系统。由于电力系统与可再生能源的生产、输送和消费密切相关，在保证能源转型核心指标的实现方面具有关键作用，因此，必须在技术发展和创新的基础上，大力推动电力系统转型，建设作为新一代能源系统核心的新一代电力系统。

电力系统的发展可以分为三代：第一代电力系统的特点是小机组、低电压、小电网，是初级阶段的电网发展模式。第二代电力系统的特点是大机组、超高压、大电网，优势在于大机组、大电网的规模经济性，大范围的资源优化配置能力，以及开展电力市场的潜力；其缺点是高度依赖化石能源，是不可持续的发展模式。第三代电力系统的特点是基于可再生能源和清洁能源、骨干电网与分布式电源结合、主干电网与区域网和微网结合，是可持续的综合能源电力发展模式。

第三代电力系统即新一代电力系统，是百年来第一、二代电力系统的传承和发展。从第一代电力系统到第三代电力系统发展的内在动力是电能供需的变化，对于第三代电力系统而言，其主要驱动力是电源结构的变化。这种变化是伴随着能源转型发生的，原因在于化石能源的有限资源、环境保护的要求日益严格，以及在信息通信技术高速发展的推动下，对系统运行和用户服务自动化、智能化水平的更高要求。因此，清洁能源的大规模利用和智能化将是新一代电力系统的主要发展方向。近十年来电力系统的发展，特别是风电、光伏发电的快速发展，特高压直流输电的大规模建设，用户端分布式能源多能互补、综合能源和能源互联网的兴起。电力系统中高比例可再生能源，高比例电力电子装备，多能互补综合能源，物理信息深度融合的智能电网和能源互联网，更加开放的电力市场化成为新一代电力系统的主要技术特征。

## 1.2　新一代电力系统关键技术

### 1.2.1　新型电力关键技术

随着新能源发电、智能电网、特高压交直流输电的迅速发展，我国电网正成为一个全国范围内互联性逐渐增强的超大规模电网，一些传统的电力设备已经无法满足当前电网快速发展的需求，因此一些新型的电力设备应运而生，如新型电力电子器件、新型发电设备技术、新型输电配电设备技术和新型储能设备等。

**1. 新型电力电子器件**

由于新能源发电的不断接入，各种电力电子器件广泛使用于电网中，现在的电力电子器件大多为硅器件，然而硅器件的性能已接近其由材料特性决定的理论极限，依靠硅器件继续完善和提高电力电子装置与系统性能的潜力已十分有限。因此，出现了新型的基于宽禁带半导体材料（第三代半导体材料）的电力电子器件。宽禁带电力电子器件具有热导率高、电子饱和速度高、击穿电压高、介电常数低等特点。从目前宽禁带半导体材料和器件的研究情况来看，研究重点多集中于碳化硅和氮化镓技术，其中碳化硅技术最为成熟，研究进展也较快；而氮化镓技术应用广泛，尤其在光电器件应用方面研究比较深入。现有的宽禁带电力电子器件主要包括碳化硅功率二极管、碳化硅功率开关、氮化镓功率二极管、氮化镓功率开关等。

**2. 新型发电设备技术**

现阶段的新型发电设备还是以风力发电设备和太阳能发电设备为主。风力发电一直保持着世界范围内增长最快能源的地位，风力发电将会迎来一个高速发展的时期，预计到2020年和2050年，中国风电装机容量将分别达到200GW和1000GW；而太阳能发电则延伸到了各个应用领域，小至自动停车计费器的供能、屋顶太阳能板，大至面积广阔的太阳能发电中心，其在发电领域的应用已经遍及全球。截至 2017 年其发电量已达442 618GWh，占全球发电量的 1.73%。其他可再生能源发电技术也在蓬勃发展中，如生物质能、洋流能、地热能等，但由于某些技术不够完善，仍没有大规模应用到电网中。

**3. 新型输电配电技术**

电网中应用较多的为柔性交流输电技术、柔性直流输电技术和柔性配电技术。柔性交流输电系统是一种将微机处理技术、电力电子技术、先进控制技术等应用于高压输电系统，从而获得大量的节能效益，提高系统电能质量、可靠性、运行性能和可控性的新型综合技术；柔性直流输电技术即基于电压源换流器的高压直流输电，它是一种新型的输电技术，其优点有不会出现换相失败、易于构成多端直流系统、可向无源网络供电和换流站间无需通信等；柔性配电技术是柔性交流输电技术在配电网的延伸，主要应用领域有解决电能质量控制问题、解决分布式电源并网问题。应用上述三种技术的主要设备有固态开关、静态无功补偿装置、静止同步补偿器、动态不间断电源、动态电压恢复器、智能通用变压器等。特高压交流输变电技术是指 1000kV 及以上电压等级的大容量、远距离交流输变电技术；特高压直流输电是指 ±800kV 及以上电压等级的直流输电，可有效减少输电线路回数，极大提高线路走廊利用效率，提高电力输送的效率，降低运行费用；分频输电技术利用电力电子元件门极可关断晶闸管变换频率，可用较低的电压等级输送较远的距离，且有利于可再生能源并网和形成分布式电力系统；超导输电技术可为未来电网提供一种全新的低损耗、大容量、远距离电力传输方式。

**4. 新型储能设备技术**

储能技术具有爬坡灵活和响应快速的特点，同时具备对功率和能量的时间迁移能力和对有功、无功解耦的控制能力，能够为电力系统提供不同类型辅助服务。因而，将储能装备接入电网有利于增强可再生能源消纳能力和提高电力系统运行稳定性。近年来，储能技术得到快速发展，除了传统的抽水蓄能，以锂电池、铅碳电池、超级电容等为代表的新型储能技术发展成熟，并在电网中得到广泛应用。同时，储能设备的监控和调控技术使得电力系统灵活调控和协调控制等功能更加完备。

## 1.2.2　新型数据获取途径

随着无线传感技术、物联网技术的快速发展及相互融合，电网发展迎来了新的机遇。2009 年起，国家电网有限公司启动智能电网规划建设，并计划于 2020 年年前初步建成世界上最大的智能电网。近年来，智能电网被列为物联网十大应用领域之一，电力物联网的发展受到了社会各界的关注。2012 年年初，国网电科院物联网技术中心结合物联网定义及电网的应用特点，制定了电力物联网的定义，即在电力生产、输送、消费、管理各环节，广泛部署具有一定感知能力、计算能力和执行能力的各种智能感知设备，采用基于 IP 的标准协议，通过电力信息通信网络，实现信息安全可靠传输、协同处理、统一服务及应用集成，从而实现电网运行及企业管理全过程的全景全息感知、互联互通及无缝整合。在电力物联网中两个重要的技术即为无线传感技术和物联网技术，新型无线传感器网络为电网提供了多种数据获取途径，而物联网等新兴通信方式则使得廉价获取这些数据成为可能。

物联网传感器技术在电力设备监控、设备运行状态监测等方面的应用越来越广泛，传感器对设备运行状态进行实时监控，并为电网公司电力设备的管理、运维提供了极大的数据支撑和便利。本书详细介绍的新型电力传感技术有：基于电磁感应原理的非侵入式传感技术，它可用于测量中低压等级的多芯电缆所流过的电流大小，而传统的电流传感器通常只能测量单根导体通过的电流大小，或者需要破坏电缆实现侵入式测量。新型的非侵入式多芯电缆传感器具有易于安装、不破坏电缆的优点；电子式互感器具有绝缘简单、无磁饱和、动态范围宽、输出数字化、体积小易集成等特点，受到普遍关注，并逐步在工程中试点应用。经过国家电网有限公司十余年来的不断发展与积累，物联网已具有一定规模。鉴于此，国家电网有限公司于 2019 年两会期间，围绕"三型两网、世界一流"的建设目标，部署加快电力物联网的建设，计划通过三年到 2021 年初步建成电力物联网；再通过三年全面应用，全面建成物联网。

物联网无线通信技术将传感器相互连接，形成整体网络，实现信息互联，同时将数据传输到云端服务中。相关章节详细介绍了各种无线通信技术，从传输距离上区分，可以分为两类：一类是短距离通信技术，也称局域自组网通信，典型的应用场景（如智能家居），代表技术有 ZigBee、蓝牙等；另一类是广域网通信技术，业界一般定义为低功耗广域网，典型的应用场景（如智能抄表），常用的包括 LoRa、NB-IoT 等。

随着可再生能源等分布式发电资源数量不断增加以及电气设备自动化程度不断提高，电气设备与控制中心之间、电网企业与电力用户之间会产生大量的数据流，这使数据的采集和分析面临着巨大的考验，云计算集中式处理的方式已无法满足此类大规模、高频次的数据处理；而边缘计算技术能够很好地解决这一问题，在边缘计算当中，数据不需要被传送到云端，直接在边缘侧进行处理，数据处理的实时性和安全性远优于云计算。将边缘计算应用在供需领域中，可以有效地提高数据的存储和处理效率，减少传输数据所占用的带宽，使电力需求响应更加有效和快速地进行。相关章节详细介绍了边缘计算中的一些关键问题（如异构数据融合问题），简述了一些电力物联网边缘计算的应用实例。

电力物联网边缘计算体系中，各种支撑边缘计算的设备（如监控终端、边缘计算节点、物联网网关等）也至关重要。传感监控终端在提高整个电网的智能高效的管理中起着重要的作用，使突发的紧急事故得到及时有效的处理。电力系统中的边缘计算节点主要为智能台区，智能台区对配电变压器（含公用变压器、专用变压器）信息进行采集、控制、处理和实时监控，具有本地化信息监测、集中抄表、电能质量监控、漏电保护监测管理、低压线损分析、台区异常进行报警和台区信息互动等功能。而物联网网关则是将监控终端、边缘计算节点传输的数据进行中转整合的重要设备，可以实现感知网络与通信网络之间以及不同类型感知网络之间的协议转换，既可以实现广域互联，又可以实现局域互联。

### 1.2.3 新型智能决策模式

人工智能技术从发展之初就一直受到电力领域学者的高度关注，专家系统、人工神经网络、模糊理论以及启发式搜索等传统人工智能方法在电力系统中早已广泛应用。随着分布式电源、电动汽车、分布式储能元件等具有能源生产、存储、消费多种特性的新型能源终端高比例接入电网，现代电力系统呈现出复杂非线性、不确定性、时空差异性等特点。以高级机器学习理论、大数据、云计算为主要代表的新一代高性能计算及人工智能技术，具有应对高维、时变、非线性问题的强优化处理能力和强大学习能力，将为突破上述技术瓶颈提供有效解决途径。

电网智能化的实现需要对各环节产生的实时、准实时数据进行集中管理、分析、挖掘、反馈，需要支持大规模数据访问和高效数据处理的信息技术支撑，通过引入云计算技术，实现智能电网的云计算平台是解决该问题的核心。其中，电力调度云平台是电力云计算中建设的重点，相关章节详细介绍了调度云平台的架构和技术；电力区块链技术可实现电动汽车充电桩的运营商统一交易平台等，给能源互联网引入新的商业模式，可通过大力推动光伏电站众筹、资产证券化等模式实施。

本书还详细介绍了人工智能（AI）技术的发展、特点、架构等，人工智能在电力系统调度中已实现初步应用，基于 AI 的电网调度决策将成为新一代电力系统安全运行的保障，借助 AI 调度员对配网报警信息的瞬间判断、瞬时处理能力，大幅减少了调度员的信息判定时间。在 AI 的配合下，配网故障倒闸等复杂业务平均耗时将大幅降低，工作效能的极大释放让电力员工从枯燥的重复劳动中解放出来。此外，电网安全运行通过与人工智能决策技术的结合，在应用层面，进一步提升电力系统深度智能感知技术；在技术层面，形成"云端训练、边缘推断"的新型人工智能应用架构；在研究层面，能够通过电网海量数据的积累、分析、学习，逐步建成能实现自主发现知识、规律、自主控制的智慧能源系统。

## 1.3 新一代电力系统形态架构

### 1.3.1 新型能源结构

目前，传统的发输配用模式已无法适应新一代电力系统的发展需求，因此各种新型能源获取、传输、消费模式不断提出，逐渐运用到电力系统的各个环节中。本书分别从高渗透率可再生能源发电并网、以柔性输电系统为核心的韧性电网、以用户为中心的主动配电网技术、基于电力物联网的智慧用电技术等方面进行了阐述。

可再生能源发电并网技术包括可再生能源发电基地并网技术和分布式可再生能源发电系统并网技术。可再生能源发电基地并网技术从统筹规划的角度出发，同时考虑新能源发电基地接入系统规划与新能源发电并网区域网架规划，研究两者协调规划的有效方法，以寻求两者整体经济效益最优的规划方案，从而提高规划工作的统筹性和全局观；分布式可再生能源发电系统并网技术不需要现存的基础设施，而且与大型的中央电站及发电设施相比总投资较少，因此在电力竞争性市场建立后分布式发电的作用将会日益明显和突出，从而可与现有电力系统结合形成一个高效、灵活的电力系统，提高整个社会的能源利用率，提高整个供电系统的稳定性、可靠性和电力质量。

对于以柔性输电系统为核心的韧性电网，本书分析了基于高压直流输电系统（HVDC）的稳定控制、基于柔性交流输电系统（FACTS）的稳定控制和多 HVDC 与 FACTS 协同的稳定控制。韧性是衡量系统在出现严重扰动或故障情况下，是否可以改变自身状态以减少故障过程系统损失，并在故障结束后尽快恢复到原有正常状态的能力。从广义上讲，在电力系统韧性的定义中，电网所遭受的冲击可能包括极端自然灾害、系统严重故障、人为破坏与恐怖袭击，甚至误操作等发生概率较小而影响很大的事件。

以用户为中心的主动配电网技术主要解决当前配电网建设滞后、结构不合理、调控手段有限，造成的馈线负荷不均衡、供电恢复时间长等问题。柔性多状态开关采用电力电子新技术，与常规开关相比，不但具备通闭和断开两种状态，而且增加了功率连续可控状态，兼具运行模式柔性切换、控制方式灵活多样等特点，可避免常规开关倒闸操作引起的供电中断、合环冲击等问题，为未来智能配电网的实施提供关键技术与设备支撑。直流配电网技术和主动配电网综合控制分布式能源的配电网,使用灵活的网络技术实现潮流的有效管理,分布式能源在其合理的监管环境和接入准则基础上承担系统一定的支撑作用。

基于电力物联网的智慧用电技术在云端进行物联用户数据采集,使用数据仓库技术进行数据存储,在云端进行数据挖掘并分析出用户画像,采用智能配电台区进行变压器基本监测、电能质量监测控制、用户用电信息监测等。进一步实现用电安全监控、智能用电管理、用户侧能效优化,最后实现综合能源服务,使用的合理性和科学性及系统的集成性,提高能源使用的协同性及能源效率。

### 1.3.2　新型市场体系

电力市场是指整体电力在供应、需求、售卖和购买的影响下,对电力价格产生改变的一个机制。从经济学的角度来看,电是可供购买、销售并进行交易的商品。电力市场是一个能够出价购买、开价销售的系统,通常以财务或凭证交换的方式进行采购与短期交易,依循供需法则决定价格。长期交易合约则类似购电合约,普遍被认为是私人间的双边交易。电力市场包括广义和狭义两种含义。广义的电力市场是指电力生产、传输、使用和销售关系的总和。狭义的电力市场指竞争性的电力市场,是电能生产者和使用者通过协商、竞价等方式就电能及其相关产品进行交易,通过市场竞争确定价格和数量的机制。

2015 年 3 月,国务院正式下发了《关于进一步深化电力体制改革的若干意见》(中发〔2015〕9 号),这宣告着中国开始了新一轮电力体制改革。9 号文提出了电价机制改革和售电侧放开,而售电侧改革在中国是一个放大和复杂的命题,涉及多方的利益。此后,中共中央、国务院、发展和改革委、国家能源局等部门陆续发布了新电改相关政策和配套文件,稳步推进新一轮电力体制改革。中国电力市场售电侧改革只对 35kV 以上的工商业用户放开,而随着售电侧市场的日益完善,居民用户在日后必将成为电力零售商在售电侧市场服务的对象。

能源体系包含多种电力市场交易模式,英国、北欧、德国等欧洲国家普遍采用分散式电力现货市场模式,美国、澳大利亚和新西兰主要采用集中式电力现货市场模式。此外,在大用户直购电交易中,大用户与发电商之间通过签订长期合同约定未来交易的电量及价格,称为点对点双边/多边交易。调峰调频、无功调节等服务也可形成辅助服务市场,以维持电力系统的安全稳定运行或恢复系统安全,满足电能供应,以及电压、频率质量等要求。

### 1.3.3　新型调控模式

随着特高压交直流线路的大量投运、新能源大量接入电力系统以及电力市场化改革推进,电网特性发生深刻变化,对电网调度控制技术的支撑能力提出了新的要求。以风能和太阳能为主的可再生能源在供应侧电源结构中的比例持续增长,具有时空分布双重不确定性的新型负荷不断增加,电力系统供需双侧呈现出的随机性特征将更加明显,势必给电力系统的安全稳定和经济运行带来新的挑战。新一代电力调度系统应具备"源荷高精度预测、全时空优化调度、全过程控制决策"的特点,全面支撑大电网安全运行、清洁能源消纳和电力市场化运作。

新型调控模式通过多时间尺度概率预测技术提高源荷功率预测精度,充分发挥风光水火全时空互补特性,全面感知分布式电源、储能、电动汽车等可调节负荷的时空特性、响应特性,构建全周期滚动、跨区域统筹、源网荷协调的电力电量平衡体系,挖掘系统整体调节能力,实现全时空优化调度。同时需构建安全可靠的电力系统综合调控防御体系主要包括电力系统扰动前的预防控制、电力系统扰动后的紧急控制和系统崩溃后的恢复控制。

## 1.4　新一代电力系统展望

随着再电气化进程加快推进,新能源高比例接入、新型用能设备广泛应用,"大云物移智"与电网深度融合,传统电网的物理特性、运行模式、市场形态发生了根本改变。

中国是迅速崛起的能源消费大国,按照目前的能源消费模式和能源供应能力,难以支撑经济社会可持续发展。有关机构的研究报告认为,现在到 20 世纪中叶将是中国实现现代化的关键时期,也是中国能源发展的重要过渡期和转型期。中国要从现在比较低效、粗放、污染的能源体系,逐步转变为洁净、高效、节约、多元、安全的现代化能源体系。2008年,国家电网有限公司提出打造广泛互联、智能互动、灵活柔性、安全可控、开放共享的新一代电力系统。

(1) 广泛互联。新一代电力系统规模大、接入主体多,电网成为资源大范围优化配置平台。基于我国能源资源禀赋和负荷特性,建设新一代电力系统,支持西部、北部大型能源基地开发和远距离输送,支撑东中部地区核电和海上风电并网,支撑分布式电源、微电网、储能、电动汽车等接入,充分利用可再生能源、柔性负荷的时空互补性,在全网实现发供用多能互补、时空互济、友好包容。继续加强电网互联互通,实现陆上和远海高比例新能源多能互补、时空互济、高效输送和全网消纳;通过泛在电力物联网实现所有设备的实时在线连接,实现能源生产和消费全业务云上运行、全时空通信覆盖、全方位数据应用;构建以电为中心,冷-热-电-气储多能融合的综合能源互联网,实现电力网与燃气网、热力网、交通网的柔性互联和联合调控,综合能源效率超过 85%。

(2) 智能互动。新一代电力系统具备高度智慧化和交互性,电力生产消费与互联网深度融合广泛应用"大云物移"和人工智能技术,提高发、输、变、配、用和调度全环节智能感知能力、实时监测能力和智能决策水平。引导用户优化用能特性,主动响应系统调节需求,提高用户侧深度参与调节的能力。关注智能开放的新能源预测技术、灵活安全的控制消纳技术,推动能源转型,促进清洁能源大规模开发利用研究。电网与互联网实现深度融合,具备高度智慧化和交互性,人工智能技术在各领域实现广泛应用,支撑电网新业态发展;50%居民用户、80%工商用户参与供需互动,形成占年度最大用电负荷 5%的需求侧机动调峰能力;新型车联网互动系统满足 8000 万辆电动汽车充放电管理需求,削减峰值充电负荷 30%以上。

(3) 灵活柔性。新一代电力系统具有强大的适应性和抗干扰能力,新能源消纳水平显著提升。突破大功率电力电子器件制备技术,广泛应用储能、新能源虚拟一次调节、柔性输电等新技术、新装备,显著提高系统的灵活性和适应性。通过源网荷互动运行控制,实现源随荷动、荷随网动,显著增强电网运行的弹性。关注灵活、安全的智能配电与用户互动技术，支撑配电网安全可靠与用户广泛参与研究。全面实现新能源友好接入和对电网的主动智能支撑；基于碳化硅器件的新一代电力电子装置广泛应用，全面实现电网潮流灵活控制、电力品质柔性定制；输电/输送燃料一体化超导能源管道实现小规模商业运行；各级电网广泛采用储能技术，大容量新型储能成为系统灵活调节资源重要组成部分，电动汽车形成 20 亿~30 亿 kWh 储能资源，支撑高比例可再生能源并网高效综合利用。

（4）安全可控。新一代电力系统应具有高度稳定性和可靠性，电网安全可控、能控。以建设本质安全电网为核心，提升电网内在的预防和抵御事故风险的能力。遵循大电网运行规律和安全机理，科学规划建设合理的网架结构，加强送受端电网建设，实现交流与直流、各电压等级协调发展，提升电网效率效益和供电可靠性。显著提升信息安全监测、安全态势感知和主动防御能力。加强对新一代电力系统市场化机制与商业模式，支撑电力系统互联互动和开放共享，提高资源配置与服务能力研究。交流与直流、各电压等级电网协调发展，大电网实现自动调度，实现控制保护三道防线统一模拟运行和主动协同防御，配电网自愈控制实现全覆盖，电网效率效益和供电可靠性双提升；攻克工业级 CPU 核心技术，实现电力物联网生态系统的全面自主可控；构建主动免疫的网络空间安全防护体系，具备抵御网络战争攻击能力；建成覆盖国家电网有限公司范围的"天–地–网"电力气象监测网络，电网气象灾害实现预报全覆盖。

（5）开放共享。新一代电力系统应具有高度开放性和共享性，电网成为综合能源服务平台。为各类发电企业提供实时的电网运行信息和负荷预测信息，为用电客户提供及时、透明的电网运行和实时电价等供电服务信息，推动电力市场建设。成为综合能源服务平台，促进电力、燃气、热力、储能等资源互联互通，实现多种能源综合效率的优化和提升，推动新业态、新产业的发展。成为电能替代的支撑平台，推广以电代煤、以电代油等用能方式。重点部署信息通信、人工智能、新材料、储能、电力气象等基础与先导研究，构建适应新一代电力系统的基础支撑技术创新体系。各类主体在电力市场中广泛参与、充分竞争，形成统一开放、竞争有序的能源市场体制机制和运营技术支撑体系；建成支持百万用户的能源区块链，促进碳资产、能效等衍生品交易；各类用户可以生产能源、分享能源、控制能源、定制能源。

针对新一代电力系统的发展目标，以下 6 个方面技术的发展将会对未来电力系统的形态、运行调度和市场交易模式产生重大影响。当然，这些技术的发展和应用与市场需求密不可分，必须考虑经济性，只有具备充分市场竞争力的技术和装备才能得到广泛应用和发展。

（1）电网互联及大电网安全稳定。构建未来电力系统认知技术体系和未来电力系统稳态控制技术体系。研究智能调度自动化平台及网络安全关键技术：电力电子化电力系统宽频广域同步测量、调控云及大数据平台关键技术，开放智能型调控支撑关键技术，基于大数据的负荷、新能源特性分析技术，柔性负荷参与电网交易与调控技术。研究针对输变电装备的新技术：新型拓扑广义直流电网成套设计技术，基于深度自主学习的输变电工程设计技术，基于物理信息融合的智能变电站设计技术，特高压交直流互联大电网建设线路工程智慧工地系统、高压大容量电力电子系统的电磁兼容技术。对于电网未来形态的研究与规划：局域能源互联网/微网协同规划技术，支撑再电气化变革的交直流混联输电系统规划技术。

（2）高比例新能源友好接入与多能互补。研制分布式新能源资源监测装置、资源观测网络优化选址软件，优化资源观测网络布局；建立基于大数据挖掘的新能源数据分析及功率预测平台，实现全国范围新能源中长期/短期/超短期一体化功率预测，日前、日内预测精度分别在 95%、97% 以上；建立新能源发电主动支撑技术的标准、实证及测试平台，研发多种类型能源的互补优化调度系统、跨区域送受端源荷灵活协同控制系统、分布式光伏云调度控制系统及终端，有效提高新能源消纳水平。

（3）智能配电技术。开发能源互联配电系统柔性自愈系统及配套装置，掌握交直流混合灵活配电关键装备及组网运行、多能互补综合能源优化技术，建成配电系统数模混合仿真系统、配电业务系统安全管控平台、分布式发电运营互动服务与运行管理平台，实现多电压等级灵活配电技术的工程应用，核心区域供电可靠率达到 99.999 9%；建成数百个新型城镇微电网、若干多层级协同自治微电网（群），新型城镇微网电－气－热能量转换效率不低于 85%。

（4）智能量测技术。建成电力能源计量大数据服务平台，研制新一代用电信息采集系统和智能电能表，构建新一代量值溯源体系、计量设备全过程管理的质量评价与基础设施体系；构建公司反窃电稽查监控平台，研制反窃电智能监测装置，实现窃电行为精准定位和主动预警；突破直流电流传感技术，制定 GB/T 26217《高压直流输电系统直流电压测量装置》，研发国际首套 ±1100kV 特高压直流电能计量装置；研发精度 0.5% 的新型隧道磁阻电流传感芯片，实现规模化交流、直流电测量应用。

（5）电力市场化机制与商业模式。形成支撑能源绿色低碳转型的分阶段电力现货市场建设方案，掌握电能现货市场和辅助服务市场竞价出清模型和方法，提出电力现货市场运营分析与监测方法，建立支持多品种交易、多时序市场协调运作的电力现货市场交易平台；提出促进能源绿色低碳转型的电力市场模式和实施路径，形成市场模拟分析与监测评估的模型工具，建立能源电力价格决策支撑平台。建立适应公司建设能源互联网企业的组织变革与集团管控方法，建立电网企业"平台＋生态"业务与组织目标模式，提出数字化电网企业建设模式与路径，建立世界一流企业对标体系，建立能源互联网商业生态分析预测模型，提出电网企业基于能源大数据的增值服务创新模式，在电动汽车、储能、综合能源服务发展中的商业模式创新，支撑公司加快建设世界一流企业，提升公司在能源电力转型发展中商业生态预测与商业模式创新的能力。

（6）新一代人工智能技术。以无处不在的传感器和先进 ICT 技术为基础，以物联网、大数据、云计算、深度学习、区块链等为核心，人工智能技术正在迅速发展。具有应用于电力系统设备管理、系统控制、能量管理和交易等领域的潜力，可能会颠覆传统方式，开启一种全新的自动、自主新模式，有助于新一代电力系统的安全、经济和可靠性的提高。例如，未来分布式光伏、电能替代出力不确定性和电动汽车的时空不确定性将引入更多变量，传统分析方法在系统调度、交易方式、能量管理等方面将面临诸多挑战，人工智能将是解决这一类问题的有力措施。

新一代电力系统的发展将会是一个长期过程，因此除了上述技术外，还可能在此期间出现新的、具有重大意义的技术方向。这就要求在构建新一代电力系统时必须充分考虑潜在的技术创新领域，保持对新技术的接纳能力并适时调整系统的相关环节。

迎接新一代电网的挑战需要理论突破和真正意义的技术创新，当前电力系统研究和实践为此提供了前所未有的条件和机遇。超前部署面向 21 世纪第三代电网的前瞻技术（大容量储能技术、新型电力电子材料和器件、新一代储能技术、电力物联网技术、高性能计算和人工智能技术、量子计算技术、主动配电网技术、高渗透率间歇式能源电力接入电网的系统运行、分布式电源与微网广泛应用等）的研究。紧紧围绕电力系统新时代战略目标，准确把握世界能源技术演进趋势，持续深化基础前瞻性技术研究，切实增强自主创新能力，重点推进核心领域关键技术攻关和装备研制，梯次开展重大工程示范，加快推进能源生产和消费"再电气化"进程，推动传统电力系统向"广泛互联、智能互动、灵活柔性、安全可控、开放共享"的新一代电力系统演进，实现源网荷储协调发展和友好互动，支撑清洁能源大规模开发利用，能源利用新模式、新业态、新产品日益丰富，用能效率进一步提升，增强电力发展给广大人民群众带来的幸福感、获得感和满足感。

# 上 篇

# 关 键 技 术

# 第 2 章

# 新一代电力装备技术

## 2.1 新型电力电子器件

### 2.1.1 宽禁带半导体材料

硅材料一直是电力电子器件所采用的主要半导体材料,其主要原因是人们早已掌握了低成本、大批量制造、大尺寸、低缺陷、高纯度的单晶硅材料的技术,以及随后对其进行半导体加工的各种工艺技术,人类对于硅器件不断的研究和开发投入也是巨大的。但是,随着结构设计和制造工艺的完善,硅器件的各方面性能已经接近其理论极限(虽然随着器件技术的不断创新,这个极限一再被突破),很多人认为依靠硅器件继续完善和提高电力电子装置与系统性能的潜力已十分有限。因此,宽禁带半导体技术正成为电子产业发展的新型动力。

由于具有比硅宽得多的禁带宽度,宽禁带半导体材料一般都具有比硅高得多的临界雪崩击穿电场强度、载流子饱和漂移速度、较高的热导率和相差不大的载流子迁移率,因此,基于宽禁带半导体材料(如碳化硅)的电力电子器件将具有比硅器件高得多的耐受高电压的能力、低得多的通态电阻、更好的导热性能和热稳定性以及更强的耐受高温和射线辐射的能力,许多方面的性能将会成数量级地提高。

表 2-1 给出了一些典型半导体材料特性参数对比。从表中可以看出氮化镓和碳化硅的材料特性主要有以下优点:

表 2-1 典型半导体材料特性参数对比

| 材料 | 能带<br>(eV) | 相对介电常数 | 临界击穿电场<br>(mV/cm) | 电子饱和漂移速度(×10⁷cm/s) | 电子迁移率<br>[cm²/(V·s)] | 热导率<br>[W/(cm·K)] |
|---|---|---|---|---|---|---|
| Si | 1.12 | 11.9 | 0.3 | 1.00 | 1500 | 1.5 |
| 4H-SiC | 3.03 | 10.10 | 2.20 | 2.00 | 1000 | 4.9 |
| 6H-SiC | 3.26 | 9.66 | 2.50 | 2.00 | 500 | 4.9 |
| GaN | 3.39 | 9.00 | 2.00 | 2.20 | 1250 | 1.3 |

(1)临界击穿电场比硅高 10 倍,较大地提高了这两款半导体功率器件电流密度和耐压容量,同时也较大地降低了导通损耗。

（2）禁带宽度大约是硅的 3 倍，大大降低了这两款半导体器件的泄漏电流，并使这两款半导体器件均有抗辐射特性；此外由于碳化硅材料的耐高温特性，在高温应用场合是具有优势的，理论上工作温度可以达到 600℃。

（3）电子饱和漂移速度是硅的 2 倍，可以让这两款半导体器件在更高的频率下工作。

综上氮化镓、碳化硅这两款半导体材料有着硅材料无法企及的优势，所以用这两款半导体材料制造的芯片可以承受更高的电压，输出更高能量密度，更高的工作环境温度。另外，氮化镓器件有着更高的输出阻抗，可以使得阻抗匹配和功率组合更轻松，因此可以覆盖更宽的频率范围，此外提高了射频功率放大器的适用性。氮化铝、金刚石、氧化锌等宽禁带半导体材料从其材料优越性来看，颇具发展潜力，相信随着研究的不断深入，其应用前景将十分广阔。

**1. 碳化硅材料**

碳化硅（SiC）是第三代半导体材料的杰出代表。目前，碳化硅材料技术已经非常成熟，高质量的 4 英寸晶圆已经实现商品化，6 英寸晶圆也已经推出。碳化硅材料的优异特性使其特别适合在电力电子领域的应用。碳化硅材料的禁带宽度将近是硅的 3 倍，击穿电场是硅材料的 8 倍，极大地提高了碳化硅器件的耐压容量和电流密度；大的禁带宽度使碳化硅器件可以在 250～600℃ 的工作温度下保持良好的器件特性，碳化硅的热导率是硅的 3 倍，达 4.9W/（cm·℃），优良的导热性能可以大大提高电路的集成度，减少冷却散热系统，使系统的体积和重量大大降低，并在高温条件下长时间稳定工作。

碳化硅晶体结构属于那种同质多型体，具有多种异形晶体，其中 4H-SiC 晶体具有禁带宽度大、临界场强高、热导率高、载流子饱和速率高等特性，最适合电力电子器件应用。碳化硅电力电子系统因而非常适合高功率、高频功率、高温和抗辐照的应用。基于碳化硅电力电子器件的电网系统在效率、可靠性、体积和重量方面的性能会有大幅度提高，尤其是在恶劣的环境中。

另外，碳化硅具有更高的临界移位能 45～90eV，这使得碳化硅具有高抗电磁波冲击和高抗辐射破坏的能力，据报道碳化硅器件的抗中子辐照的能力至少是硅器件的 4 倍。这些性质使碳化硅器件能够工作在极端环境下，在航天航空、高温辐射环境可望发挥重要作用。图 2-1 为碳化硅材料与硅材料物理特性的比较。

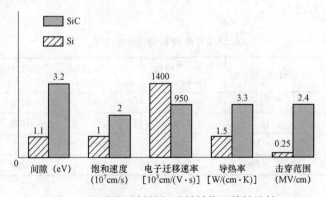

图 2-1　碳化硅材料与硅材料物理特性比较

碳化硅器件和电路具有超强的性能和广阔的应用前景，因此一直受业界高度重视，基本形成了美国、欧洲、日本三足鼎立的局面。

**2. 氮化镓材料**

氮化镓材料是 1928 年由 Johason 等人合成的一种 III－V 族化合物半导体材料，是氮和镓的化合物，此化合物结构类似纤锌矿，硬度很高。作为时下新兴的半导体工艺技术，提供超越硅的多种优势。与硅器件相比，氮化镓在电源转换效率和功率密度上实现了性能的飞跃。

在大气压力下，氮化镓晶体一般呈六方纤锌矿结构，它在一个元胞中有 4 个原子，原子体积大约为 GaAs 的 1/2；其化学性质稳定，常温下不溶于水、酸和碱，而在热的碱溶液中以非常缓慢的速度溶解；在 HCl 或 $H_2$ 下高温中呈现不稳定特性，而在 $N_2$ 下最为稳定。氮化镓材料具有良好的电学特性，宽带隙（3.39eV）、高击穿电压（$3 \cdot 10^6$V/cm）、高电子迁移率［室温 1000cm²/（V·s）］，高异质结面电荷密度（$1 \times 10^{13}$cm⁻²）等，因而被认为是研究短波长光电子器件以及高温高频大功率器件的最优选材料。另外，氮化镓器件可以在 1～10GHz 范围的高频波段应用，这覆盖了移动通信、无线网络、点到点和点到多点微波通信、雷达应用等波段。

**3. 氮化铝材料**

氮化铝材料是 III 族氮化物，具有 0.7～3.4eV 的直接带隙，可以广泛应用于光电子领域。与砷化镓等材料相比，覆盖的光谱带宽更大，尤其适合从深紫外到蓝光方面的应用，同时 III 族氮化物具有化学稳定性好、热传导性能优良、击穿电压高、介电常数低等优点，使得 III 族氮化物器件相对于硅、砷化镓、锗甚至碳化硅器件，可以在更高频率、更高功率、更高温度和恶劣环境下工作，是最具发展前景的一类半导体材料。

氮化铝材料具有宽禁带（6.2eV）、高热导率［3.3W/（cm·K）］，且与氮化镓层晶格匹配、热膨胀系数匹配都更好，所以氮化铝是制作先进高功率发光器件、紫外探测器及高功率高频电子器件的理想衬底材料。

**4. 金刚石材料**

金刚石是碳结晶为立方晶体结构的一种材料。在这种结构中，每个碳原子以"强有力"的刚性化学键与相邻的 4 个碳原子相连并组成一个四面体。金刚石晶体中，碳原子半径小，因而其单位体积键能很大，使它比其他材料硬度都高，是已知材料中硬度最高（维氏硬度可达 10 400kg/mm²）。另外，金刚石材料的优点有：禁带宽度大（5.5eV）；热导率高，最高达 120W/（cm·K）（－190℃），一般可达 20W/（cm·K）（20℃）；传声速度最高、介电常数小、介电强度高等。金刚石的禁带宽度大及优异的电学特性，使其更适合于极恶劣的环境中应用，金刚石集力学、电学、热学、声学、光学、耐蚀等优异性能于一身，是最有发展前途的半导体材料。

可以预见，只要突破高质量、大面积、单晶膜的金刚石制备技术，金刚石半导体器件和集成电路便能够在硅、碳化硅和氮化镓半导体器件和集成电路难以适用的环境中得到广泛应用。

## 2.1.2 宽禁带电力电子器件及其应用

**1.** 碳化硅器件

（1）碳化硅功率二极管。

1）碳化硅肖特基二极管。碳化硅肖特基二极管的应用领域比较广泛，其器件的性能比较优异，产品也很多。它具有极高的开关速度和低开态损耗，但阻断电压较低，反向漏电流较大。高温工作能力使其适用于航空航天和太空任务中的应用，不过需要开发高温下可靠工作的器件封装。例如欧洲航天局水星探测器任务中为苛刻的太空环境而开发出300V/5A 肖特基二极管。

2）碳化硅结势垒肖特基二极管。结势垒肖特基二极管在高温和高反偏电压下工作时，肖特基势垒降低效应更加明显，产生较多漏电流，器件较易被击穿。结势垒肖特基二极管的特征在于在漂移区加入 P 型掺杂的区域，降低反向漏电流产生。结势垒肖特基二极管具有与肖特基二极管类似的正向特性，即导通压降低和开关速度快，还兼顾了 PiN 二极管的反向特性，即反向漏电流小。其应用较多的领域是整流器。

3）碳化硅 PiN 二极管。碳化硅 PiN 二极管是在 PN 半导体之间加入一层本征半导体材料，因此漏电流很低。因为反向恢复时大量存储载流子的存在，所以反向恢复速度较慢。主要应用在整流器上，不过存在可靠性问题（主要是正向电压漂移）。实际投入市场的产品较少，目前的研究重点是高压、高品质因数、静动特性、稳定性等。

（2）碳化硅功率开关。

1）碳化硅结型场效应晶体管。碳化硅结型场效应晶体管利用半导体内的电场效应工作，拥有超低的导通电阻，可以在高温和高开关频率下工作。在 1.2～1.7kV 的范围内，硅金属氧化物半导体场效应晶体管有较大的导通损耗。同样，开关速度较快时，硅绝缘栅双极型晶体管有较大的开关损耗。碳化硅结型场效应晶体管是上述情况下的极佳替代品，它拥有超低的导通电阻，而且能够在高温和高频下工作。

2）碳化硅金属氧化物半导体场效应晶体管。碳化硅金属氧化物半导体场效应晶体管一般称作 MOS 管，分为 P/N 沟道型 MOS 管，或者增强/耗尽型功率金属氧化物半导体场效应晶体管。门控结构的最佳候选器件是具有更高耐压能力的金属氧化物半导体场效应晶体管，这种器件同时也是应用最多和发展最成熟的单极开关器件，其优势在于损耗小、开关速度快、耐高温工作。

3）碳化硅绝缘栅双极型晶体管。碳化硅绝缘栅双极型晶体管综合了电力晶闸管和金属氧化物半导体场效应晶体管的优点，简单的栅驱动、较大的通流能力使其在高压应用领域有很好的前景，被视为未来高压应用中潜力最大的功率开关，拥有优良的导通性能。一般可分为 P 沟道绝缘栅双极型晶体管和 N 沟道绝缘栅双极型晶体管。在实际使用中，将碳化硅结势垒肖特基二极管反向并联于碳化硅绝缘栅双极型晶体管中，可以实现碳化硅混合绝缘栅双极型晶体管。

4）碳化硅门极可关断型晶闸管。碳化硅门极可关断型晶闸管和硅晶闸管（4～6kV）相比，减少了 2～3 倍的串联连接部件，可以极大减小系统体积，同时开关频率约是后者的 10 倍，同时具有较低的反向漏电流。此外它具有快速开关，比碳化硅金属氧化物半导体场效应晶体管更低的导通电阻，比硅绝缘栅双极型晶体管和碳化硅绝缘栅双极型晶体管更低导通压降、功耗等特性。多应用于逆变器和脉冲功率领域。碳化硅门极可关断型晶闸管还受益于电导率调制和正向压降的负温度系数。

（3）碳化硅器件存在的问题。碳化硅器件的提出已有很多年，虽然本身材料性能优异，前景广阔，不过它的实际应用依然存在很多问题，其中主要包括：

1）工艺技术。碳化硅大块材料的生产和生产工艺已经取得了比较大的进步，高质量碳化硅晶片也因为低密度微管的出现得解。不过还有密度缺陷、外延层厚度等问题。现在一部分碳化硅器件已经可以商业化生产。不过其成本还是比同类硅器件高很多。

2）器件建模。材料的缺陷对器件的工作影响很大，尤其是时间越长表现越明显。所以，在对当前器件的实际特性建模时，要注重考虑这个问题。为了分析和评估其对电路和系统性能的影响，需要建立宽禁带电力器件的紧凑型模型，也就是能够与电路级仿真器兼容的模型。

3）器件封装。器件封装是制约碳化硅器件发展的重要因素。碳化硅器件本身可以工作在 600～700℃的环境下，然而封装它的材料尚不能在同等温度下工作，整体模块工作温度受制于封装材料。

4）实际电路问题。在实际的宽禁带半导体器件电路中需要注意电感和电容的使用，以达到减小电路体积和提高效率的目的，但这需要实际的硬件操作，而不是简单复制同类硅器件电路。

总体来说，碳化硅器件将在高温、高压、高开关频率、高功率密度领域发挥它独特的能力，前提是要解决好优质材料生产（尤其是漂移区）、电路设计、器件封装 3 大问题。预计在不久的未来，电力电子将进入碳化硅时代。

**2. 氮化镓器件**

（1）氮化镓功率二极管。

1）氮化镓肖特基二极管（SBD）。氮化镓肖特基二极管分为横向、垂直、台式（准垂直）3 种结构，横向结构可以在不掺杂的情况下导通，但会增加器件的面积和成本。垂直结构是电力电子器件使用较多的结构，它允许大电流通过，能够增强器件通流能力，但同时会产生过大的反向漏电流，使击穿电压受限。台式结构是生长在蓝宝石或者碳化硅上的氮化镓层，高掺杂的 $N+$ 层形成良好的欧姆接触，该结构结合了横向和垂直器件的优势，且和传统工艺兼容，目前在功率整流器和 LED 驱动器方面应用较多。

总体来说，由于缺乏导电氮化镓衬底，目前氮化镓肖特基二极管大都是横向或准垂直结构。在蓝宝石衬底上已经得到击穿电压高达 9.7kV 的横向氮化镓肖特基二极管，不过正向压降很高，器件生产已相当成熟。最近，随着高温氢化物气相外延自立式氮化镓衬底的推出，600V～1.2kV 的氮化镓肖特基二极管生产制造将大大改观，有望和目前的碳化硅肖特基二极管竞争市场。氮化镓结势垒肖特基二极管也正在研究中，它可以进一步提高 600V～3.3kV 范围内氮化镓功率整流器的性能，不过还需要改进注入 P 型氮化镓的接触电阻。

2）氮化镓 PN 二极管。典型的 PN 二极管截面具有很高的电流密度、较高的雪崩击穿能量承受能力和非常小的漏电流等优点。和传统硅器件类似，为了提高器件的性能，如耐压和通流能力，在 P、N 区之间掺杂本征半导体材料，制成 PiN 二极管。例如 J.B.Limb 等人通过掺杂镁技术在 6H−SiC 衬底上实现导通电阻很低的氮化镓 PiN 二极管。

（2）氮化镓功率开关。

1）氮化镓半导体场效应晶体管。氮化镓半导体场效应晶体管分为 P/N 沟道型或者增强耗尽型。氮化镓金属氧化物半导体场效应晶体管大致分为氮化镓衬底上制作的垂直导通型器件和在硅衬底上制作平面导通型器件两类。

近年来各半导体公司也已推出可靠的增强型氮化镓金属氧化物半导体场效应晶体管。它具有常关状态和大导带能带偏移的优势，不易受热电子注入和其他可靠性问题的影响，特别是与表面态和电流崩塌有关的问题，可以很好地弥补碳化硅金属氧化物半导体场效应晶体管在该方面的劣势。

2）氮化镓高电子迁移率晶体管。氮化镓高电子迁移率晶体管是氮化镓最受关注的器件，它是一种异质结场效应管，一般都采用了氮化镓和氮化镓的混合材料，这项应用的特点是氮化镓和氮化镓之间存在大的导带不连续性和极化场，因此会在氮化镓/氮化镓异质结中形成的 2D 电子，其导通电阻和击穿电压都有不错的性能。

氮化镓高电子迁移率晶体管非常适合高功率开关应用，在击穿电压方面具有突破性的性能优势（超过硅器件），并且结合了高速和低损耗开关性能，适合超高带宽的开关电源（在兆赫范围内）和蜂窝电话基站的微波功率器件。

（3）氮化镓器件存在的问题。作为第三代宽禁带半导体材料器件的代表之一，氮化镓器件在近几年发展迅速，市场份额也有较大提升。但是其发展也受制于很多方面，除了和碳化硅器件具有相似的问题，如封装、建模外，氮化镓器件最主要受制于本身的材料和工艺技术。

1）材料生产。和碳化硅不同，氮化镓单晶生长技术还不成熟，在一定程度上阻碍了氮化镓功率器件的广泛应用。氮化镓材料大部分生长在硅，碳化硅、蓝宝石上，所以会受到其外延片结构的限制。基于硅基的氮化镓器件击穿电压多低于 1200V，从而限制了氮化镓器件在更高工作电压领域内的应用。基于蓝宝石衬底的氮化镓器件，由于衬底较低的热传导系数而限制了其在大功率方面的应用。

2）工艺技术。氮化镓工艺和材料缺陷导致临界击穿电场下降、衬底漏电等是氮化镓功率器件无法达到其材料理论极限的主要原因之一。此外，增强型氮化镓/氮化镓高电子迁移率晶体管制造工艺还不够完善，虽然目前理论研究已经有所突破，但距离大规模的商业应用还有一定距离。最后还缺乏高质量的绝缘栅生长技术和实用的掺杂技术。

3）器件稳定性。目前对氮化镓器件的工作结温、失效机理、电流崩塌效应的理论研究不成熟，无法确保稳定的工作寿命，此外大功率氮化镓器件封装问题也有待解决。

4）驱动器和控制器。氮化镓器件的驱动和控制可以参考硅、碳化硅器件，但也需要根据器件的不同特性和应用场合设计驱动保护和控制电路。

## 2.2 可再生能源发电技术

### 2.2.1 风力发电技术

风能的巨大潜力使其在可再生能源利用中扮演着重要角色,近年来风力发电也一直保持着增长最快能源的地位。

**1. 风能转换系统**

风力发电是一个复杂的能量转换过程,存在着物质流、能量流与信息流的传递与变换,其中又以能量流最为主要,简而言之,风能转换系统要实现风能到电能的转换。

传统典型的风能转换系统由风力机、发电机与变流器组成,其中风力机将风能转换为机械能,发电机将机械能转换为初始电能,而变流器则将初始电能转换为符合并网条件的电能。

(1)风力机。风力机按机轴方向的不同,可划分为垂直轴风力机和水平轴风力机两种类型。

1)垂直轴风力机(见图 2-2)。垂直轴风力机的机轴是垂直放置的,发电机安装于地面或塔架底部。其优点是发电机、变速箱等设备不需要安装于塔架高处,施工维护方便,而且不需要偏航装置将叶片对准风向;其缺点是靠近地面,风速较低,导致风能利用率不高。按受力方式的不同具体还可划分为阻力型和升力型两种类型。

图 2-2 垂直轴风力机

a. 阻力型。阻力型垂直轴风力机利用空气阻力做功,迎风吹向叶片直接产生推力使其转动,代表型有 S 型和平板型。这种设计非常适合于极低风速区域,较低风速即可产生较大转矩使风力机得以运行。

b. 升力型。升力型垂直轴风力机利用叶片升力做功,迎风吹向叶片产生升力进而使其转动,代表型有达里厄(Darrieus)型。该机型叶片越少,效率越高,每个叶片在单圈转动中可遇到两次最大升力。

2)水平轴风力机(见图 2-3)。水平轴风力机的机轴是水平放置的,机轴和发电机安装于塔架顶部。其优点是受力均匀,风能利用率较高;其缺点是安装维护成本较高,偏航控制复杂。按叶片安装位置的不同具体还可划分为上风型和下风型两种类型。

图 2-3　水平轴风力机

a. 上风型。上风型水平轴风力机叶片位于塔架前方，迎风先吹向叶片，再吹向塔架。

b. 下风型。下风型水平轴风力机叶片位于塔架后方，迎风先吹向塔架，再吹向叶片。

（2）风力发电机组。发电机与变流器通常一起构成风力发电机组，风力发电机组单机容量从最初的数十千瓦级已经发展到兆瓦级，控制方式从基本单一的定桨距、定速控制向变桨距、变速恒频方向发展。根据机械功率的调节方式、齿轮箱的传动形式和发电机的驱动类型，风力发电机按以下 3 种分类方式。

1）按机械功率调节方式分类。

a. 定桨距控制。桨叶与轮毂固定连接，桨叶的迎风角度不随风速而变化。依靠桨叶的气动特性自动失速，即当风速大于额定风速时，输出功率随风速增加而下降。定桨距风力发电机不能有效利用风能，不能辅助启动。

b. 变桨距控制。风速低于额定风速时，保证叶片在最佳攻角（气流方向与叶片横截面的弦的夹角）状态，以获得最大风能；当风速超过额定风速后，变桨系统减小叶片攻角，保证输出功率在额定范围内。因此，机械功率不完全依靠叶片的气动特性调节，而主要依靠叶片攻角调节。在额定风速下，最佳攻角处于桨距角 0° 附近。

c. 主动失速控制。主动失速又称负变距，风速低于额定风速时，叶片的桨距角是固定不变的；当风速超过额定风速后，变桨系统通过增加叶片攻角，使叶片处于失速状态，限制增加风轮吸收功率，减小功率输出；而当叶片失速导致功率下降，功率输出低于额定功率时，适当调节叶片的桨距角，提高功率输出，可以更加精确地控制功率输出。对于变桨距和主动失速控制方式，叶片和轮毂都通过变桨轴承连接，即都通过变桨实现控制。主动失速控制的敏感性很高，需要准确控制桨距角，造价高。

2）按传动形式分类。

a. 高传动比齿轮箱型。用齿轮箱连接低速风力机和高速发电机，减小发电机体积质量，降低电气系统成本。但风力发电机组对齿轮箱依赖较大，由于齿轮箱导致的风力发电机组故障率高，齿轮箱的运行维护工作量大，易漏油污染，且导致系统的噪声大、效率低、寿命短，因此产生了直驱风力发电机组。

b. 直接驱动型。应用多极同步发电机可以去掉风力发电系统中常见的齿轮箱，让风力发电机直接拖动发电机转子运转在低速状态，解决了齿轮箱所带来的噪声、故障率高和维护成本大等问题，提高了运行可靠性。但发电机极数较多，体积较大。

c. 中传动比齿轮箱（半直驱）型。这种风机的工作原理是以上两种形式的综合。中传动比型风力机减少了传统齿轮箱的传动比，同时也相应地减少了多极同步发电机的极数，从而减小了发电机的体积。

3）按发电机调速类型分类。

a. 定速恒频机组。采用异步发电机直接并网，无电力电子变流器，转子通过齿轮箱与低速风机相连，转速由电网频率决定。定速恒频机组的优点是简单可靠、造价低，因而在早期的小型风电场中获得广泛应用。定速异步发电机组结构简单、可靠性高，但只能运行在固定转速或在几个固定转速之间切换，不能连续调节转速以捕获最大风电功率。此外，在风机转速基本不变的情况下，风速的波动直接反映在转矩和功率的波动上，因此机械疲劳应力与输出功率波动都比较大。而且，每台风力发电机需配备无功补偿装置为异步电机提供励磁所需的无功功率，并且采用软启动装置限制启动电流。

b. 变速恒频机组。采用异步发电机或同步发电机通过电力电子变流器并网，转速可调，有多种组合形式。目前实际应用的变速恒频机组主要有两种类型：① 采用绕线式异步发电机通过转子侧的部分功率变流器并网的双馈风力发电机组；② 采用永磁同步发电机通过全功率变流器并网的直驱永磁同步风力发电机组。与定速恒频机组相比，变速恒频风力发电机组可调节转速，进行最大功率跟踪控制，提高了风能利用率；风速变化引起的机械功率波动可变为转子动能，从而减小机械应力，对输出功率的波动可起到平滑作用。

4）国际标准定义。在以上分类标准的基础上，国际电工委员会（IEC）给出了定速风电机组（Type1 WTG）、滑差控制变速风电机组（Type2 WTG）、双馈变速风电机组（Type3 WTG）、全功率变频风电机组（Type4 WTG）4 类风力发电机组的标准定义。这一标准定义目前已获得国内外研究学者广泛认可。

（3）新型风电转换系统。除上述主流风能转换系统以外，还存在一些较为小众的风电转换系统，如基于压电效应的风致振动发电系统。典型的风致压电振动能量收集系统分别是以颤振为基础的压电悬臂梁结构、以转动为基础的风车结构和以涡激为基础的振动结构。但是考虑到压电发电电流极低的特性，如何设计出更为高效的微小能量收集与转换电路还需深入研究。

**2. 风电汇集系统**

利用建造大型风电基地的方法将同一区域内的风电场进行汇集是大规模风电的发展方向，将相同区域内的风电场利用适当的拓扑结构连接在一起，无疑会提高风电场的管理和利用效率。根据国家电网有限公司《风电场电气系统典型设计》，装机规模为 50~100MW 的风电场，宜采用 110（66）kV 电压等级，出线 1 回接入系统；装机规模 200~600MW 的风电场，宜采用 220（330）kV 电压等级，出线 1 回接入系统。图 2-4 为我国河北省风电基地部分风电场接入系统典型示意图。图中共有 12 个出口电压为 110kV 的风电场，编号为 1~10 号风电场均通过 110kV 线路汇集至风电场群汇集站（220kV），构成一个风电场群，并通过 220kV 输电线路接入主干网架；编号 11 号和 12 号风电场直接通过 110kV 线路接入主干网架变电站的 110kV 侧。如图 2-4 所示，实际工程中大部分大规模风电集群接入系统的拓扑呈辐射状星形结构，距离并网区域电网较远的风电场通过汇集站升压后并网，距离主网较近的风电场就近接入主网变电站的较低电压侧。

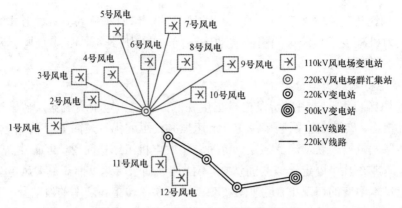

图 2-4　风电基地接入系统典型示意图

　　截至目前，我国共规划建设了 9 个千万千瓦级的风电基地，分别是吉林、蒙东、黑龙江、河北、蒙西、山东、甘肃、新疆和江苏风电基地。

　　下面是几种典型的风电汇集方式：

　　（1）链状拓扑。链状拓扑结构适用于分布在同一送电走廊沿线的多个相近规模风电场联合送出的情况，所有汇流支路上风电场发出的电能经过升压站，升高到同一电压等级后汇集到同一条母线上，然后再由母线向电网输送电能。

　　（2）辐射状拓扑。辐射状拓扑结构不同于链状拓扑结构连接同一风电走廊的风电场，而是集合了分布较为分散的一些风电场，这样能让距离较远的一些风电场将其所发出的电能集中到与它们相对来说相近的汇流站内，然后再经过升压统一向电网输送电能。

　　（3）辐射状和链状混联拓扑。辐射状拓扑结构与链状拓扑结构各有优点，但是实际的地形条件以及风能状况决定了可能不止用一种拓扑结构就能构建整个风电基地，因此将适合的拓扑结构进行相互搭配，采取混联的方法，才能更好地满足基地建设的需要以及电网的要求。

　　考虑风电汇集方式的稳态特性，大多数情况下，辐射状拓扑下的风电基地具有良好的电压和功率特性，无论是分散型还是直线型的地理位置，无论是风速均匀变化还是随机变化，辐射状拓扑都比混联拓扑和链状拓扑更满足系统电压和功率的要求。但是实际工程中，并不是所有的风电基地或者风电场群的连接都是依靠辐射状拓扑的，也就是说混联拓扑和链状拓扑是有其存在的必然性。比如在某一地理范围内，风电场的数量非常少，只有 2～3 个，且与其他风电场的地理位置相距很远，因此需要就地建一个升压站将这些风电场的功率汇集送往更高一级的升压站与其他风电场传输的电能汇集。此时，采用链状拓扑也可以满足系统的需求，并且相对于辐射状拓扑来说，经济性会更高。

　　考虑风电汇集方式的暂态特性，辐射状拓扑下的风电基地相对其他的拓扑结构具有较强的暂态稳定和故障恢复能力，无论是分散型还是直线型的地理位置，无论是小出力还是较大出力，辐射状拓扑都比混联拓扑和链状拓扑更满足系统电压和功率的要求。链状拓扑或者混联拓扑中，每一链的风电场个数都不会超过 3 个，这不仅仅是因为要满足稳态特性的需求，更是因为这无法满足暂态对于功率汇集系统的要求。当每一链上风电场的个数过多时，此条链上最末端，也是直接向汇集母线或者电网输送电压的风电场所在的母线，将承受此链上所有风电场有功出力的总和。一旦该条母线发生故障，不仅会影响整条链所有风电场的输出，而且会对整个风电基地的暂态过程带来很大影响，严重干扰稳定恢复甚至无法恢复到新的稳态。所以，出于暂态过程的考虑，在风电基地拓扑方式中，每条链上所接风电场的个数不宜过多。

### 2.2.2 太阳能发电技术

光伏发电系统是指利用光伏半导体材料的光生伏打效应而将太阳能转化为直流电能的设施。光伏发电设施的核心是太阳能电池板，目前，用来发电的半导体材料主要有单晶硅、多晶硅、非晶硅及碲化镉等。全球光伏发电概况见表 2−2。

表 2−2                                   全 球 光 伏 发 电 概 况

| 参 数 | 年 份 | | | | | | |
|---|---|---|---|---|---|---|---|
| | 2011 | 2012 | 2013 | 2014 | 2015 | 2016 | 2017 |
| 装置量（MW） | 71 251 | 100 677 | 137 260 | 178 090 | 226 907 | 302 782 | 399 613 |
| 发电量（GWh） | 65 211 | 100 925 | 139 044 | 197 671 | 260 005 | 328 182 | 442 618 |
| 占全球发电量比重 | 0.29% | 0.44% | 0.59% | 0.83% | 1.07% | 1.32% | 1.73% |

**1.** 光能转换系统

传统典型的光能转换系统由太阳能电池模组和变流器两部分组成，其中太阳能电池模组将光能转换为初始电能，而变流器则将初始电能转换为符合并网条件的电能。

太阳能电池模组的基本构造是很多个太阳能电池单元，单个太阳能电池单元是运用 P 型与 N 型半导体接合而成的，这种结构称为一个 PN 结。当太阳光照射到一般的半导体（例如硅）时，会产生电子与空穴对，但它们很快便会结合，并且将能量转换成光子或声子（热），光子和能量相关，声子则和动量相关，因此电子与空穴的生命期甚短；在 P 型中，由于具有较高的空穴密度，光产生的空穴具有较长的生命期，同理，在 N 型半导体中，电子有较长的生命期。在 P−N 半导体接合处，由于有效载流子浓度不同而造成的扩散，将会产生一个由 N 指向 P 的内建电场，因此当光子被接合处的半导体吸收时，所产生的电子将会受电场作用而移动至 N 型半导体处，空穴则移动至 P 型半导体处，这样便能在两侧累积电荷，若以导线连接，则可产生电流。由于太阳电池模组产生的电是直流电，若需提供电力给家电用品或各式电器则需加装逆变器，才能加以利用。

太阳能电池形式上可分作衬底式与薄膜式，就太阳能电池的发展时间而言，可区分为以下四代：

（1）第一代太阳能电池发展最长久，技术也最成熟。种类可分为单晶硅、多晶硅和非晶硅。以应用来说是以前两者单晶硅与多晶硅为大宗，也因应不同设计的需求需要用到不同材料（例：对光波长的吸收、成本、面积……）。

（2）第二代薄膜太阳能电池，将化合物半导体以薄膜工艺来制造电池，种类可分为二元化合物（碲化镉 CdTe、砷化镓）、三元化合物铜铟硒化物（CIS）以及四元化合物铜铟镓硒化物（CIGS）。

（3）第三代电池与前代电池最大的不同是工艺中导入"有机物"和"纳米科技"。种类有光化学太阳能电池、染料光敏化太阳能电池、高分子太阳能电池、纳米结晶太阳能电池。

（4）第四代则针对电池吸收光的薄膜做出多层结构。

**2. 光电汇集系统**

集中式光伏电站一般按照装机容量来选择并网电压等级。10MW 一般选择 10kV 电压等级并网，10～50MW 一般选择 35kV 电压等级并网。装机容量在 50MW 以上时一般选择 110kV 电压等级并网，相应需配套建设 110kV 升压站。图 2-5 为我国青海省某光伏园区一期和二期的光伏发电接入系统示意图。一期编号 1～10 号的 110kV 光伏升压站通过 110kV 线路汇集至附近的主网 330kV 变电站，而二期编号 11～18 号的光伏升压站通过 110kV 线路汇集至 330kV 汇集站，并通过单回 330kV 线路接入到主网 750kV 变电站的 330kV 侧。由图 2-5 可知，类似于大型风电基地，实际工程中大规模光伏发电接入系统的拓扑大部分也呈辐射状星形结构，距离并网区域电网较远的光伏电站通过汇集站升压后并网，距离主网较近的光伏汇集站就近接入主网变电站的较低电压侧。

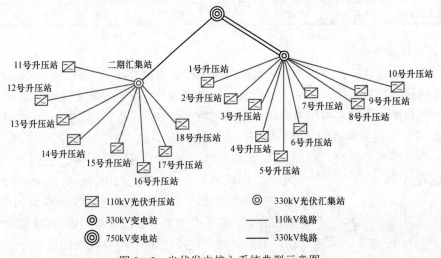

图 2-5 光伏发电接入系统典型示意图

光伏电站业主可以采用自发自用模式、自发自用余电上网或完全上网 3 种结算模式。

（1）完全自发自用模式。这种模式一般应用于用户侧用电负荷较大且用电负荷持续、一年中很少有停产或半停产发生的情况下，或者是，就算放假期间，用户的用电维持负荷大小也足以消纳光伏电站发出的绝大部分电力。这类系统，由于低压侧并网，如果用户用电无法消纳，会通过变压器反送到上一级电网，而配电变压器设计是不允许用于反送电能的（可以短时倒送电，比如调试时，而长期不允许），其最初潮流方向设计是固定的。所以需要安装防逆流装置来避免电力的反送。针对一些用户无法确保自身用电能够持续消耗光伏电力，或者生产无法保证持续性的项目，建议不要采用此种并网方式。单体 500kW 以下，并且用户侧有配电变压器的光伏电站，建议采用这种模式，因为其升压所需增加的投资占投资比例较大。

（2）自发自用余电上网模式。对于大多数看好分布式发电的用户来说，选择自发自用余电上网是最理想的模式，这样既可以拿到自发自用较高电价，又可以在用不掉的情况下卖电给电网。但是实际操作过程中阻力颇多，原因是光伏从业者和地方电网公司人员信息的不对称，互相缺乏对于对方专业知识的了解。光伏发电在自发自用余电上网模式时，用户（或者称之为"投资商"）希望所发电量尽可能在企业内部消耗掉，实在用不掉的情况下，可以送入电网，以不浪费掉这部分光伏电量。但电力公司最希望的是用户简单选择，要么自发自用，要么升压上网。因为自发自用余电上网对于地方电力公司来说，要增加一些工作量：区域配网容量计算（允许反向送电负荷）、增加管理的电源点（纯自发自用可以降低标准来管理）、正反转电能表改造后的用户用电计量繁琐（需要通过电能表 1 和电能表 2 的数值换算得出用户实际用电负荷曲线和用电量）、增加抄表工作量等。

（3）完全上网卖电模式。在光伏发电大发展的近十年中，直接上网卖电一直是光伏应用的主流，因为其财务模型简单，并且相对可靠，而乐于被资本青睐。该并网形式不但适用于未来的分布式固定电价项目，选择直接脱硫电价卖给电网也不失为一种好的选择（虽然这种应用场合下要求该地区脱硫电价不低于 0.4 元）。此外，还存在一件无法回避的问题——光伏是资本推动型产业，属于固定收益型长效投资。在大多数企业追求发展的阶段是不太可能去持有光伏电站的，即使是现在很多手上握着一些光伏电站的业主。因此，光伏电站的转让市场未来是足够大的一个蛋糕，为买卖双方服务将成为炙手可热的业务，如保险服务、评估服务、检测服务、运维服务、第三方担保服务等。

### 2.2.3　新型可再生能源发电技术

**1. 核能**

核能通常指原子核的能量，可以透过核聚变、核裂变或放射性核衰变释放出来，这一过程通常以核反应堆的形式来实现。核反应堆是一种启动、控制并维持核裂变或核聚变链式反应的装置。相对于核武爆炸瞬间所发生的失控链式反应，在反应堆之中，核变的速率可以得到精确的控制，其能量能够以较慢的速度向外释放，供人们利用。核反应堆有许多用途，当前最重要的用途是产生热能，用以代替其他燃料加热水，产生蒸汽发电或驱动航空母舰等设施运转。一些反应堆被用来生产为医疗和工业用途的同位素，或用于生产武器级钚，还有一些反应堆运行则仅用于科学研究。当前全部商业核反应堆都是基于核裂变的。在世界各地的大约 30 个国家里被用于发电的核反应堆大约有 450 个。

（1）核反应堆类型。

1）按核反应分类。

a. 核裂变。所有的商业发电反应堆是基于核裂变，它们一般采用铀及其产物钚作为核燃料，虽然钍燃料循环也是可能的。

b. 核聚变。核聚变发电是一个实验性的技术，一般用氢作为燃料，目前还不适于电力生产，主要有磁约束核聚变和惯性约束核聚变。

2）按慢化剂和冷却剂分类。

a. 轻水堆（压水反应堆、沸水反应堆）。轻水型反应堆使用相对分子质量为 18 的轻水作为慢化剂和冷却剂。

b. 重水堆。重水堆可按结构分为压力容器式和压力管式两类。两者都使用重水做慢化剂，但前者只能用重水做冷却剂，后者却可用重水、轻水、气体等物质做冷却剂。

3）按代分类。

a. 第一代反应堆。早期原型研究堆，非商业用反应堆，生产的电力一般用于展示。

b. 第二代反应堆。目前大多数核电站当初设计的使用年限为30～40年，现在有些考虑到安全性正逐步退役，有些延长再使用10～20年，在美国大约有75%正在运转的反应堆延长20年使用期限。

c. 第三代反应堆。在设计上有大幅度的改进，像是燃料技术的改善，更有效率地应用热能和安全系统的升级，像是使用被动核安全系统，在意外事故发生时利用重力冷却堆芯。目前正在建造的有中国改进型压水堆（ACPR1000）、华龙一号（HPR1000）、俄式压水反应堆（VVER～1000/428M）、欧洲压水反应堆。

d. 第四代反应堆。目前尚在研发阶段，主要诉求是更佳的安全性能，永续发展，效能提升和降低成本。第四代反应堆主要有6款：3款（超高温反应堆、超临界水反应堆、熔盐堆）使用慢中子产生热能；3款（气冷快中子反应堆、钠冷快中子反应堆、铅冷快中子反应堆）使用快中子产生热能。6款都是使用核裂变产生热能。

（2）未来发展趋势。

1）行波反应堆。未来核裂变反应堆的一个重要的发展趋势是行波反应堆，行波反应堆（TWR）是一种通过嬗变将不可裂变材料转变为可裂变核材料，然后利用这些材料的裂变来发电的一种反应堆设计。行波反应堆属于钠冷快中子反应堆，在设计上属于第四代反应堆。和其他快中子反应堆和增殖反应堆不同的是，行波反应堆可以直接使用贫化铀、天然铀、钍和轻水堆产生的核废料作为燃料。理论上，行波反应堆甚至可以使用其自身产生的乏燃料作为燃料。如果行波反应堆普及，就可以免除铀浓缩和乏燃料再处理等环节，降低核能的成本和环境风险。在行波反应堆中，裂变集中发生在裂变区，而不是整个堆芯。这个裂变区会从堆芯中心向外扩散，就像水波一样向外运动，行波反应堆由此得名。理论上，一次装料后，行波反应堆可以自持运行数十年，不需要添加新燃料，也不需要清除乏燃料，然而建造一座行波反应堆非常困难，目前尚未有这种反应堆投入商业运行。

2）托卡马克装置。未来核聚变反应堆的发展方向是托卡马克，又称环磁机，是一种利用磁约束来实现磁约束聚变的环性容器。托卡马克诞生于苏联，在漫长的发展历程中，世界各国设计、建造了较多的托卡马克装置。通过不断地实验和改进，在托卡马克上获得的实验参数被不断刷新。托卡马克一步一步走向磁约束核聚变研究的舞台中心。在前期的研究基础上，科学家发现了"装置越大，取得参数越好"的规律。于是，世界上几个研究核聚变的国家开始建造大型的托卡马克装置，欧洲建起了欧洲联合环状反应堆（JET），美国建起了美国托卡马克实验反应堆（TFTR），日本建起了日本原子能研究开发机构超导托卡马克核聚变装置（JT-60）。其中，JET 和 TFTR 先后实现了氘氚核聚变反应，但是时间只有几秒钟。为了使托卡马克实现长时间稳定运行，世界各国的科学家开始建造超导的托卡马克。其中，世界多个国家联合设计、建造的国际热核聚变实验反应堆（ITER）也在建造中。全超导的托卡马克不断刷新着托卡马克的运行记录，稳定运行时间由原来的几秒钟，被逐渐延长至十几秒、几百秒。在国内，中国科学院等离子体物理研究所完全自主研发了世界上第一个全超导非圆截面中国先进实验超导托卡马克核聚变实验装置（EAST）。2018 年，EAST 通过优化稳态射频波等多种加热技术在高参数条件下的耦合与电流驱动、等离子体先进控制等，实现加热功率超过 10MW，等离子体储能增加到 300kJ，在电子回旋与低杂波协同加热下，等离子体中心电子温度达到 1 亿摄氏度，这意味着人类距离和平利用聚变能的目标又近了一步。

**2. 洋流能**

洋流能通过利用海洋洋流，即海水流动的动能来产生电力，主要包括海底水道和海峡中较为稳定的流动以及由潮汐导致的有规律的海水流动。虽然目前没有被广泛使用，但是其能量转换效率比较高，达 20%～45%，因此洋流能比风能发电和太阳能发电更具可预见性。

**3. 地热能**

地热能源于地球内部的熔岩，地热发电厂正是利用从地壳中抽取的热能进行发电的。发电厂处理地热能有干蒸汽发电法、扩容闪蒸发电法和双工质循环发电法 3 种不同的方式，但这 3 种方法都是利用蒸汽来驱动涡轮机，进而带动发电机来产生电力。

干蒸汽地热发电厂使用直接从地下通过管道到达发电厂的蒸汽；扩容闪蒸地热发电使用从地下抽取上来的热水，将热水喷射到蒸汽罐中以产生蒸汽；而双工质循环地热发电厂则使用从地下抽取上来的温水，将其与另一种化学物质结合以产生蒸汽。

**4. 生物质能**

生物质在广义上是指有生命的有机体，例如木材、树叶、纸、食品废物、粪肥和通常被认为是垃圾的其他有机物质等。生物质可用于发电、用作运输燃料、制造化学品等，基于以上这些过程所利用的能量，则被称为生物质能。生物质能技术包括直接燃烧、共燃、气化、热解和厌氧消化等。

大多数生物质能发电厂使用直接燃烧系统，通过燃烧产生蒸汽，用以驱动涡轮机转动，再带动发电机产生电能。在一些生物质能工业中，来自发电厂的废蒸汽也用于制造过程或用于加热建筑物，这种热电联产系统大大提高了总体的能量利用效率。

共燃是指在常规发电厂中将生物质与化石燃料混合，燃煤发电厂可以使用共燃系统来显著减少二氧化硫等污染物的排放。

气化系统使用高温和缺氧环境将生物质转化为主要包含氢气和一氧化碳的混合气体，气化、厌氧消化和其他生物质能发电技术可用于具有燃气式发电机或其他发电机的小型模块化系统，从而有助于向偏远地区提供电力供应。

## 2.3　新型输配电技术

### 2.3.1　柔性交流输电技术

柔性交流输电系统（flexible AC transmissions system，FACTS）是一种将微机处理技术、电力电子技术、先进控制技术等应用于高压输电系统，从而获得大量的节能效益，提高系统电能质量、可靠性、运行性能和可控性的新型综合技术。

（1）柔性交流输电技术发展现状。按照柔性交流输电系统的功能和性能的差异可划分为以下 3 代：

1）第一代 FACTS 技术。20 世纪 80 年代，静止无功补偿器（static var compensator，SVC）兴起，其技术基础是常规晶闸管整流器（semiconductor controlled rectifier，SCR），后来便出现了晶闸管控制的串联电容器（thyristor controlled series capacitor，TCSC），这是第一代柔性交流输电技术装置，它通过晶闸管整流器来控制串接在输电线路中的电容器组，从而达到控制线路阻抗、提高输送能力的目的。

2）第二代 FACTS 技术。第二代的装置和第一代相比，明显的优势就是它的外部回路中并不需要加装大型的电力设备。这些新的装置，例如串联同步补偿器（static synchronous series compensator，SSSC）和静止同步补偿器（static synchronous compensator，STATCOM）设备采用了门极可关断类的全控型器件，它们通过电子回路能够模拟出电容器和电抗器组，优势十分明显，在显著提高装置性能的同时还大幅度地降低了装置的造价。

3）第三代 FACTS 技术。第三代柔性交流输电系统技术是将两台或多台控制器复合成一组柔性交流输电系统装置，并且共用一个共同的、统一的控制系统。调节可控移相器（thyristor controlled phase angle regulator，TCPR）和双回路潮流的线间潮流控制器（interphase power flow controller，IFPC）都属于复合控制器。

基于可关断器件的柔性交流输电系统技术方面，国外应用已基本成熟，如静止同步补偿器装置；基于传统半控型器件的柔性交流输电系统技术方面，国外有很多的国家对这种技术的应用也已经比较成熟，典型的如 SVC 装置。

（2）柔性交流输电技术瓶颈及发展趋势。柔性交流输电技术尽管有诸多的益处，但是就目前的发展来看，还是有很多的技术难关尚没有被攻克。具体说来，技术难关具体表现在两个方面：一方面，相应装备的验证和实验的功能是否能够支撑柔性交流输电技术的发展；另外一方面，系统设备控制保护平台的相关技术研究。柔性交流输电系统装置在发挥其优势的同时，也带来了一定的难题，与一般补偿电容器、电抗器相比，柔性交流输电系统装置的制造成本更高、制造的过程也更加的复杂。所以这就要求各电力部门继续加大力度研究柔性交流输电系统相关的装置以及相关的技术。

## 2.3.2 柔性直流输电技术

柔性直流输电技术的代表就是基于电压源换流器的高压直流输电技术（voltage source converter based high voltage direct current，VSC-HVDC），它是一种新型的、具有许多优点的输电技术，其优点有不会出现换相失败、易于构成多端直流系统、可向无源网络供电和换流站间无须通信等。

国外很早就开始研究 VSC-HVDC，因此积累了一定的基础理论和工程经验。国际大电网会议 CIGRE 成立了专门研究采用 VSC-HVDC 将风电场接入电网的 B4-39 的工作组和专门研究 VSC-HVDC 输电的 B4-37 的工作组。西门子公司在柔性直流输电中做出了很大的贡献，开发出了模块化的多电平柔性直流输电技术，被世界各国广泛采用。我国对基于电压源换流器的高压直流输电的研究不如国外早，但发展之迅速远超世界各国，考虑未来的电网发展技术路线，仍需放眼全球各大电网，了解电网的输电技术在国际上的应用方向，同时对我国电网中的先进的输电技术发展的趋势进行深入的研究，这有利于我国电网的健康发展以及安全稳定的运行，具有十分深远的意义。

（1）柔性直流输电技术发展现状。自第一个 VSC-HVDC 工程问世以来，现如今，已经有十几项柔性直流输电工程在国内外得以投运。国外已建立和正在建设的主要 VSC-HVDC 工程见表 2-3。

表 2-3　　　　　　　国外已建立和正在建设的主要 VSC-HVDC 工程

| 序号 | 工程 | 国家 | 投运年份 | 额定功率（MW/Mvar） | 两侧交流电压（kV） | 直流电压（kV） | 线路长度（km） |
|---|---|---|---|---|---|---|---|
| 1 | EastWest Interconnector | 爱尔兰 | 2013 | 500 | 400 | ±200 | 2×75 地下 2×186 海缆 |
| 2 | DolWin1 | 德国 | 2014 | 800 | 150/380 | ±320 | 2×90 地下 2×75 海缆 |
| 3 | Helwin1 | 德国 | 2014 | 576 | 155/400 | ±250 | 2×45 地下 2×85 海缆 |
| 4 | HelWin2 | 德国 | 2015 | 690 | 155/400 | ±320 | 2×46 地下 2×85 海缆 |
| 5 | Dolwin2 | 德国 | 2015 | 900 | 155/380 | ±320 | 2×45 地下 2×90 海缆 |

我国对于基于电压源换流器的高压直流输电的研究起步较晚，但科研工作者对柔性直流输电系统的相关技术非常重视，因而发展迅速，并且取得了一系列的自主创新成果。我国已建立的主要基于电压源换流器的高压直流输电工程见表 2-4。

表 2-4　　　　　　　国内主要 VSC-HVDC 工程

| 序号 | 工程 | 投运年份 | 额定功率（MW/Mvar） | 两侧交流电压（kV） | 直流电压（kV） | 线路长度（km） | 用途 |
|---|---|---|---|---|---|---|---|
| 1 | 南汇工程 | 2011 | 18 | 35 | ±30 | 10 | 风电并网 |
| 2 | 南澳工程 | 2013 | 200 | 166/166/166 | ±160 | 40.7 | 风电并网 |
| 3 | 舟山工程 | 2014 | 400 | 110/220 | ±200 | 141.5 | 海岛供电 |
| 4 | 厦门工程 | 2015 | 1000 | 167 | ±320 | 10.7 | 海岛供电 |
| 5 | 张北工程 | 2018 | 2018 | 500 | ±500 | 650 | 可再生能源并网 |

（2）柔性直流输电技术瓶颈及发展趋势。虽然柔性直流输电技术有着十分显著的特点，但是就目前的发展和应用来说，仍有一些制约未来发展的制约因素难以克服。首先，柔性直流输电技术的成本较高，较高的成本所带来的问题就是难以大规模投入使用；另外，柔性直流输电技术的输送容量和输送的距离都有很大的限制，柔性直流输电技术的输送容量比特高压直流输电技术较小，柔性直流输电技术的输送距离比特高压直流输电较短。尽管柔性直流输电技术在目前仍然面临着很多的制约因素，但是随着我国国民经济的发展和

研究人员的努力，这些技术难关一定可以被攻克。

### 2.3.3 分频输电技术

分频输电技术（FFTS）是指由西安交通大学王锡凡院士在 1994 年提出的一种新的输电方式——分频输电系统。1998 年，在国际大电网（CIGRE）会议上，美国、德国、南非等国学者提出了向边远地区送电的 7 种小型经济输电系统，其中第 6 种是 0～50Hz 的低频输电方式，这种输电线路两端利用电力电子元件门极可关断晶闸管（GTO）变换频率，可用较低的电压等级输送较远的距离，且有利于可再生能源并网和形成分布式电力系统。2002 年，有学者在已有的分频输电理论的基础上提出了分频配电系统（FFDS）的概念，利用分频（50/3Hz）输电改善配电系统的电压稳定性及可靠性。实践证明利用分频后无功损耗降低了 68%，电压稳定极限提高了 17%，表明分频配电系统有光明的应用前景。2010 年，美国电力工程国家实验室 PSERC 已设专题，开展将低频输电用于风电送出系统的研究。

（1）分频输电技术发展现状。国外学者一般将分频输电系统称为低频交流输电系统（FLAC），已有相关学者对此进行了初步的研究，论证了高压交流输电无法进行远距离输电，低频输电可以大大增加高压交流输电的传输距离，与工频输电进行对比，证明了低频交流输电的可行性；总结了低频输电各部件的需求，以及未来哪些部件还需要进一步的发展，并涉及了多端分频输电并网的研究。

国内方面，分频输电系统的研究越来越趋于细致化。在关键技术交流变频器已经十分成熟的背景下，有学者验证了 750kV 级以下的电压等级，分频输电在实际工程应用中已经不存在技术上的难题。2015 年，有学者通过对分频海上风电系统的技术经济进行分析，从各个方面比较了高压交流输电、高压直流输电和分频输电，证明了分频输电的发展空间和应用价值。

（2）分频输电技术瓶颈及发展趋势。分频输电改变了频率这一电力系统的基本参数，将对电力系统中一系列设备，如发电机、变压器、断路器等的电磁和结构设计产生重要影响；另外，也使其接入常规电力系统的技术（即大容量变频技术）成为必须解决的关键问题。因此，技术可行性，特别是在电力系统实际应用中涉及的设备和系统的技术可行性成为实现分频输电要解决的核心问题。此外，一个体现优越性的新的输电方式，其得以成立的基本条件，除了技术上要可行外，还必须在经济上优于传统输电方式，这就需要以实际电力输送工程实例为背景，进行主要发电和输电设备的概念设计，进而通过初步的技术经济性分析和比较，得出分频输电的理论和实验研究成果是否具有工程应用可行性的初步结论。

### 2.3.4 超导输电技术

1911 年，荷兰物理学家海克·卡末林·昂内斯发现超导现象，即将汞冷却到 −268.98℃ 时，汞的电阻会突然消失。随后的研究中他发现许多金属和合金都具有与汞相类似的特性（低温下失去电阻）。经过 100 年的发展，超导电力技术已经有了深入的发展，被广泛地研究应用于电力行业。

超导输电技术是利用高密度载流能力的超导材料发展起来的新型输电技术,超导输电电缆主要由超导材料、绝缘材料和维持超导状态的低温容器构成,由于超导材料的载流能力可达到 $100\sim1000A/mm^2$(约是普通铜或铝的载流能力的 $50\sim500$ 倍),且其传输损耗几乎为零[直流下的损耗为零,工频下会有一定的交流损耗,为 $0.1\sim0.3W/(kA\cdot m)$],因此,超导输电技术具有容量大、损耗低、体积小、重量轻、增加系统灵活性等优势。因此超导输电技术可为未来电网提供一种全新的低损耗、大容量、远距离电力传输方式。

(1)超导输电技术发展现状。目前国外研究超导电力技术走在前列的有美国、俄罗斯、日本、韩国等。美国最早研制出同轴 Nb3Sn 交流电缆和直流 Nb3Sn 电缆,额定电压分别为 135kV 和 100kV,额定容量分别为 1000MVA 和 5000MVA;在此之前,还研制出超导储能系统(SMES),其储能量达 30MJ,并示范应用于电力系统,结果表明了该超导储能系统可以调制低频干扰信号,消除电网的低频振荡;除此之外,美国研制出的高温超导电缆,其额定电压达 138kV,还研制出额定功率达 36.5MW 的高温超导电动机和额定容量为 10MVA 的超导同步调相机。此外,日本研制出了超导限流器(FCL),并利用 Nb Ti 超导线研制出额定功率达 70MW 的超导发电机等。

国内方面,我国很早就开始了高温超导电缆的研究。中国科学院电工研究所最早与西北有色金属研究院和北京有色金属研究总院合作研制成功 1m 长、1000A 的 Bi 系高温超导直流输电电缆模型,后来又完成了 6m 长、2000A 高温超导直流输电电缆的研制和实验。在国家"863"计划支持下,我国研制出 10m、10.5kV/1.5kA 三相交流高温超导输电电缆。在此基础上,成功研制 75m、10.5kV/1.5kA 三相交流高温超导电缆,并安装在甘肃长通电缆公司为车间供电运行。2011 年 2 月,在白银市建成 10.5kV/630kVA 超导变电站。

(2)超导输电技术瓶颈及发展趋势。虽然超导电力技术在过去 20 年取得了长足的发展,但要真正实现规模应用,还存在多方面的问题亟待解决,主要包括:① 需要提高超导材料的临界温度($T_c$);② 需要大幅提高辅助设备(主要是低温和制冷设备)的长期运行可靠性;③ 需要进一步大幅降低高温超导材料的价格。

未来超导输电技术的一个极为重要的发展趋势就是重点发展高温超导直流输电电缆。由于超导直流输电电缆无焦耳热损耗和交流损耗,从而可最大限度地提高输电效率。国外预测,2020 年高温超导电缆有望形成产业。目前,美国、意大利、日本、韩国、法国、丹麦等工业发达国家的大公司都在积极研究开发。我国在超导电缆导体技术方面已获重大突破,2013 年 8 月,在国际热核聚变实验堆(ITER)计划总部官员的现场监造下,765m CB 超导电缆导体在白银有色长通公司下线。随着可再生能源发电的比例增大,直流输电正在迅速发展。由于高温超导直流输电有其特殊优越性,发展超导直流输电日益受到世界各国重视,根据我国电网发展的实际需求,大容量、直流高温超导输电应是我国当前超导输电发展的重点。

## 2.3.5　柔性配电技术

柔性配电网(FDN)指能实现柔性闭环运行的配电网。柔性配电网有两个特征:第一个特征是闭环,这是因为柔性配电网在闭环点对短路电流具有阻断能力;第二个特征是柔性,即某些节点对所连多个支路的潮流具有多方向连续调控能力,从电网角度看能一定程度改变潮流的自然分布。闭环特征让柔性配电网可能达到更高的供电可靠性,能做到故障或检修时避免短时停电;柔性特征让柔性配电网具备更强大的潮流控制能力,能更快更广地适应负荷与分布式发电机的波动。

柔性配电网概念属于智能配电网的子集。智能配电网是新一代配电网的统称,其内涵非常丰富:既有分布式发电机、储能等新元件接入,又包括配电网络自身的升级换代。网络换代有信息通信技术对二次系统的升级和电力电子技术对一次系统的升级两方面内容。柔性配电网的提出是针对后者的。柔性配电网与主动配电网(ADN)概念不同:主动配电网针对分布式发电机进行主动调度,让其与电网协同工作;柔性配电网针对电网一次系统,让其具备柔性能力。两者也存在联系:柔性化提高了电网潮流转移调节能力,有助于间歇性分布式发电机的消纳,对提高整个配电网的主动调节性也是有益的。

(1)柔性配电技术发展现状。国内外基本都是在已有电网基础上构建柔性配电网,只需要部分关键节点或支路具有柔性闭环能力,这部分节点/支路称为柔性节点/柔性支路。柔性节点或柔性支路的关键设备是电力电子装置。柔性开关本质上是一种两端电力电子装置,可由背靠背电压源型变流器(VSC)、统一潮流控制器(UPFC)、静止同步串联补偿器(SSSC)等电力电子装置实现。若直接使用柔性开关,通常在馈线联络处替代传统开关(以下称刚性开关,与柔性开关相对),这种情况适合单联络接线的柔性改造。对于多联络接线,既可采用多台柔性开关,又可采用连接效率更高的多端电力电子装置。由于开关站在现有城市配电网中广泛使用,柔性开关站(FSS)是构建柔性配电网的关键设施,具有组网效率高、规模易于伸缩扩展的优点,更能满足大规模复杂柔性配电网的组网需求。柔性开关站的核心是一台多端柔性装置,但从配电网工程师的角度来看,更适合视为由通过母线连接的多个柔性开关构成的开闭站,单台柔性开关也可视为柔性开闭站的特例。柔性开关站的概念还利于结合传统刚性开关,采用柔性开关和刚性开关的混合方式,混合柔性开关站对到变电站的主馈线可采用柔性开关连接,对到次级分支线路可采用刚性开关连接。

(2)柔性配电技术。利用柔性电力电子技术改造配电网是未来的一个重要趋势,能有效解决传统配电网发展中的一些瓶颈问题。先进的电力电子技术可以构建灵活、可靠、高效的配电网,既可提升城市配电系统的电能质量、可靠性与运行效率,还可应对传统负荷以及高比例可再生能源的波动性。

## 2.4 新型储能装备技术

储能技术具有爬坡灵活和响应快速的特点,同时具备对功率和能量的时间迁移能力和有功、无功解耦控制方式,能够为电力系统提供不同类型辅助服务。因而,将储能装备接入电网有利于增强可再生能源消纳能力和提高电力系统运行稳定性。近年来,储能技术得到快速发展,除了传统的抽水蓄能,以锂电池、铅碳电池、超级电容等为代表的新型储能技术不断发展成熟,并在电网中得到广泛应用。

### 2.4.1 储能技术特点与分类

常见的储能技术根据能量转换形式的不同可以分为机械储能、电磁储能、化学储能和相变储能,根据技术特点可分为功率型储能和能量型储能。常见的几种储能类型的功率特性和能量特性如图2-6所示。

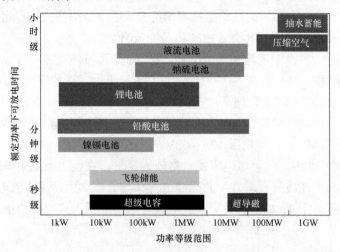

图2-6　不同储能类型的功率特性和能量特性

**1. 机械储能**

机械储能是指将电能转换为机械能储存,在需要使用的时候再重新转换为电能,主要包括抽水蓄能、压缩空气储能和飞轮储能。

(1)抽水蓄能。抽水蓄能是较为成熟、使用较为广泛的大容量储能技术。抽水蓄能储存能量的释放时间可以从几小时到几天,综合效率在70%~85%之间。抽水蓄能机组具有两大特性:① 可以在发电与耗电工况之间灵活转换,用于电力系统削峰填谷;② 机组启动迅速、运行灵活、可靠、能快速响应电网负荷的变化,可以承担电网调频、调相、事故备用、黑启动等任务。

(2)压缩空气储能。压缩空气储能发电系统的基本原理与抽水蓄能相似,当电力系统用电负荷处于低谷时,驱动空气压缩机将电能转化为压缩空气的内能储存起来;当用电负荷达到高峰时,则将高压空气释放出来,驱动汽轮发电机组发电,以满足负荷需求。压缩空气储能具有容量大、寿命长、运行成本低、零碳排等诸多优点,但是也有对建设地点地质条件要求高、建设成本高的缺点。

(3)飞轮储能。飞轮储能的基本原理是充电时利用电动机将悬浮的飞轮转子驱动到高速旋转状态,电能转变为机械能储存;放电时,飞轮减速,电动机作为发电机运行,实现机械能到电能的转换。飞轮储能具有维护需求低、使用寿命长、储能密度大、安全方便、绿色环保、应用范围广等突出优点。

**2. 电磁储能**

电磁储能技术主要包括超导储能、超级电容储能等。

超导储能的基本原理是对超导线圈通以直流电流从而将能量储存在线圈的磁场中,由于超导体的直流电阻为零,因此超导线圈中的能量会永久储存在其磁场中,直到需要释放时为止。超导储能具有功率大、效率高、损耗小、寿命长、反应快等优点,但目前投资成本较高,且需要维持低温的费用也较高,技术还不够成熟。超导储能可以充分满足输配电网电压支撑、功率补偿、频率调节、提高系统稳定性和功率输送能力的要求。超导储能的发展重点是(基于高温超导涂层导体)研发适于液氮温区运行的兆焦耳级系统,解决高场磁体绕组力学支撑问题,并与柔性输电技术相结合,进一步降低投资和运行成本,结合实际系统探讨分布式超导储能及其有效控制和保护策略。

超级电容器是一种介于电池和传统电容器之间的新型储能器件,具有法拉级的超大电容量,比同体积电解电容器容量大 2000~6000 倍。超级电容器的突出优点是功率密度高、充放电电流大、充放电效率高、循环次数高,较适用于高功率需求的应用场景。但超级电容器也存在工作电压波动较大、能量密度较低的缺点。超级电容器历经数十年的发展,已形成电容量 0.5~1000F、工作电压 12~400V、大放电电流 400~2000A 系列产品,储能系统的储能量达到 30MJ。但超级电容器价格较为昂贵,在电力系统中多用于短时间、大功率的负载平滑和电能质量要求较高的高峰值功率场合,如大功率直流电机的启动支撑、动态电压恢复器等。目前,基于活性炭双层电极与锂离子插入式电极的第四代超级电容器正在开发中。

**3. 电化学储能**

电化学储能主要是指各种新型电池储能技术,包括铅酸电池、液流电池、钠硫电池、锂离子电池等。铅酸电池技术发展较为成熟,成本较低,但循环寿命较短;液流电池具有几乎无自放电、循环寿命长、额定功率与额定容量相互独立、容量可扩展性强的特点,适用于大容量需求的储能应用,但是未形成产业化规模,成本非常昂贵;钠硫电池比能量高、充放电效率高,几乎无自放电,深度充放电性能好,但其运行在 300℃附近的高温,需要进行严格的温度控制;锂离子电池被认为是最具应用前景的电池储能技术之一,具有单体输出电压高、工作温度范围宽、比容量高、效率高、自放电率较低的特点。但锂离子电池也存在初始投资高、充放电循环寿命有限的缺点,且在过充、过放时存在一定的安全风险。因此,在充放电随机性较大的新能源并网应用中,需要合理设计控制策略,以提高其使用寿命和安全性能。

上述 4 种电池储能的技术优缺点见表 2-5。

表 2-5 不同类型电池储能技术优缺点对比

| 类 型 | 优 点 | 缺 点 |
|---|---|---|
| 铅酸电池 | (1) 技术成熟;<br>(2) 成本相对较低;<br>(3) 可回收性好 | (1) 能量密度小;<br>(2) 循环寿命较短;<br>(3) 制造过程容易污染环境 |
| 液流电池 | (1) 安全、可靠性高;<br>(2) 循环寿命长;<br>(3) 容量可扩展性强 | (1) 能量密度小;<br>(2) 转换效率不高;<br>(3) 成本较高 |
| 钠硫电池 | (1) 能量密度大;<br>(2) 充放电效率高;<br>(3) 可深度放电 | (1) 工作温度高;<br>(2) 安全性差;<br>(3) 成本较高 |
| 锂电池 | (1) 工作温度范围宽;<br>(2) 能量密度大;<br>(3) 充放电效率高 | (1) 循环寿命有限;<br>(2) 不耐受过充过放;<br>(3) 需要多重保护机制 |

电化学储能技术对于智能电网、可再生能源接入、分布式发电系统及电动汽车发展具有重要意义。对于新一代电力系统，电化学储能技术除了应用于平滑可再生能源出力方面以外，还在削峰填谷、跟踪计划出力、调频等方面具有较广泛的应用前景。

**4. 相变储能**

相变储能的基本原理是利用某些物质在物相变化中吸收或放出的热量，来实现能量的储存和释放。相变储能技术主要分为相变蓄热技术和相变蓄冷技术。目前，被广泛采用的是相变蓄热技术。

相变储能具有储能密度高、体积小、温度控制恒定、节能效果显著、相变温度选择范围宽、易于控制等优点。相变储能是提高能源利用效率和保护环境的重要技术，是缓解能量供求双方在时间、强度及地点上不匹配的有效方式，在可再生能源的利用、电力系统的移峰填谷、废热和余热的回收利用，以及工业与民用建筑和空调的节能等领域具有广泛的应用前景，目前已成为世界范围内的研究热点。

**5. 其他储能形式**

（1）燃料电池。燃料电池技术的发展历程已经超过了 170 年，并广泛应用于太空计划、交通运输以及固定式领域。燃料电池主要有碱性燃料电池、磷酸燃料电池、固体氧化物燃料电池和质子交换膜燃料电池 4 种。从燃料种类、工作温度、质量功率密度和燃料电池特性等因素综合考虑，质子交换膜燃料电池具有功率密度高、体积小、启动速度快、低腐蚀性、反应温度适中等特点，在燃料电池乘用车领域具有应用优势。

为实现燃料电池向负载高效、平稳、安全地输出电能，有必要搭建一个性能可靠、控制灵敏的燃料电池系统。以质子交换膜燃料电池为例，其燃料电池系统由电堆、氢气供给系统、空气供给系统、增湿系统、水热管理系统、电控系统组成。其中，电堆为燃料电池系统的心脏，电控系统为燃料电池系统的大脑，其他各辅助系统也是燃料电池稳定工作必不可少的部分。

（2）储氢技术。氢被普遍认为是未来几个世纪内能源领域的重要角色。从当前和未来的总体需求来看，不管是在实用性还是经济性上，储氢都是不能被忽视的。目前，储氢技术包括压力储氢、低温储氢、固体储氢以及其他间接的储氢方案。

标准状态下的氢气能量密度仅为 8.4MJ/L，一般采用高压或低温液化方式储存，存在能耗大、安全性差等问题。固态材料储氢是最具前景的储氢技术，主要分为物理吸附储氢和化学氢化物储氢两类。目前的固体储氢材料在储氢容量、热力学和动力学性能、可逆性等方面有待提高。

对比各类储能技术，电化学储能应用广泛，在安装条件、容量规模、协调控制、技术成熟度、建设周期等方面具较好的优势，应用于新一代电力系统中具有广阔的前景。本章后续内容将以电化学储能为例，从储能电站参与电网级应用的技术支撑出发，介绍储能电站关键集成技术和关键监控技术。

## 2.4.2 电化学储能电站关键集成技术

**1. 储能单元集成形式**

电池单元集成技术是电化学储能容量规模提升和参与电网级应用的重要基础。构建大

容量储能系统主要有多重化 PCS（变流器）拓扑结构、模块并联 PCS 拓扑结构、多电平
PCS 拓扑和级联 H 桥 PCS 拓扑 4 种方案，具体如下：

（1）多重化 PCS 拓扑结构。对于 1kV 以下的低压大功率电池系统，基于逆变器和变
压器多重化的 PCS 拓扑结构如图 2-7 所示。PCS 由多个两电平电压源型变流器电压源换
流器（VSC）组成，VSC 开关器件多采用低压绝缘栅双极型晶体管（IGBT）。VSC 模块
输入侧并联实现大容量，输出侧通过多重化变压器串联实现高压输出。该结构优点是 VSC
模块技术比较成熟，通过各 VSC 模块移相调制降低并网谐波。但多重化变压器成本昂贵，
设计复杂，导致系统功率扩展性较弱；此外，多重化变压器会降低储能系统的可靠性。

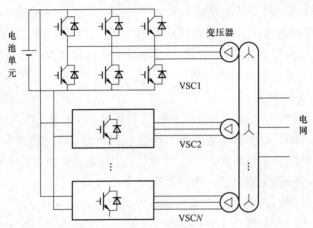

图 2-7　多重化 PSC 拓扑结构

（2）模块并联 PCS 拓扑结构。对于 1kV 以下的低压大功率电池系统，基于模块并联
型 PCS 拓扑结构，如图 2-8 所示。模块采用基本的两电平电压源型变流器 VSC。VSC
模块直流侧并联，交流侧通过各自变压器升压并网。该结构优点是 VSC 模块技术比较成
熟，模块化的并联控制结构使得系统扩容能力强，可靠性高。缺点是各并联 VSC 模块需
采取均流措施防止模块过载损坏；多机并联后 VSC 输出滤波电路与电网形成的互联系统
可能存在稳定性问题；完全依赖变压器实现高电压输出，不利于接高压电网。

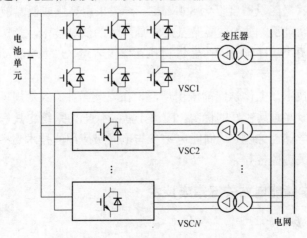

图 2-8　VSC 模块并联 PCS 拓扑结构

（3）多电平 PCS 拓扑结构。高压电池储能系统可以降低对电池单元的大电流要求，在电力系统某些应用场合具有优势。对于 1kV 以上高压电池储能系统，工程中常用的有 2、5、5.8kV 等电压等级。当电压等级为 2kV 时，可采用高耐压开关器件；当电压等级为 5kV 或更高时，不仅需要采用高耐压开关器件，还需要采用多电平技术。基于二极管钳位型三电平 PCS 拓扑如图 2-9 所示，直流侧接高压电池储能系统，交流侧可直接接入 5～10kV 中压电网或通过升压变压器接高压电网。该结构优点是易于实现储能系统中高压并网，提高转换效率，改善并网谐波。但该结构开关调制方式复杂，电平扩展数通常不超过 5，限制了直流电压等级进一步提高；直流母线共模电流引起电池寿命降低；能量双向流动使得直流母线的电容均压实现更为复杂。

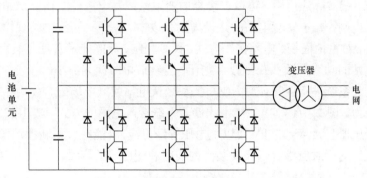

图 2-9　二极管钳位型三电平 PCS 拓扑结构

（4）级联 H 桥 PCS 拓扑。级联 H 桥 PCS 拓扑结构如图 2-10 所示。电池储能单元采用分布式配置方式，接于 H 桥单元的直流侧；每一相 N 个 H 桥模块输出级联，实现低电压等级电池系统构建高压输出。该拓扑结构优点：增加串联 H 桥个数易于实现输出高电压等级，有效降低电池组电压等级，可以省略输出变压器；等效开关频率提高使得并网谐波大幅度减小；电池储能单元采用分布式配置，易于能量管理系统设计；基于 H 桥的

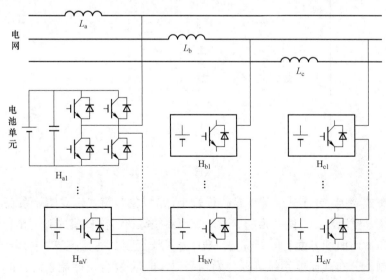

图 2-10　级联 H 桥 PSC 拓扑结构

模块化结构便于储能系统扩容。但该拓扑结构没有公共直流母线，直流链的二倍频纹波电流会对电池单元产生不利影响；分布式的电池单元配置方式需要复杂的均衡技术；采用无变压器接入高压电网，将对低压电池系统的绝缘技术提出更高要求。将 2 电平级联 H 桥单元用 3 电平 H 桥单元替换时，级联 H 桥 PCS 拓扑也适用于高压电池储能系统，从而可以减小每相级联 H 桥个数，简化控制电路设计。

**2. 储能电站并网形式**

根据接入电网的主接线特点和容量规模，储能电站可分为集中式和分布式两种并网形式。

（1）集中式储能电站。集中式储能电站，通过集中建设较大规模储能系统，并由同一母线汇入电网。在实际应用中，可以在废弃的变电站或发电厂建立储能电站，利用原有的接线方式并入电网，减小储能电站的建设周期和成本。集中式储能电站规模较大，容量基本为兆级以上，对占地面积、电站接线方式、保护控制、储能能量管理等具有较高的要求。集中式储能电站的功率从数兆瓦到数百兆瓦，持续放电时间为数小时以上，通过 35kV 或 110kV 母线接入系统进行调峰调频，或与大型光伏电站或风电场配合使用，提高电网对新能源的接纳能力。图 2-11 给出了集中式储能系统接入电网的方式。集中式储能系统可通过多组升压变压器直接接入 35kV 及以上电压等级母线，既能在大型新能源发电站侧接入，也能独立接入，选择时应综合考虑安装点的线路和变压器的容量。

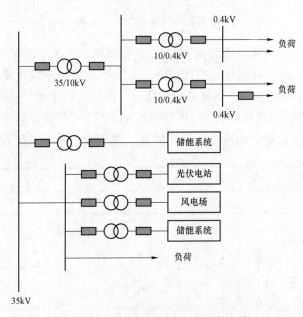

图 2-11　集中式储能接入电网的方式

（2）分布式储能。分布式储能通常规模较小，常以集装箱式建立储能系统，即将电池、电池管理系统、变流器、智能切换柜、能量管理系统等核心部件集成到一个集装箱内。它在建设时间和占地面积方面有较好优势，功率从几千瓦至几兆瓦不等，多用于微网、商业楼宇或用户侧。分布式储能系统可以分为功率型、能量/复合型储能系统。前者适用于短时间对功率需求较高的场景；后者适用于能量需求较高的场合。图 2-12 给出了分布式储能系统接入配电网的两种方式。分布式储能系统可在 10kV 或 380V 电压等级下接入，分别实现独立接入低压配电网和与分布式电源相结合并联接入配电网。

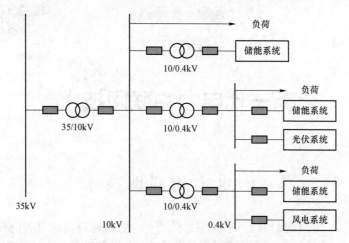

图 2-12 分布式储能接入系统方式

# 第3章

# 新一代电力物联网技术

## 3.1 电力物联网技术

物联网技术是 21 世纪最具影响力的技术之一，物联网是指通过智能传感设备对网络部署区域进行状态的监测与控制，通过网络层将监测的数据传输至服务器进行处理，最终实现整个监控区域的相连。物联网技术的全面感知、可靠传递、智能处理等特点使其在智能运输、智能建筑、工业自动化、环境保护等领域得到了广泛的应用，电力领域也不例外。

### 3.1.1 电力物联网技术架构

面向智能电网建设的电力物联网技术架构主要应用于智能电网的全面感知、电力的可靠传输与故障诊断分析等方面，其架构体系分层与传统物联网体系一致，主要包括感知层、传输层、数据层、应用层 4 个方面，如图 3-1 所示。本节主要介绍数据层和传输层。感知层主要由具有低功耗、高度集成的各类传感器、射频识别（RFID）、全球卫星定位系统、地理信息系统（GIS）等相关技术组成，用来进行监测区域内电网数据的全面感知及自动识别；应用层集合了云计算、数据挖掘、数据储存、可视化等技术，为用户或管理人员提供电网各阶段信息，实现电力流、信息流和业务流集成与融合，进一步满足用户电力需

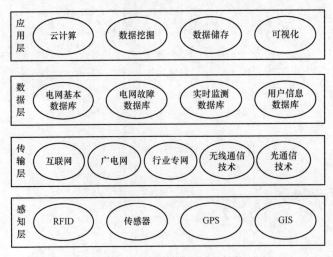

图 3-1 电力物联网技术架构

求，提高服务质量。

传输层主要将感知层采集的电网数据信息传送至电网远程管理系统，实现电网数据的实时状态监控，主要涉及物联网通信相关技术。物联网通信技术有很多种，从传输距离上区分，可以分为两类：一类是短距离通信技术，也称局域自组网通信，典型的应用场景如智能家居，代表技术有 ZigBee、蓝牙等；另一类是广域网通信技术，业界一般定义为低功耗广域网，典型的应用场景如智能抄表，常用的低功耗广域网包括 Lora、NB-IoT 等。

数据层主要将采集的电网数据进行分析、处理、预测以及发现故障位置，便于电力维修人员处理修复故障，包括电网基本数据、电网故障数据、实时监测数据以及用户信息数据。然而，由于可再生能源等分布式发电资源数量不断增加以及电气设备自动化程度不断提高，电气设备与控制中心之间、电网企业与电力用户之间会产生大量的数据流，而且随着电气设备应用范围的增加，电气设备使用的时空分布相比于传统也会更加分散，这使数据的采集和分析面临着巨大的考验。

边缘计算技术能够很好地解决这一问题，边缘计算指的是在靠近数据源头的网络侧，部署融合网络、计算、储存、应用核心能力的开放平台，就近提供边缘智能服务，满足行业数字化在快速连接、实时业务、智能应用、安全与隐私保护等方面的关键技术。边缘计算与"云计算"的概念相似，都是用于处理大数据的处理方式。不同之处在于，在边缘计算当中，数据不需要被传送到云端，直接在边缘侧进行处理，数据处理的实时性和安全性远优于云计算。将边缘计算应用在供需领域中，可以有效地提高数据的储存和处理效率，减少传输数据所占用的带宽，使电力需求响应更加有效和快速地进行。

### 3.1.2　电力物联网关键技术

**1.** 物联网通信技术

（1）ZigBee。ZigBee 网络是自组织网络，大部分节点采用电池供电，当电池电量用尽且没有及时供电，网络应该在较短的时间内恢复正常，使检测不受影响，这就对网络的拓扑结构和路由选择方法有比较高的要求，选择适合环境的拓扑结构和路由方法是 ZigBee 研究的热点领域。

ZigBee 技术可用于配网自动化系统中。配网自动化通信系统的传输方式一般分为光纤传输和 GPRS 无线传输。GPRS 无线传输方式容易受天气、用户数量等因素影响，导致 GPRS 信号不稳定，只能运用在"二遥"站点进行电压、电流、开关状态的采集，不能远程进行负荷开关控制。当 GPRS 站点数量众多时，每年支付给运营商的通道租用费用将是一笔不小的开销。基于以上原因可以用 ZigBee 替代 GPRS 接入配网"二遥"站点，提高"二遥"站点的网络可靠性，节省通道租用费用。

（2）蓝牙。蓝牙诞生于 1994 年，最初由电信巨头爱立信公司创制，后来蓝牙由蓝牙技术联盟管理。蓝牙是一个低功耗短距离、双向无线通信的全球规范，它的设立是为实现"全球性互联"的概念装备有蓝牙无线技术功能的设备之间可以实现无缝互操作。

蓝牙在电力系统中的应用之一为电站/调度综合自动化。由于蓝牙的协议允许蓝牙设备之间互相查询、浏览设备信息和服务类型。因此，使用蓝牙设备的变电站、调度中心或多 CPU 工作区很容易实现无线化和综合自动化。将电站/调度划分成几个相互联系的子系统（如电站可分为电能管理子系统、线路测控/保护子系统、电压无功综合控制子系统，故障分析处理和故障记录子系统、远方通信子系统等），一个子系统功能模块中的蓝牙设备群组成一个匹克网（piconet，蓝牙网络基本单元），以子系统功能 CPU 作为主蓝牙单元，主单元自动搜索可用的蓝牙设备，查询其功能，通过身份确认建立联系。主蓝牙单元根据要完成的工作，确定所需要的服务，从服务库中找到相应的服务纪录，通过记录属性找到相应设备并建立连接，下达指令。

基于蓝牙技术的电站/调度综合自动化的优点在于：① 无线化，减少电站复杂度和连接隐患；② 资源使用合理，一个匹克网最多可有 7 个活动单元，暂时不需要的从单元可设置为休眠状态，保证了资源的合理使用；③ 智能化，各蓝牙设备之间自动搜索建立连接，可自动查询设备身份和获取服务信息。

（3）LoRa。LoRa 全称是"Long Rang"，是一种基于扩频技术的低功耗长距离无线通信技术，主要面向物联网，应用于电池供电的无线局域网、广域网设备。LoRa 更易以较低功耗远距离通信，可以使用电池供电或者其他能量收集的方式供电。LoRa 联盟自 2015 年 3 月成立以来快速发展，目前已在全球拥有 261 家成员公司。我国在京杭大运河江苏段完成了全线覆盖 LoRa 网络，涉及 284 个基站建设、覆盖 38 850km$^2$，这是中国覆盖范围最大的 LoRa 网络。

LoRa 在电力物联网中主要可用于智能电能表的通信。城镇化发展使得城市建筑物越来越密集，高层居民楼陆续开建，现有短距离无线抄表设备无法满足远距离的抄表要求。改变当前的电能表电量抄写方式，研究新型远距离无线通信功能的智能电表对国家经济发展、社会稳定具有重要现实意义。现有电表电量抄写方案通信方式主要通过电力线通信或者 RS485 通信。这种通信方式需要专线连接，布线成本高不利于大面积推广使用，而依靠 ZigBee 等无线通信技术虽然能减少布线成本，但是由于其通信范围只适合短距离无线通信，所以也不适合远距离的电能表抄写方案。电能表用 LoRa 调制技术通过天线收发数据，具有高可靠性、高抗干扰性以及中远距离传输数据等优点。LoRa 技术传输距离能达到传统无线通信方式距离的数十倍。

（4）NB-IoT。NB-IoT 是一种新的窄带蜂窝通信技术。2016 年 9 月，完成 NB-IoT 性能标准制定，在一致性测试之后，NB-IoT 在 2017 年已经进入了试商用的阶段。

目前，智能电网要实现数字化、信息化，需要对电网一次和二次设备状态进行监测，通过在这些设备上安装传感器，将数据回传至调度中心，实现有效的管理。在以往的方案中，大多数主网设备都是通过电力专用网络与调度中心通信，而配网设备因为覆盖面广，建设专用网络投入较大，ZigBee 等无线方案又都存在一定的局限性，尚没有一种主流方案能得到各方认可。NB-IoT 的出现提供了一种行之有效的无线通信解决方案。由于 NB-IoT 技术传输速率低，且移动性能较弱，比较适合非实时不连续的低速业务，结合其增益高覆盖深以及超低的功耗，其智能电网中的业务应用主要有以下几个方面：

1）电网终端的异常报告类通信。异常报告属于不连续的低速数据类型，正常状态无信号传输，一旦出现异常，触发告警信号，与调度端进行通信。电网的各种信号告警装置，如变电站的围墙红外对射装置，电缆沟盖板状态监测，配网终端台区变压器隔离开关状态监测，配电房环境监测类都可以加装 NB-IoT 通信模组、变身智能化装备。

2）周期性的状态报告类业务通信。最典型的就是用户端的智能电表业务，每月自动上传用电量，这类业务对时延不敏感，但是因为终端数量多，要求能支持大数量级别的终端并发通信。

3）对深度覆盖要求较高的场景。如地下电力隧道、电缆沟、电力顶管排管类、室内机器内部等，这些场景一般在地下，对信号的覆盖强度要求高，采用 2×10W 功率的 NB-IoT 终端设备可以有效提高信号增益。

**2. 电力物联网边缘计算**

（1）异构数据融合。与云计算相比，边缘计算更多地聚焦实时、短周期数据的分析，能更好地支撑本地业务的实时智能化处理与执行，一般适用于专用系统和设备。而且由于在更靠近数据源的本地网络进行运算，数据无须上传至远处的云端，所以大大减少了数据往返云端的等待时间及网络带宽成本。边缘计算节点数据量大，数据类型复杂，因此需要解决异构数据融合的问题。

边缘计算节点主要是确保供需领域中各种异构设备、系统以及数据库之间的互联互通，为各个系统之间提供可靠的数据传输，并且可以将异构数据聚合，为云计算提供有效的数据支持。

处于边缘处的信息具有高通量、流动速度快、类型多样、关联性强、分析处理实时性要求高等特点。基于流式分析可以对数据即来即处理，加快了响应事件和业务的速度，有利于持续得到高品质的有用信息。参考信息物理系统的结构将平台中数据划分为感知级、分析级、决策级 3 个层次。感知级包含各平台经传感装置采集后简单处理的数据；分析级包含各平台经过大数据分析提取后的特征量，形成了平台最优目标决策的问题描述；决策级代表平台针对各特征给出规划问题的决策。

边缘数据融合中，最具有融合意义的就是分析级数据的融合。海量异构传感器采集的数据对通信网络造成严重负担，且采集的数据经常存在冗余、缺失等问题。为了进行充分挖掘并提取出潜在、准确、全面的知识信息，通常采用数学统计法、机器学习方法、面向数据库的启发式方法等。数据融合的意义是充分利用外部环境的特征信息，从而实现知识的挖掘提取，以便将不确定性的复杂关系转化成可理解的准确表示，得到更高层次的融合特征，以加快系统整体的信息处理速度。

（2）边缘计算技术。过去几年，"互联网＋"在供需领域中的应用不断增加，随之带动了云计算技术在供需领域中的普及，供需领域中出现了互联网家电云、需求响应安全管理云等一系列云平台。在传统的云计算中，为了提高数据的管理效率和降低数据库的运维成本，各个底层设备需要将采集到的数据上传至云平台，由云平台处理并向用户提供服务。但是当云平台接入设备增多以及云平台和用户终端、智能终端信息交互频率的上升，云计算集中式处理的方式无法满足大规模、高频次的数据处理。云计算模型的主要缺点在于：① 数据源采集的数据过于冗余，对于特定的服务包含了大量的无用数据，从而导致服务器性能下降；② 云计算服务器为所有接入用户提供服务，随着用户数量的不断增加，服务的实时性不能保证；③ 云计算服务器一旦被攻破，将导致整个网络的瘫痪。

边缘计算通过将核心节点的计算任务和功能下发到具有处理能力的边缘侧设备从而形成边缘计算节点，充分利用边缘侧的处理计算能力，对信息进行初步的处理甚至完全向用户提供原来在云计算服务器运行的服务。如图 3-2 所示，边缘计算节点在网络中位于云平台和数据采集设备之间，为数据采集设备提供高效实时的数据处理服务。对于云平台而言，边缘节点是一个高效的数据采集终端，为云平台过滤冗余的信息分散了云平台的计算任务，从而提高云平台的服务能力。

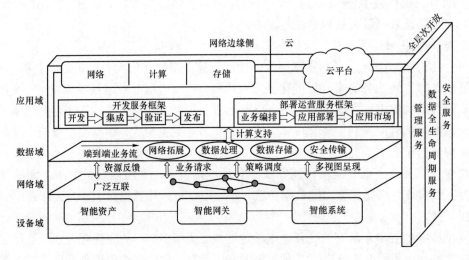

图 3-2　边缘计算框架

### 3.1.3　电力物联网发展趋势

**1.** 不间断传感监测数据挖掘

不间断传感监测数据经异构融合后还需要进行数据挖掘处理。随着供需领域的自动化、智能化，边缘计算在供需领域中的应用会有着越来越广泛的空间，例如家庭能源网关中的应用、非侵入式负荷监测和有序用电管理等。

家庭能源网关的产生是为了满足智能家居普及面向家庭的能源管理的需求，它基于现有标准通信协议，将能源管理和家庭网络结合。家庭能源网关支持 ZigBee、IEEE802.11 等标准通信协议，可以实现与家庭内部智能家居、小型分布式能源和家庭储能的互联互通，如图 3-3 所示。

对于需求领域而言，负荷检测有着重要的意义。传统的负荷检测一般通过在每一个被监测的设备上加装传感器这类硬件设备，这种侵入式的负荷监测在设备的安装和维护方面需要耗费大量的人力、物力，而且随着电力设备的增加和应用范围更加广泛，侵入式的负荷监测已经不能满足电力设备的需求。因此，提出了非侵入式负荷监测的概念，如图 3-4 所示。非侵入式负荷监测只需要在电能入口处安装监测设备，通过监测该处的电压、电流等电气指标进行分析，根据不同电气的负荷特性得到所需要监测的负荷指标。以家庭用户为例，为了提高监测效率和减少数据传输所占用的容量，非侵入式监测通常设置在整个家庭的电力接入端口。

随着电力用户的智能化程度增加，电力用户侧会出现很多具有一定计算能力的边缘节点，利用这些边缘节点的存储和计算能力，会减轻电网企业对于用户用电信息采集的负担。

在电力用户正常工作的时候，边缘节点会记录在一段时间内用户每一次的用电事件，包括用电功率、用电时间等一系列参数，并对用电事件进行重要度的评估，如图 3-5 所示。

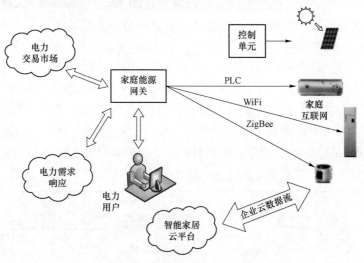

图 3-3　边缘计算在家庭能源网关中的应用

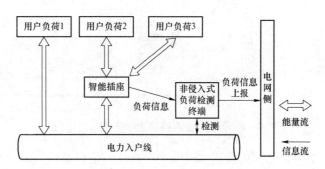

图 3-4　边缘计算在非侵入式负荷监测中的应用

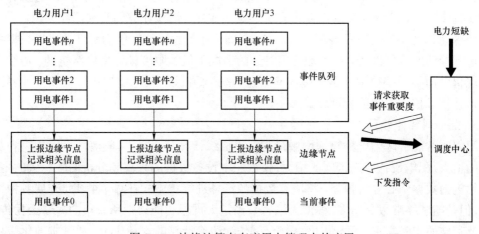

图 3-5　边缘计算在有序用电管理中的应用

**2.** 面向 5G 的移动边缘计算

在移动网络中，由于 4G 时代没有标准的分流机制，边缘计算面临计费、移动性管理等一系列难题，业界并没有形成系统性的解决方案。因此，边缘计算在 4G 网络并没有得到大规模的部署和应用，而 5G 标准已推动支持灵活的分流机制，并形成了统一的移动边缘计算网络架构，为规模推广奠定了基础。

5G 接入网按照协议栈分为分布式单元（DU）和中心单元（CU）两部分，如图 3−6 所示。DU 部署在接入机房，而 CU 可灵活部署在接入机房和边缘数据中心。5G 核心网用户端口功能（UPF）可灵活下移到网络边缘，对接入网上传的数据流量进行分流，卸载到本地边缘计算平台系统或者传输到核心数据中心。根据接入网和核心网的逻辑功能要求，核心网 UPF 和边缘计算平台系统并不能完全解析和识别 DU 处理后的数据流，因此 UPF 和边缘计算平台系统都需要部署在 CU 之后。

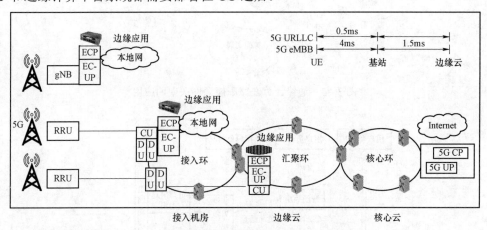

图 3−6   面向 5G 网络的边缘计算组网视图

随着物联网和工业互联网的发展，流量去中心化特征日益明显，在 5G 时代边缘计算是网络发展的重要方向之一，也是 5G 服务于垂直行业的重要利器之一，可为电力物联网提供网络保障。边缘计算是一个跨越网络领域和业务领域的系统，面向 5G 的边缘计算标准正在逐步完善，边缘计算的产业生态正在逐步成熟。边缘计算的需求已经呈现，应用驱动了边缘计算网络的快速发展和演进。在 5G 网络中，边缘计算能力的部署可以根据业务需求进行灵活的分层部署，在保证应用时延的情况下最大限度地利用网络资源。边缘计算的实现仍然面临一些技术问题，例如网络能力/信息开放的技术实现等，需要产业界共同努力，并推进技术方案的标准化。

**3.** 配电网智能台区

配电网智能台区为电力物联网中最为常见边缘计算节点之一。随着配电网规模和复杂程度的增大，配电设备应用范围的增大，使得配电设备数据的采集和分析面临巨大的困难。传统的电力数据中心分析模型，将所有数据源汇总进行集中式计算，并以此开展各种智能服务，但是随着终端数量增多，模型无法有效满足大规模智能终端所采集的海量数据传递、计算及存储的实时需求，而配电网智能台区作为边缘计算的一种应用，通过本地化信息处理然后传输给数据中心的模式，能够有效解决此问题。

　　配电网智能台区主要是对配电变压器（含公用变压器、专用变压器）信息进行采集、控制、处理和实时监控，具有本地化信息监测、集中抄表、电能质量监控、漏电保护监测管理、低压线损分析、台区异常进行报警和台区信息互动等功能。

　　配电网智能台区一体化系统是由后台主站和现场设备（智能配电箱、智能配电变压器终端）组成，如图 3-7 所示。智能低压配电箱完成对台区所有设备运行工况、数据信息的实时采集、存储和传输，后台主站对台区数据进行统计、分析和展示，实现配电台区的智能监控。主站是对全局数据进行采集和汇总展示，子站则是对某一区域的数据进行集中采集后再与主站通信。

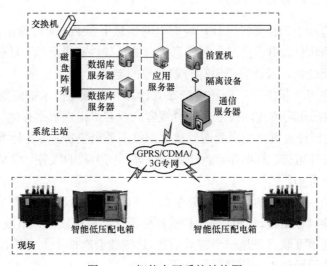

图 3-7　智能台区系统结构图

　　智能台区能够实现以下功能：

　　（1）配电监测功能。监测台区的三相电压、三相电流、分相有功/无功功率、总有功/无功功率、功率因数、零序电流、配电箱门状态、环境温度、低压开关状态和漏电电流等，并计算和统计各个数据量的最大值、最小值以及出现的时间，并对测量的数据以曲线、表格和报表等形式展示。

　　（2）远程控制和维护功能。通过无线通信，主站可远程设置终端的各种运行配置参数，可远程实现对终端程序的升级。通过终端的通信扩展功能和智能开关通信，主站可实时读取开关的状态和保护是否动作等信息，同时后台的控制、设置命令经终端转发给开关，实现在授权允许下的远程开关分合闸，远程保护定值的限值设置和保护投退设置等。从而实现对低压出线的监控管理、提高配电台区运行效率和降低维护费用。

　　（3）配电变压器特性分析功能。监视和管理所有配电变压器的运行状况，跟踪配电变压器的负载变化，对影响配电变压器特性的主要指标（不平衡率、电压合格率、重载率、配电变压器铁损、铜损和零序电流等）进行连续的横向、纵向的特性跟踪、显示和分析。

　　（4）负荷分析功能。系统通过对采集的配电变压器数据的分析，掌握负荷变化情况，及时调整电力营销策略。根据数据的可获得程度和应用的方便性，扩展出比较适合负荷管理系统特性的负荷特性分析指标并加以应用。

## 3.2 电力云计算技术

互联网技术的快速发展以及信息量与数据量的飞速增长,导致单个计算机的计算能力和存储能力满足不了人们的需求。在这种情况下云计算应运而生。云计算将待处理的数据送到互联网上的超级计算机集群中进行计算和处理,把互联网变成一种全新的计算平台,能够在网络上实现按需购买与按使用付费的业务模式。

### 3.2.1 电力云计算技术架构

电力云计算借助于云计算技术针对现有电网信息平台中的海量数据和资料,用虚拟化架构对其进行整合优化,用于提高电网信息平台的拓展性和灵活性。目前,对于云计算的认识在不断地发展变化,云计算仍没有普遍一致的定义。

狭义的云计算可以指的是厂商通过分布式计算和虚拟化技术搭建数据中心或超级计算机,以免费或按需租用方式向技术开发者或者企业客户提供数据存储、分析以及科学计算等服务。广义的云计算可以指厂商通过建立网络服务器集群,向各种不同类型客户提供在线软件服务、硬件租借、数据存储、计算分析等不同类型的服务。广义的云计算包括了更多的厂商和服务类型。

通俗的理解是,云计算的"云"就是存在于互联网上的服务器集群上的资源,它包括硬件资源(服务器、存储器、CPU 等)和软件资源(如应用软件、集成开发环境等)。本地计算机只需要通过互联网发送一个需求信息,远端就会有成千上万的计算机为你提供需要的资源并将结果返回到本地计算机。

美国国家标准和技术研究院的云计算定义中明确了 3 种服务模式:

软件即服务(SaaS):消费者使用应用程序,但并不掌控操作系统、硬件或运作的网络基础架构。是一种服务观念的基础,软件服务供应商,以租赁的概念提供客户服务,而非购买,比较常见的模式是提供一组账号密码。

平台即服务(PaaS):消费者使用主机操作应用程序。消费者掌控运作应用程序的环境(也拥有主机部分掌控权),但并不掌控操作系统、硬件或运作的网络基础架构。平台通常是应用程序基础架构。

设施即服务(IaaS):消费者使用"基础计算资源",如处理能力、存储空间、网络组件或中间件。消费者能掌控操作系统、存储空间、已部署的应用程序及网络组件(如防火墙、负载平衡器等),但并不掌控云基础架构。

云计算技术架构如图 3-8 所示。

### 3.2.2 电力云计算关键技术

云计算系统中运用了很多技术,其中以编程模型技术、海量数据分布存储技术、海量数据管理技术、虚拟化技术、可扩展的并行计算和高可靠的系统技术最为关键。

**1.** 模型技术

云计算要保证后台复杂的并行执行和任务调度对用户和编程人员是透明的。因此,云

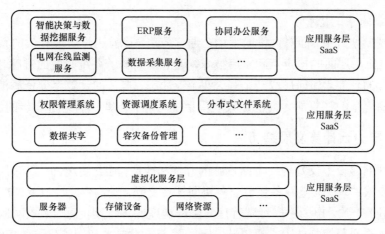

图 3-8　云计算技术架构图

计算的编程模型必须简单有效。现有大部分 IT 厂商采用的编程模型都是基于 Map-Reduce 的思想开发的。MapReduce 是一种编程模型，用于大规模数据集（大于 1TB）的并行运算。概念"Map（映射）"和"Reduce（归约）"是它们的主要思想，都是从函数式编程语言里借来的，还有从矢量编程语言里借来的特性。它极大地方便了编程人员在不会分布式并行编程的情况下，将自己的程序运行在分布式系统上。

**2.** 海量数据分布存储技术

云计算用分布式存储数据，并用冗余的方式保证数据存储的高可用、高可靠和经济性。现在，广泛使用的数据存储技术是谷歌文件系统（GFS）和 Hadoop 分布式文件系统（HDFS）。大部分 IT 厂商都是使用 HDFS 的数据存储技术。未来将集中发展超大规模的数据存储、数据安全、数据加密和提高 I/O 速率等方面。

**3.** 海量数据管理技术

云计算需要对分布、海量的数据进行处理、分析，因此数据管理技术必须能够高效地管理大量的数据。云计算系统中的数据管理技术主要是谷歌的 BT（big table）数据管理技术和 Hadoop 团队开发的开源数据管理模块 HBase。

**4.** 虚拟化技术

虚拟化技术是指计算任务在虚拟的基础上而不是真实的硬件基础上运行，可实现软件应用与底层硬件相隔离，扩大硬件的容量，简化软件的重新配置过程。它包括将单个资源划分成多个虚拟资源的裂分模式，也包括将多个资源整合成一个虚拟资源的聚合模式。虚拟化技术根据对象可分成存储虚拟化、计算虚拟化、网络虚拟化等，计算虚拟化又分为系统级虚拟化、应用级虚拟化和桌面虚拟化。

**5.** 可扩展的并行计算技术

并行计算技术是云计算最具挑战性的核心之一，多核处理器增加了并行的层次结构和并行程序开发的难度，当前尚无有效的并行计算解决方案。可扩展性是并行计算的关键技术之一，将来很多并行应用必须能够有效扩展到成千上万个处理器上，并能随着用户需求的变化和系统规模的增大进行有效的扩展。

**6.** 高可靠的系统技术

当系统规模增大后，面对大量的紧耦合通信应用，目前还没出现有效的系统级容错方案，主要通过应用层面的检查点和重启技术，这不但增加了系统开发的难度和工作量，还影响系统运行的性能。如何形成一个强大可靠、动态、自治的计算存储资源池，提供云计算所需的高容量的计算能力，保证大规模系统的可靠运营，有待进一步的深入研究。

### 3.2.3　电力云计算发展趋势

智能电网的建设不仅是传统电网设施的升级和改造，还是更全面、更深入的电网运行模式和业务模式的革新。电网各环节业务协同性将变强，发输变配用以及调度环节的业务流、信息流趋于一致。电力生产经营管理与生产调度业务将逐步融合，电网运行全过程一体化监控和风险预警控制能力大幅提升。此外，随着电力技术和智能化装备相继投入应用，电网业务将在传统模式下实现进一步扩展和衍生，生出很多创新性业务。作为一种创新的计算模式，云计算能够满足智能电网建设对信息技术的要求，实现对现有电力信息系统硬件基础设施的整合，大幅提高资源利用效率和数据处理能力。

电网智能化的实现需要对各环节产生的实时、准实时数据进行集中管理、分析、挖掘、反馈，需要支持大规模数据访问和高效数据处理的信息技术支撑。通过引入虚拟化、并行计算、分布式等关键技术，实现 IT 资源集中部署和精细化管理，进一步提高应用系统的高可用性，改变现有应用由资源独占导致的资源总体使用水平低下的问题。

**1.** 电网监测类系统

随着电网发展，输变电设备状态在线监测、电能质量监测等监测类业务数据呈几何级增长，现有系统无法满足海量设备状态、电能质量等数据的采集和存储要求，计算分析能力不足。通过引入并行计算，增强输变电设备状态在线监测、电能质量监测等系统的计算分析能力，从而缩短计算时间，及时为决策提供依据。通过引入分布式技术，增强输变电设备状态在线监测、电能质量监测等系统的高吞吐能力和可靠性，全面提高海量数据检索效率。

**2.** 智能变电站类系统

构造智能变电站中的智能生产控制系统需要高度整合数据与硬件资源，提供对各项资源的灵活扩展、统一管理与高效处理。通过引入虚拟化技术，提高系统资源的可用性和使用率，降低硬件购置和系统运维成本。通过引入并行计算，增强智能变电站类系统的海量数据计算分析能力，最大限度地利用系统的计算资源，从而缩短业务场景统计分析所用的时间。

**3.** 电网服务类平台

随着智能电网的发展，电网仿真、电网 GIS 空间服务等服务平台对 IT 新技术提出了更高的要求：① 电网仿真方面，现有仿真计算业务支撑系统分散建设、应用功能定制开发，仿真计算数据的共享，应用功能的协同存在困难，不能完全适应未来电网仿真计算多层次高效协同需求。通过引入并行计算，实现计算数据集中管理和分散维护、多人异地云中协同计算以及快速的大规模电网仿真计算，促进计算部门工作转型，增强仿真应用创新能力，显著提高电网计算分析和电网安全稳定运行水平。② 电网 GIS 空间平台方面，随着国家电网有限公司业务应用系统一级部署建设进程的加快，GIS 系统在矢量地图、卫星图片、地理高程图等海量数图数据存储管理，地图发布，拓扑分析计算等方面的性能远远不能满足未来应用的需求。通过引入分布式技术，提升对海量矢量数据和栅格数据的存取访问速度，实现统一集中存储管理，加快用户的请求响应速度。通过引入并行计算，提高地图发布效率与地图查询速度，进一步提升停电分析、路网分析等业务的响应能力。

## 3.3　电力区块链技术

### 3.3.1　电力区块链技术架构

区块链技术是基于时间戳的"区块＋链式"数据结构，是利用分布式节点共识算法来添加和更新数据、利用密码学方法保证数据传输和访问的安全、利用由自动化脚本代码组成的智能合约来编程和操作数据的一种全新分布式基础架构与计算方式。区块链的核心技术框架主要包括数据层、网络层、共识层、激励层、合约层和应用层，对于不同的项目和平台，细节方面也有所不同，如图 3-9 所示。

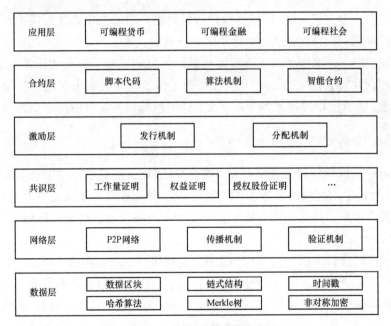

图 3-9　区块链技术框架图

**1. 数据层**

"区块链"包含了"数据区块＋链"的含义，即由数据区块和链式结构组成。通过对数据区块打上时间戳后，可以对数据进行标记，形成数据区块链条，从而记录区块链数据的完整历史，能够提供区块链数据的溯源和定位功能，任意数据都可以通过此链式结构追本溯源。采用哈希函数将原始数据编码为特定长度的、由数字和字母组成的字符串，具有单向性（从哈希函数的输出几乎不能反推输入值）、定时性（不同长度输入的哈希过程所消耗的时间基本相同）、随机性（即使输入仅相差一个字节也会产生截然不同的输出值）等优点，可用于数据存储、验证等。非对称加密通常在加密和解密过程中使用两个非对称的密钥（分别称为公钥和私钥），用其中一个密钥（公钥或私钥）加密信息后，只有另一个对应的密钥才能解开，这主要用于对信息加密、数字签名和登录认证等。Merkle 树是区块链的重要数据结构，用于快速归纳和校验区块数据的存在性和完整性。从数据存储角度看，区块链没有本地数据库，有点类似于云存储，但云存储通常由某一中心化机构提供，而区块链则采用去中心化的分布式存储。

**2. 网络层**

网络层主要包含 P2P 网络技术（又称为点对点传输技术或对等互联网络技术）、传播机制和验证机制。现有的区块链项目几乎都采用了著名的 P2P 技术，电驴、迅雷、BT 下载等软件也均采用了 P2P 技术。当数据在服务器上集中式存储时，下载的人越多，服务器承载的压力就越大，下载速度就越慢。采用 P2P 技术时，在下载一个文件的同时，也不断将数据传输给别人，每个节点既是下载者也是服务器，使得资源的分享不再依赖于中央服务器。下载的节点越多，下载数据越快。

**3. 共识层**

共识层主要包含共识机制，即能够在决策权高度分散的去中心化系统中使各节点高效地针对区块数据的有效性达成共识，这是区块链核心技术之一。共识问题是分布式计算领域的重要研究问题，著名的"拜占庭将军问题"抽象地反映了分布式计算所遇到的问题。早期的比特币区块链采用高度依赖节点算力的工作量证明机制来保证比特币网络分布式记账的一致性。随着区块链技术的发展，权益证明机制和授权股份证明机制等共识机制相继出现。

**4. 激励层**

区块链需要大量参与者提供算力来支撑运算，因此就需要设计激励机制来吸引参与者贡献算力。比特币中的区块链采用了"挖矿"机制，激励参与者不断提供算力来获得奖励。虽然这些算力尚未用于解决实际问题，预期在不久的将来就会得到实际应用。

**5. 合约层**

区块链技术可提供灵活的脚本代码系统，支持用户创建高级的智能合约、货币或其他去中心化应用。智能合约的代码是透明的，对去中心化系统而言具有重要意义，因为对用户来讲，只要能够接入到区块链中，用户就可以看到编译后的智能合约，从而对代码进行检查和审计。在中心化系统中，智能合约对用户而言就是一段不可见的代码，类似于黑匣子。智能合约的运作机制如图 3-10 所示，可见其和中心化系统中常见的自动控制原理极其类似，均是在满足给定触发条件时进行响应。当某个复杂事件需要多方参与才能执行时，自动控制就是一种智能合约。从某种意义上讲，智能合约就是一种广义的自动控制，中心化系统中的自动

图 3-10 智能合约的运作机制

控制也可视作一种特殊的智能合约，因此去中心化是采用区块链的前提。对于中心化系统而言，并不需要采用区块链。

**6. 应用层**

应用层是区块链的展示层，封装了区块链的各种应用场景和案例，类似于电脑操作系统上的应用程序、互联网浏览器上的门户网站、搜寻引擎、电子商城或是手机端上的 APP 等。如搭建在公链上的各类区块链应用（博彩、竞猜、游戏）等。而未来的可编程金融和可编程社会也将会是搭建在应用层上。

服务于分布式电力能源系统的区块链群（即电力区块链群）由可独立运行的、完成不同功能的 5 个区块链组成，分别为数据区块链、资产区块链、分析区块链、运营区块链以及支付区块链。

（1）数据区块链。数据区块链封装了智能电网底层数据存储与读取信息，以及相应的数据加密信息，为分布式数据计算提供数据存储和运算基础。区块链群中其他链将会运用数据区块链来进行数据交互。数据区块链控制分布式文件系统并且向外部提供读写接口。区块链群中各个区块链从数据区块链提供的数据接口读取自己所需的数据，而运行结果则写进数据区块链，从而建立各个区块链的交互机制。在此交互机制基础上，各区块链完成自己预定的功能，比如，资产区块链将最新的系统资产关系和资产状况写进数据区块链；分析区块链读取电网传感数据和电网系统的拓扑结构，从而确认系统各节点的潮流计算结果，而分布式潮流计算的结果被写回数据区块链。利用数据区块链中的潮流分析结果，运营区块链可获取电能输送机制及当前供需平衡状况、利用封装在其中的算法进行经济计算和能源分配。电力能源运营结果和数据会被写到数据区块链中，基于这些数据支付区块链确定和结算每个用户和发电设备的经济效益。

数据区块链为智能电网的运行提供了一种新的分布式数据存储、通信以及文件服务架构。数据区块链中的节点本身并不存储所有的实际数据，而是包含部分数据、各种数据的类型信息、存取位置信息、版本信息、读取权限信息、读写历史信息等。

数据区块链的信息将电网大数据串联起来，且为其提供安全的存取机制，保留存取记录，让每次数据的变更都有据可查，防止第三方恶意篡改数据引起安全问题。另外，数据区块链对智能电力系统提供文件服务，用户可通过数据区块链确认文件版本，保证分布式文件的完整性和正确性。

（2）资产区块链。基于区块链的智能资产管理是一个全新的概念，它是实现了大规模的分布式"无信任"加密控制的资产管理机制和系统。由此为基础，"无信任"资产网络使"无信任"租赁或转移机制变得可行。在"无信任"网络中，由于基于区块链的智能资产机制可以有效防止欺诈，资产交易成本将变得非常低廉。更重要的是，这种机制不需要交易各方互相认可和信任，就可以自动自主执行，而且可以有效减少交易争端，其原因如下：

智能电力系统中的每个资产都可以在区块链中注册，这些有形和无形的资产（包括数据、软件、算法资产）被相应的拥有私钥的用户或组织管理和控制。但是对拥有私钥的用户或组织来说，他们的操作又必须遵守储存在资产链共识层和合约层的规则，通过区块链来实现分布式资产管理，可以很好地将每笔资产交易所涉及的用户、设备、价格、交易状态记录并保存。同时，在区块链的帮助下，分布式资产管理可以更加灵活、简便。

在智能电力系统中的每个用户不需要在现实生活中熟识对方，便可进行资产交易而无须担心欺诈行为，因为每笔交易都是严格在所有节点监督下按照区块链合约来执行，在交易达成并且结算之后，区块链会自动将该资产对应的密钥从旧所有人名下转到新所有人名下，并在整个区块链声明。例如，用户C想要购买或租赁用户D的太阳能发电装置，一旦双方交易达成，区块链便会将这个太阳能发电装置对应的密钥转给用户C并在全网声明，未来这个太阳能装置所产生的电能将由用户C支配。这样的资产管理方式是简单的、易行的，用户不需要第三方的介入就可以实现资产管理和买卖，因为所有条约都已写入区块链程序强制执行。用户可以通过智能终端，如智能手机，就实现对其名下所拥有资产的交易。

（3）分析区块链。智能分布式电网具有很大数量的电力系统组件，比如分布式能源、发电机和用户负荷等，因此，中心化的状态估计方法已经不能胜任其应用需求。取而代之的是分布式的状态估计方法，即将整个电网进行分割形成若干区域，各个区域进行独立的本地状态估计，而本地状态估计的结果通过电网相关的通信手段传输给电网管理系统，由管理系统整合归并一个统一的状态估计结果。以下描述的是一种电力状态分析区块链，依托于前文提出的6层结构来叙述相关技术方案。

1）数据层。电力系统分析区块链需要依据"数据区块链"中电力系统大数据的信息以获取电力系统各个观测传感器读数、用户能源消费读数、发电状态读数以及其他电力系统状态量；需要读取"资产区块链"提供的数据以获得最新的电力网络资产信息，包括分布式发电机、负荷、网络拓扑信息等。电力系统状态估计链本身的数据包括分析得出的各个网络节点状态估计量。

2）网络层。分析区块链的节点即是分布式系统状态分析服务器，每一服务器负责对一个电力系统分区的分析。服务器之间以安全的网络通信机制组网。

3）共识层。将整个电网进行分割，形成若干区域，各个区域进行独立的本地状态估计，而本地状态估计的结果通过电网相关的通信手段传输给管理系统，由管理系统整合归并为一个统一的状态估计结果，而这些分区之间有互相交叠的区域，即各个划分的区间之间存在冗余度。这样，在区域归并的时候可以用重叠的区域进行互相验证以达成共识、识别攻击和增强系统安全性。

4）激励层。每台参与系统分析的计算服务器都会从网络运营收入中得到相应的报酬；而参与系统整合和归并的计算服务器，将得到更多的报酬。

5）合约层。在合约层，分析数据链封装了分布式电力系统状态估计的算法与机制。电力系统分布式状态估计主要要解决区域分割、本地状态估计、电压相角归并以及电压幅值协调的问题。区域分割在共识层完成，在分割时，要保证各个临近区域互有重叠，这样，在区域归并的时候可以用重叠的区域进行互相验证以达成共识、识别攻击和增强系统安全性。进行本地状态估计时，需考虑到相角的归并和电压幅值的协调，结合这些系统协调算法，以加权最小二乘法区域算法为核心，可以有效地抵抗数据干扰和提高运算效率。电力系统分析区块链为分布式系统状态估计提供了可行的技术平台、实现方法、运营手段和重要结果，为自组织的智能电力系统运行提供了重要技术基础。

（4）运营区块链。基于"数据区块链""资产区块链"和"分析区块链"，分布式智能电力系统的"智能合约运营区块链"（运营区块链）可以实现自动化、智能化的电力能源系统协同运行。

以 6 层区块链模型为基础，建立运营区块链的技术路径如下：

1）在运营层区块链上的节点集对应实际物理实体，如发电机、可控负荷、传输网络、储能系统等；也可以是虚拟代理，比如卖方代理和买方代理。每个代理遵循其指定的智能合约，判断当前电力网络和自身运行条件、做出判断以及采取相应行动。

2）数据层。电力系统运营区块链需要读取"分析区块链"的运行结果以获取当前网络运行状态，当有必要时，读取"数据区块链"中电力系统各个观测传感器读数、用户能源消费读数、发电状态读数以及其他电力系统状态量；需要读取"资产区块链提供的数据以获得最新的电力网络资产信息，包括分布式发电机、负荷、网络拓扑等资产信息。

3）网络层。运营区块链的节点既可能是物理节点也可能是虚拟节点，分散在电力系统的各个物理空间或网络空间中。

4）共识层。当某个代理将执行某项行动时，网络各个节点会检验该行动是否符合该代理的行为规定，即智能合约，取得共识后，该代理即可实施这次行动。

5）激励层。每个参与的代理都会自动获取相关的利益：买卖电双方实现等价交换、用户通过可控负荷达到更高的舒适度或者节约能源费用等。

6）合约层。在合约层，运营数据链封装了分布式电力运行的算法与机制。

从上可知，以多代理理论为基础的智能电力系统协同运营，如以博弈论为基础的运营，和区块链的 6 层结构高度契合。因此，为基于区块链的智能分布式电力能源系统中的架构建立提供了理想的理论和应用基础。

（5）支付区块链。映射到区块链 6 层模型，支付区块链模型叙述如下。首先，在支付区块链中，有两类节点：第一类是计算节点，负责解潮流跟踪问题；另一类是交易节点，负责点对点资金的支付与收取，以支撑电力交易和用户电费交易。

1）数据层。支付区块链需要读取分析区块链产生的电力系统分析结果需要读取资产区块链产生的资产所有权信息，并利用其结果进一步确认潮流跟踪结果。根据潮流跟踪结果以及定价机制，交易节点进行点对点的支付。

2）网络层。支付区块链的计算节点是若干分散在电力系统的各个物理空间或网络空间中的服务器，并行地解潮流跟踪问题。交易节点即各交易实体，比如分布式发电单元与负荷等。

3）共识层。各计算节点服务器解出潮流跟踪问题后，进行互相校验，在一定容错误差内的结果保留，否则结果被丢弃。检验结果即取得的共识。交易节点的共识机制与比特币相似。

4）激励层。每个参与的计算节点服务器都会获得电费账单记账权以及相关服务费用。

5）合约层。在合约层，分析数据链封装了潮流跟踪的算法与机制，从而产生发电费用、过网费用、无功定价。而交易节点则根据计算出的账单支出或收取相应的费用。支付区块链为智能电力系统提供实时点对点支付的技术方案以及类似比特币的安全支付机制。支付区块链的分析结果包括各个运营实体的分账方式和结果、支出和收入账本，以及最后交易的方案与结果。

### 3.3.2　电力区块链关键技术

**1.** 共识算法

（1）工作量证明。工作量证明是用来证明完成某项任务而付出一定计算量的证明，其中的任务指的是要计算出一个与密码学安全相关的 nonce 值，使得加上区块中的其他数据内容的 hash 值小于给定的上限（与挖矿难度有关）。如果一个节点成功计算出 nonce 值，则立即向全网广播这个新产生的块，网络中的其他节点收到这个块后，会立即对这个块验证，验证通过后，会将这个区块加入自己本地节点维护的区块链中，并停止竞争当前的区块打包，转而进行下一个区块的竞争。在整个区块链网络中，只有最快计算出 nonce 值的节点所打包的区块才能添加到区块链上。

（2）权益证明。权益证明是根据用户所拥有的权益来决定区块链中下一个区块由谁来构造，用户所拥有的权益越高，产生下一个区块的可能性越大。

如果权益仅仅是指用户在网络中所拥有币的数量，那么这意味着，拥有币的数量越多，则其权益越高，也就越有可能打包下一个区块。但是，这会导致网络中越富的用户，拥有更多的记账权，而拥有很少币的用户则几乎不可能获得记账权，从而导致了整个网络的中心化。针对这个问题，关于下一个区块的记账权的选择算法衍生出了随机选择与基于币龄的选择两个变种。其中随机选择算法应用在 Black−Coin 项目中，它是采用一个公式来预测下一个区块的产生者，这个公式是通过结合权益的大小来寻找最小的 hash 值，因为权益是公开的，所以每一个节点都可以使用这个公式准确地预测产生下一个区块的节点；而基于币龄的选择则在 PeerCoin 中得到了应用，在这个项目中，持有币量越多，币龄越久的用户就越有可能获得下一个区块的记账权。

（3）拜占庭容错算法。拜占庭容错算法，本质上而言是一种基于状态机的副本复制算法。它将服务建模为状态机，在分布式网络中的不同节点上进行副本复制，其中网络中的服务都在这些副本上保存相应的状态信息并实现相应的操作。

拜占庭容错算法是一个循环，在每一轮中，首先会根据设定的规则选出一个主节点，由其来组织网络中的交易，这整个处理过程分为预准备阶段、准备阶段和确认阶段 3 个阶段。在每个阶段中，都会进行投票，在本阶段中只有超过 2/3 的投票同意才会进入下一个阶段，每轮结束后都会产生一个新区块。

**2.** Merkle 树与零知识 Merkle 证明

在比特币系统中，数据是通过 Merkle 树来组织的，Merkle 树结构如图 3−11 所示。Merkle 树是二叉树的结构，其叶子节点储存数据块的 hash 值，然后其父母节点为两两的哈希，这样一层层上去，根节点是其孩子节点的 hash 值。Merkle 树可以支持零知识证明。向别人证明自己拥有的某一组数据（L1、L2、L3、L4）中包含给定的内容 L3，同时又不暴露其他数据内容的证明叫零知识证明。要实现这个证明，只要构造如图 3−11 所示的 Merkle 树结构，并公布 Hash5、Hash0 和 Root 就可以了。

**3.** 双花

双花问题是指一笔数字资产被重复使用，简而言之就是一笔钱可以被花两次甚至多次。双花攻击分为 0 确认双花与已确认双花。目前解决 0 确认双花的方法，在比特币系统

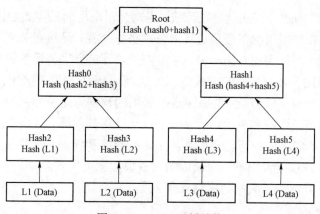

图 3-11　Merkle 树结构

中使用的是未消费的交易输出（UTXO）模型和时间戳来解决，其中 UTXO 是比特币中独特的价值转移基本单元，当一笔交易被双花时，挖矿节点在接收到后会选择先接收到的交易，抛弃另外一个交易；而在以太坊系统中则不建议用户开启 0 确认双花，而对于已确认双花，还没办法很好地解决。

### 3.3.3　电力区块链发展趋势

**1. P2P 电力交易**

P2P 电力交易的思路摈弃了交易中心模式，在 P2P 交易框架下如果要考虑安全校核，交易必须程序化且软件代码公开，这样才符合区块链的思想。P2P 电力交易的理想应用场景为含有分布式电源和/或储能等有供用双方且可以形成自治的微网环境。考虑到电力系统的安全性要求，主网的电力交易不适于采用 P2P 交易模式。

**2. 电动汽车充电桩**

电动汽车充电桩的运营商数量众多，通常每个运营商都建立了自己的支付平台；各充电设施建设机构出于运营考虑，发行不同的充电卡，并可能采用不同的收费标准，这给电动汽车用户带来很大不便。由于区块链是去中心的、可信任的，采用区块链技术建立统一的充电桩底层支付平台更容易为公众所接受。在电动汽车与电力系统的交互领域，尚存在私人充电桩难以实现共享、电动汽车 V2G 尚缺乏激励机制、动力电池梯级利用无法保证电芯质量等众多问题。采用区块链技术有望解决这些问题。例如，可采用基于智能合约和分布式总账的充电桩按时租赁、基于虚拟货币激励机制的电动汽车 V2G 自动响应、基于区块链的电池电芯生命周期数据的储存和认证等。

**3. 物理信息安全**

电力信息系统一般是孤立系统，通常认为其受网络攻击的可能性不大。在 2010 年，人们发现了有史以来第一个专门针对工业控制系统的计算机病毒 Stuxnet，其通常首先通过受感染的 USB 等设备渗透计算机网络，这样与外部网络相互隔离的企业内部网络也可能受到 Stuxnet 的攻击。2015 年底，由于电力信息系统遭黑客攻击，导致乌克兰发生了大规模停电。可见，能源系统防御恶意网络攻击的能力有待加强。

如果无法保证足够的信息安全，需要限制未来的信息网络从专用网向互联网的跨越，

"互联网+ 能源网"的融合模式就难以形成。电网公司采用的最主要的信息安全防护方式是内外网隔离,但在有些情况下必须进行内外网数据交互,虽然有防火墙进行隔离,但防火墙难免存在漏洞,不能保证万无一失。智能电能表等信息采集设备的数量非常庞大,传统的通过构建专网进行数据采集的方式成本过高,而利用互联网等公用信息网络则存在网络攻击、数据篡改等安全威胁。主要原因在于采用的数据库是中心化的,一旦中心数据库遭到入侵,则数据可被读取和篡改,信息安全就无法得到保障。区块链的高冗余存储、去中心化、高安全性和隐私保护等特点使其特别适合存储和保护重要隐私数据,以避免因中心化机构遭受攻击或权限管理不当而造成的大规模数据丢失或泄露。因此,基于区块链的数据安全技术可提升能源互联网的信息安全。

**4. 能源互联网的商业模式**

区块链技术的发展能够给能源互联网引入新的商业模式,可通过大力推动光伏电站众筹、资产证券化等模式实施。目前,用户配电设施主要由用户自己投资建设,资金一次性投入较大。采用众筹方式进行投资建设,可以降低用户负担,而投资者也可获得收益。该模式需要解决的主要问题在于怎样确定众筹标的物和现实情况是对应的,如果无法确认标的物的真实性,就存在很大的投资风险,从而影响投资积极性。另外,配电资产的投资收益和用电量有关,只有提供精确可信的计量数据,才能保障投资者利益。区块链技术能解决这两个难题,基于区块链的众筹配售电有望成为一种新型商业模式。区块链技术正在高速发展之中,在能源领域具有很大的应用前景。在能源区块链领域,尚未形成规范的技术标准。在相关国际标准形成之前,工业界和学术界需要投入大量人力、物力开展相关的研发工作,以抢占这一领域的理论和技术研究高地。区块链技术与其他技术领域(如大数据技术的融合)也是值得关注的重要课题。

# 3.4 电力信息安全技术

## 3.4.1 电力信息安全技术架构

面对严峻的信息安全形势和复杂的信息安全挑战,结合电力行业信息安全发展需要,新一代电力信息网络安全架构是以"智能+防护+控制"基础的,贯穿信息系统全生命周期,更加强调整体安全能力,涵盖"云+端+边界"的立体防护体系。该防护体系是假设前一道防线没有防住的情况下,后面的防护手段仍然可以去补救,并强调多链条、多层次安全防线之间的联动和协同,以形成真正体系化的信息安全能力。电力信息网络安全是一项复杂的系统工程,必须加以科学的顶层设计,形成合理的安全架构模型,才能有效指导电力信息网络安全防护体系的建设。应以体系化的视角考虑电力信息网络安全模型的构成要素以及各要素间的关联关系,采用"智能+防护+控制"的方针,集中反映大视角、多维度、全过程、一体化的高级信息安全防护思想。模型在设计上应遵循整体性与分布性、主动性与动态性的原则。

(1)整体性与分布性。模型应对信息网络安全的构成进行明确定义,并确保各构成要素间关联关系的合理,应力求从整体上反映信息安全能力。此外,还需充分考虑不同信息安全保护对象间的差异，提供层次化、差异化的安全防护。模型应是全方位、多层次的。

（2）主动性与动态性。模型应贯彻积极防护与事前控制的思想，需具备完整的安全漏洞发现机制和弥补机制，以及对未知安全事件的防范能力和免疫能力。各安全功能应构成一个闭环的动态控制系统，安全组件的部署应能随着系统安全需求的变化而动态地进行调整。

按照"云＋端＋边界"立体智能防护的要求，结合国际先进信息安全管理体系理念，合理确定电力信息网络的安全需求，从管理、策略、角色、技术多个安全维度综合考虑应对安全策略及管理措施，组成一种新一代的电力信息网络安全架构模型如图3－12所示。

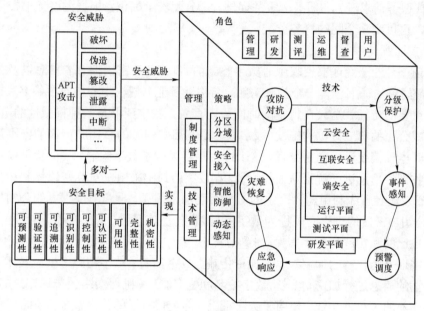

图 3 – 12　电力信息网络安全架构模型

## 3.4.2　电力信息安全关键技术

**1.** 身份安全认证

操作人员为了能够访问资源，首先要证明自己所声明的人必须拥有相关的凭证，并且具有执行所请求动作的必要权限或者特权，为加强系统中控制命令的安全性，需要在控制类命令的传输过程加强和增加安全认证机制。主要包含以下两个关键技术：

（1）权限控制。为实现安全认证模块中权限控制功能，设计时参考了角色访问控制（RBAC）模型的概念，使用集中管理的控制方式来决定主体与客体之间的交互方式。这种访问控制基于权限与角色相关联，用户通过成为适当角色的成员而得到这些角色的权限。这种模型允许访问主体根据其在单位内部的角色来访问资源，RBAC方式允许根据主体工作角色来管理权限，从而简化访问控制管理。

（2）安全标签。自主式访问控制在操作系统和网络系统中的表现形式为访问控制矩阵和访问控制列表，每个用户和每个访问目标之间的关系通过一个矩阵列出，用户为行、访问目标为列，每一行列的交点就是该用户对访问目标的权限。如果用户和数据的数量非常多，系统需要维护一个巨大的访问控制矩阵，在多个用户同时发起访问请求的时候，将会对系统造成资源的很大开销。

强制访问控制是一种用在处理高敏感性数据的系统中的访问控制方法，与自主式访问控制一样，强制访问控制也属于基于策略的访问控制方法。强制访问控制最显著的特征是要求对系统中的所有访问者（用户、程序等）和所有资源（文件、数据和设备等）都分配一个安全标识，在访问者要求访问资源时，系统会比较访问者和资源各自的安全等级，在符合安全策略规定的前提下，访问者才能访问资源。

安全认证模块需要应对的客体包括一体化平台中服务和应用的角色，也就是说可以对所有应用（服务请求者）和服务（服务提供者）分配安全标识。根据调度证书授证中心的信任关系，可以实现全网的标签分配。

**2. 数字证书**

数字证书是一个经证书授权中心数字签名的、包含公开密钥拥有者信息以及公开密钥的文件。最简单的证书包含一个公开密钥、名称以及证书授权中心的数字签名。数字证书还有一个重要的特征就是只在特定的时间段内有效。数字证书是一种权威性的电子文档，可以由权威公正的第三方机构签发。数字签名是利用发信者的私钥和可靠的密码算法对待发信息或其电子摘要进行加密处理，这个过程和结果就是数字签名。收信者可以用发信者的公钥对收到的信息进行解密从而辨别真伪。数字信封中采用了对称密码体制和公钥密码体制。信息发送者首先利用随机产生的对称密码加密信息，再利用接收方的公钥加密对称密码，被公钥加密后的对称密码称为数字信封。在传递信息时，信息接收方若要解密信息，必须先用自己的私钥解密数字信封，得到对称密码，才能利用对称密码解密所得到的信息。

以数字证书为核心的加密技术（加密传输、数字签名、数字信封等安全技术）可以对网络上传输的信息进行加密、解密、数字签名和签名验证，确保网络上传递信息的机密性、完整性及交易的不可抵赖性。使用了数字证书，即使您发送的信息被他人截获，仍可以保证信息内容安全、不可抵赖和不被篡改。经典数字证书系统组成如图3-13所示。

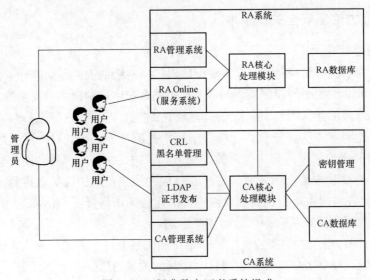

图3-13　经典数字证书系统组成

经典数字证书系统组成及其功能见表 3-1。

表 3-1　　　　　　　　　　　经典数字证书系统组成及其功能

| 序号 | 组　成 | 功　能 |
|---|---|---|
| 1 | 密钥中心（KMC） | 生成和管理加密证书密钥，并提供应用管理 |
| 2 | 证书认证中心（CA） | 数字证书制作和管理软件，并提供应用管理 |
| 3 | 证书注册中心（RA） | B/S 架构的数字证书的申请注册 |
| 4 | 证书在线认证（OCSP） | 提供数字证书有效性即时认证服务 |
| 5 | 轻量目录访问协议（LDAP） | 用于存储 CA 发布的数字证书作废列表，LDAP 也可用于储存 CA 发布的数字证书 |

CA 机构又称为证书认证中心，作为受信任的第三方，承担公钥体系中公钥的合法性检验的责任。CA 中心为每个使用公开密钥的用户发放一个数字证书，数字证书的作用是证明证书中列出的用户合法拥有证书中列出的公开密钥。CA 机构的数字签名使得攻击者不能伪造和篡改证书。它负责产生、分配并管理所有参与的个体所需的数字证书，因此是整个信任链体系中的核心环节。

RA 就是证书注册中心，是数字证书认证中心的证书发放、管理的延伸，主要负责证书申请者的信息录入、审核以及证书发放等工作，具有证书的申请、审批、下载、OCSP、LDAP 等一系列功能，为整个机构体系提供电子认证服务。RA 作为 CA 认证体系中的一部分，能够直接从 CA 提供者那里继承 CA 认证的合法性。能够使客户以自己的名义发放证书，便于客户开展工作。RA 系统是整个 CA 中心得以正常运营不可缺少的一部分。

密钥管理中心（KMC）是公钥基础设施中的一个重要组成部分，负责为 CA 系统提供密钥的生成、保存、备份、更新、恢复、查询等密钥服务，以解决分布式企业应用环境中大规模密码技术应用所带来的密钥管理问题。

在线证书状态协议 （OCSP）是维护服务器和其他网络资源安全性的两种普遍模式之一。OCSP 克服了证书注销列表（CRL）的主要缺陷——必须经常在客户端下载以确保列表的更新。当用户试图访问一个服务器时，在线证书状态协议发送一个对于证书状态信息的请求。服务器回复一个"有效""过期"或"未知"的响应。协议规定了服务器和客户端应用程序的通信语法。在线证书状态协议给用户的到期证书一个宽限期，这样就可以在更新以前的一段时间内继续访问服务器。

LDAP 是轻量目录访问协议，一个为查询、浏览和搜索而优化的专业分布式数据库，LDAP 呈树状结构组织数据，与 Linux/Unix 系统中的文件目录一样。目录数据库和关系数据库不同，其具有优异的读性能，但写性能差，并且没有事务处理、回滚等复杂功能，不适于存储修改频繁的数据。

**3. 网络安全服务技术**

（1）防火墙技术。防火墙是一种网络安全设备，用于在两个不同安全要求的网络之间，更严格地说，用于两个不同安全要求的安全域之间，根据定义的访问控制策略，检查并控制两个安全域之间的所有流量。由于每个网络工作环境有不同的安全需求和安全目标，有不同种类的防火墙可供选择和应用。防火墙是不同网络或者安全域之间的信息流的唯一通道，所有双向数据流必须经过防火墙，只有经过授权的合法数据（即防火墙安全策略允许的数据）才可以通过防火墙，防火墙系统具有很高的抗攻击能力，其自身可以不受各种攻击的影响。根据电力监控系统网络安全防护的要求，可采用防火墙技术实现逻辑隔离、报文过滤、访问控制等功能。

（2）入侵检测技术。入侵检测技术是为保证计算机系统的安全而设计的一种能够及时发现并报告系统中未授权或异常现象的技术，是一种用于检测计算机网络中违反安全策略行为的技术。进行入侵检测的软件与硬件的组合便是入侵检测系统。由于防火墙处于网关的位置，不可能对攻击做太多判断，否则会严重影响网络性能。如果把防火墙比作大门警卫，入侵检测技术就是监控摄像机。入侵检测技术通过监听的方式获得网络的运行状态数据，判断其中是否含有攻击的企图，并通过各种手段向管理员报警。不但可以发现从外部的攻击，也可以发现内部的恶意行为。

（3）安全加固技术。信息安全加固是电力系统安全防护的一项重要内容。它是通过一定的技术手段，提高网络和主机系统的安全性和抗攻击能力，它是保障电力系统信息安全的关键环节。常用的安全加固方式是对系统和网络做相应的安全配置，并结合检测使得系统保持在一个较高的安全级别之上。在操作系统级别上，主要进行系统后门检测、基本系统安全配置、口令与账户安全审计、常见网络服务安全性问题检查等工作；在数据库级别上，主要进行权限分配、口令与账户的管理、日志审计、补丁更新等工作；在网络设置各级别上，主要进行远程管理和维护的安全性设置、口令安全性审计、配置确认与清理、系统升级与补丁安装等工作。

（4）信息安全等级保护。信息安全等级保护制度是国家信息安全保障工作的基本制度，是促进信息化健康发展，维护国家安全、社会秩序和公共利益的根本保障。信息安全风险评估作为信息安全保障工作的基础性工作和重要环节，贯穿于信息系统的规划、实施、运行维护以及废弃各个阶段，是参照风险评估标准和管理规范，对信息系统的资产价值、潜在威胁、薄弱环节、已采取的防护措施等进行分析，判断安全事件发生的概率以及可能造成的损失，提出风险管理措施的过程。

### 3.4.3 电力信息安全发展趋势

**1. 新型调度身份安全认证**

一种新型调度身份安全认证模块逻辑如图 3-14 所示。

（1）登录身份认证。基于电子钥匙（指纹）的强身份认证；用户登录的时候插入电子钥匙，通过扫描指纹认证用户身份，代替输入密码。

（2）接入双向认证。用户请求服务前必须进行注册，过程是基于数字证书的双向认证；双向认证通过后，在代理服务器上保留用户的认证状态；如果是服务器提供者的接入双向认证，则在代理服务器上需要保留服务器提供者的身份标签。

（3）本地认证安全标签。在接入双向认证通过后，用户提交服务请求，其中包含身份标签；本地代理服务器检查用户身份标签，决定其是否可以访问外部服务。

（4）广域认证建立加密隧道。本地代理服务器和远程代理服务器之间进行双向认证，建立加密隧道。对于个别临时服务请求访问，则需要在本地代理服务器和远程代理服务器之间建立临时加密隧道。

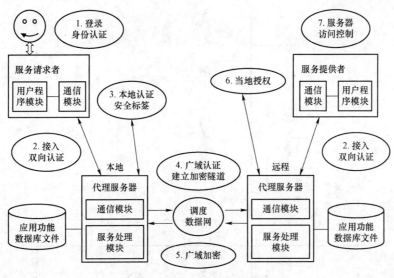

图 3-14 安全认证模块逻辑图

（5）广域加密。在本地代理服务器和远程代理服务器之间建立加密隧道后，所有的转发数据报文均进行加密。

（6）当地授权。远程代理服务器接收本地代理服务器转发的服务请求者的身份标签，结合远程服务提供者的身份标签进行访问授权，授权通过后转发服务请求。

（7）服务器访问控制。服务提供者根据服务请求者的身份决定是否响应服务请求。

**2.** 新一代电力调度数字证书

电力调度数字证书系统是为了满足电力系统调度等部门对证书的广泛应用而开发的一款多功能高性能的证书系统。国调中心按照《电力监控系统安全防护规定》及配套文件要求，从国网电力业务系统的实际需求出发，对规划和建设国网电力调度数字证书认证体系的必要性及可行性进行了分析，提出电力调度数字证书系统，该系统是保障国网电力各项监控信息系统安全的一项基础设施，主要用于数字证书和安全标签的申请、审核、签发、撤销、发布及管理，同时具备密钥管理、系统安全管理等功能。

随着国家电网有限公司智能电网调度控制系统的建设，以及国家等级保护对新一代智能电网调度控制系统安全性方面的要求，数字证书技术对智能电网调度控制系统的安全支撑作用越来越强。原有的数字证书系统存在诸多的缺陷和不足，无法满足智能电网调度控制系统对证书的广泛应用。因此，迫切需要一套具有高度自主知识产权，面向智能电网调度控制系统的电力数字证书服务系统，为智能调度的安全防护体系提供全面的安全基础支撑。最新一代电力专用调度数字系统硬件支持 RSA 公钥算法证书和 SM2 椭圆曲线公钥算法证书、安全标签的签发及管理，对于有不同应用需求的用户可签发不同种类的证书。

**3.** 新型网络安全监管

（1）调度端网络安全监管。在安全Ⅰ、Ⅱ、Ⅲ区分别部署网络安全监测装置，采集服务器、工作站、网络设备和安全防护设备自身感知的安全事件；在安全Ⅰ、Ⅱ区部署数据网关机，接收并转发来自厂站的网络安全事件；在安全Ⅱ区部署网络安全监管平台，接收Ⅰ、Ⅱ、Ⅲ区的采集信息以及厂站的安全事件，实现对网络安全事件的实时监视、集中分析和统一审计。调度端网络拓扑图如图 3-15 所示。

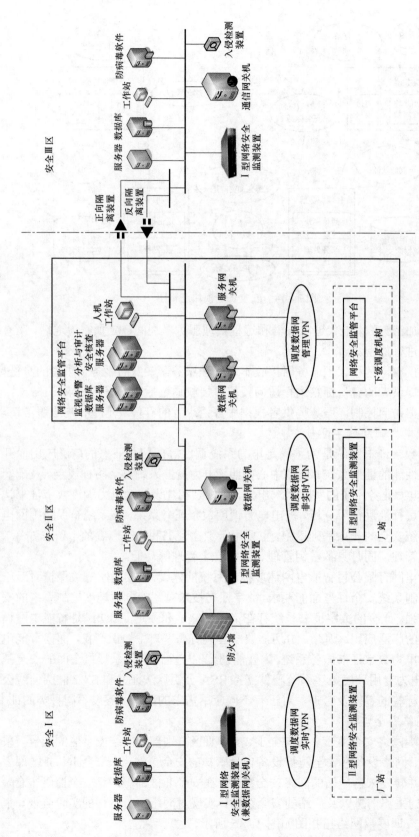

图 3－15 调度端网络拓扑图

（2）厂站端网络安全监管。在变电站/并网电厂电力监控系统的安全 II 区内部署网络安全监测装置，采集变电站站控层和发电厂涉网区域的服务器、工作站、网络设备和安全防护设备的安全事件，并转发至调度端网络安全监管平台的数据网关机。同时，支持网络安全事件的本地监视和管理。厂站端网络拓扑图如图 3-16 所示。

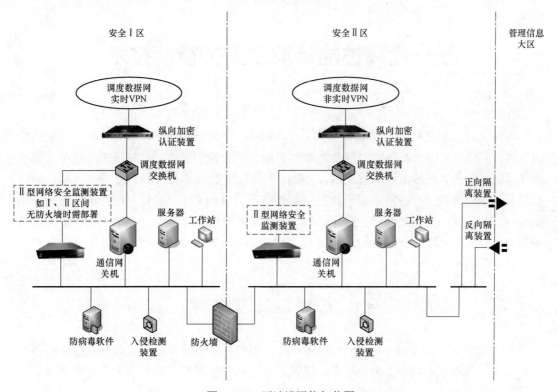

图 3-16　厂站端网络拓扑图

# 第4章

# 新一代高性能计算及人工智能技术

高性能计算对现代社会的科学研究、社会服务、经济活动而言，已成为不可或缺的战略工具，全球众多国家都极为重视高性能计算能力的建设与发展。尤其是随着超级计算机的速度日益提升，摩尔定律即将失效，主要国家和地区都将重心放到研发下一代高性能计算机和超级计算机上，引发了新一轮围绕高性能计算机的竞争。另外，人工智能（artificial intelligence，AI）已经成为一个具有众多活跃研究课题和实际应用的领域，并且正在蓬勃发展。人们期望通过智能软件自动地处理常规劳动、理解语音或图像、帮助医学诊断和支持基础科学研究。

## 4.1 高性能计算技术

高性能计算（high performance computing，HPC）是利用并行处理和互联技术将多个计算节点连接起来，从而高效、可靠、快速地运行高级应用程序的过程，在许多情况下又被称作超级计算，可以提供比普通台式计算机或工作站更高的性能，是解决科学研究、经济发展、国家安全等方面诸多重大难题的重要手段。

### 4.1.1 高性能计算技术架构

从系统架构来看，目前的商用高性能计算服务器大体可以分为对称多处理器（symmetric multi-Processor，SMP）、大规模并行处理器（massive parallel processing，MPP）和集群3类。

**1.** 对称多处理器

SMP系统内有许多紧耦合多处理器，在这样的系统中，所有的中央处理器（central processing unit，CPU）共享全部资源，如总线、内存和I/O系统等，操作系统或管理数据库的复本只有一个，这种系统有一个最大的特点就是共享所有资源。多个CPU之间没有区别，平等地访问内存、外设、一个操作系统。操作系统管理着一个队列，每个处理器依次处理队列中的进程。如果两个处理器同时请求访问一个资源（如同一段内存地址），由硬件、软件的锁机制去解决资源争用问题。所谓对称多处理器结构，是指服务器中多个CPU对称工作，无主次或从属关系。各CPU共享相同的物理内存，每个CPU访问内存中的任何地址所需时间是相同的，因此SMP也被称为一致存储器访问结构。对SMP服务器进行扩展的方式包括增加内存、使用更快的 CPU、增加 CPU、扩充 I/O（槽口数与总线数）以及添加更多的外部设备（通常是磁盘存储）。SMP 服务器共享系统所有资源的特征导致了 SMP 服务器的主要问题，那就是它的扩展能力非常有限。对于 SMP 服务器而言，每一个共享的环节都可能造成 SMP 服务器扩展时的瓶颈，而最受限制的则是内存。由于每个 CPU 必须通过相同的内存总线访问相同的内存资源，因此随着 CPU 数量的增加，内存访问冲突将迅速增加，最终会造成 CPU 资源的浪费。实验证明，SMP 服务器 CPU 利用率最好的情况是 2~4 个 CPU。

**2. 大规模并行处理器**

MPP 提供了另外一种进行系统扩展的方式，它由多个 SMP 服务器通过一定的节点互联网络进行连接，协同工作，完成相同的任务，从用户的角度来看是一个服务器系统。其基本特征是由多个 SMP 服务器（每个 SMP 服务器称节点）通过节点互联网络连接而成，每个节点只访问自己的本地资源（内存、存储等），是一种完全无共享结构，因而扩展能力最好，理论上其扩展无限制，目前的技术可实现 512 个节点，数千个 CPU 互联。在 MPP 系统中，每个 SMP 节点也可以运行自己的操作系统、数据库等，它不存在异地内存访问的问题，每个节点内的 CPU 不能访问另一个节点的内存。节点之间的信息交互通过节点互联网络实现，这个过程一般称为数据重分配。但是 MPP 服务器需要一种复杂的机制来调度和平衡各个节点的负载和并行处理过程。目前一些基于 MPP 技术的服务器往往通过系统级软件（如数据库）来屏蔽这种复杂性。MPP 大规模并行处理系统是由许多松耦合的处理单元组成的，要注意的是这里指的是处理单元而不是处理器。每个单元内的 CPU 都有自己私有的资源，如总线、内存、硬盘等。在每个单元内都有操作系统和管理数据库的实例复本，这种结构最大的特点在于不共享资源。

**3. 集群系统**

集群系统是一组独立计算机节点的组合体，计算机节点之间通过高性能互联网络相连接。它不但能够作为单一的计算资源供交互式用户使用，而且可以实现协同工作，表现为一个单一、集中的计算资源，来实现复杂的并行计算任务。理想的集群系统体系结构主要包括：① 具有多个超高性能的计算节点，如个人电脑、工作站或 SMP 等；② 操作系统，如基于较强网络功能的层次结构或微内核操作系统；③ 高性能互联网络，如高效的网络/交换机；④ 快速传输协议和服务，如主动消息 AM 或快速消息 TM；⑤ 集群中间件层；⑥ 并行程序设计环境与工具以及应用，如串行和并行应用程序。

集群之所以能够得到广泛的使用，离不开其本身所具有的优越性，其中最重要的是能用性、可用性、可扩放性、可利用率和性能/价格比。

（1）能用性。集群中的节点通常是传统平台，能够为系统用户提供熟悉和强大的工作环境。因此集群能为多个顺序用户工作提供大的吞吐率，减少运行时间。

（2）可用性。集群大量冗余的 CPU、内存和 I/O 设备、网络及操作系统映像等实现高可用性。可用性的关键在于具有关键软件，并辅以共享部件的高可用技术。

（3）可扩放性。可扩放性指随处理器节点的扩大，集群的性能随之提高的能力。集群扩放通常指组件的扩放，包括 CPU、内存和 I/O 等部件，可以扩大到上百个处理器节点。

（4）性能/成本比。与成本较高的 MPP 相较而言，集群更多的是采用商品化部件，在实现相同性能的同时，成本和性价比更可观。

在集群中，每台机器在内存、磁盘等方面基本上都独立于其他机器。它们在正常网络中使用一些变体进行互连。群集主要存在于程序员的脑海里，他/她选择如何分配工作。在 MPP 大规模并行处理器中，实际上只有一台机器与数千个 CPU 紧密互连。MPP 具有奇特的存储器架构，允许与相邻处理器进行极高速的中间结果交换。正是由于集群本身所具有的多重优越性，所以它成为构建可扩放并行计算机的一大趋势。2018 年 6 月全球超级计算机排行榜 Top500 名单中，有 437 台超算采用的是集群架构，另外 63 台采用的是 MPP。在前十名中，有 4 台采用的是集群，6 台采用的是 MPP。

### 4.1.2 高性能计算关键技术

**1. 高性能互联网络**

高性能互联网络是高性能计算（high performance computing，HPC）核心基础设施，负责 HPC 所有结点连接和数据传输，是 HPC 实现大规模并行计算的关键，直接决定 HPC 性能和均衡扩展能力。高带宽、低延迟、低能耗、高可靠、可扩展是未来互连网络设计的主要目标。高性能互联网络作为百亿亿次计算 HPC 重要组成部分，面临挑战包括功耗、芯片吞吐率、可扩展性等。为了有效应对上述挑战，近年来学术界已在系统仿真、网络协议、芯片设计、光电集成、光交换等方面开展了大量工作。

（1）仿真分析驱动网络整体设计，是探索新型技术的基础。美国 3 大国家实验室、各国超级计算中心常年跟踪发布 HPC 应用通信特征分析报告，并提出下一代 HPC 需求展望。IBM 联合巴塞罗那超级计算机中心开发了高性能系统互联网络模拟环境，将互联网络模拟器与计算节点模拟器整合，模拟精度达到微片级。国内国防科学技术大学、中国科学院计算技术研究所、清华大学、北京航空航天大学等也开展了超大规模网络模拟器相关工作，包括多核处理器系统级验证、分布式一致性协议仿真、多计算机系统通信和大规模拓扑结构优化等工作。

（2）高速串并收发单元技术保持持续发展，交换芯片迈向更高阶数。HPC 每代互联网络都以串并收发单元速率为基本特征。面向百亿亿次计算的 HPC 计算机，更高速串并收发单元可以改善带宽，更高阶交换芯片可以减少跳步数。为满足下一代网络时代性能需求，许多科技等公司均在推出或在研发 56 Gbit/s 并行转换器（serdes），为新一代网络设计提供了物理层基础。为此，如何结合串并收发单元发展趋势，充分利用路由器芯片晶体管及链路资源，设计带宽均衡扩展、互联成本低的交换芯片是需要关注的问题。

（3）互联通信与计算存储融合，逐步深度协同发展。计算与互联紧耦合是一种低延迟 I/O 架构，缩短通信内存之间距离能显著降低延迟，有利于优化工作负载并降低功耗。在存储互联融合方面，美光公司推出了混合存储器立方体。集成存储控制器设置了网络功能，实现了内存互联紧耦合。处理器利用混合存储器立方体内存网络可访问远程内存资源，支持数据远程内存之间直接拷贝，回避了数据传输 I/O 路径上大量开销，华为在混合内存硬件平台方面也开展了类似工作。针对外存互联耦合，中国科学院计算技术研究所在国内率先开展了新一代的总线接口网络化相关研究，但研究局限在集中式资源池化，难以满足未来高速存储设备性能及资源池规模可扩展需求。

（4）硅基光互连技术发展迅猛，高密度光电集成成为重要使能技术。近些年工业界、学术界对光互联技术关键理论和实现技术非常重视，主要原因是提升集成密度使光学器件靠近电互联芯片，有利于从器件、系统层面改善 HPC 密度功耗。2015 年，国防科学技术大学自主研发了吞吐率 1200 千兆位每秒的高密度板载光引擎，通过近距离安置在处理器或交换芯片周围，可以促进链路带宽和互联密度显著增长并降低能耗。未来光接口将被进一步集成到处理器或交换芯片内部。

（5）光交换技术趋于成熟，全光交换在数据中心和 HPC 中持续演进。目前数据中心和 HPC 领域正面临着数据流量爆发式增长和动态任务特性等挑战，通信负载容易超出数据中心或 HPC 互联能力，引起网络拥塞和过载，导致时延增加并带来服务和应用性能劣化。特别是传统网络协议采取包交换机制，设置了大量资源对突发流量进行优化设计，对网络中较大持续数据流缺乏支持，会造成网络效率偏低。全光交换技术能有效应对上述挑战，它根据用户需求可动态组建网络拓扑结构分配合理网络带宽，不仅能均衡网络负载避免局部拥塞，而且还可保证网络服务质量，支持大量应用对时延、抖动和可用性的要求。如今，数据中心和 HPC 中持续数据流已很常见，如虚拟机迁移、负载均衡和数据存储及备份等，这些常用场景迫切需要增加全光交换创立更动态光纤连接，有效处理持续数据流，改善传输效果。此外，百亿亿次 HPC 应用规模往往使互联全局流量低于局部流量，以相同代价构建局部互连和全局互连会使百亿亿次 HPC 互联成本过高。利用全光交换技术及软件定义网络管理模式，根据当前应用需求动态重新分配光纤资源，适合于百亿亿次 HPC 互联拓扑重构，可增加 HPC 可扩展性并节省互联成本。

**2. 基于新型存储介质的存储结构与技术**

（1）新型内存技术为内存计算带来了发展契机。当今高性能计算机系统处于十年千倍增长的快速发展阶段，随着多核处理器和众核处理器的普及以及系统规模的飞速增长，无论是计算密集型还是存储密集型应用都对存储系统的容量、性能以及功耗不断提出更高的要求。近年来学术界和工业界对计算机内存技术投入了大量研究，已经有不少文献在研究相关的内存存储系统、内存检查点技术、内存数据库和内存文件系统技术，并取得了一系列研究成果。

（2）新型非易失存储器件带来了存储层次的革新。随着近几年微电子技术的飞速发展，一些新型非易失存储器件相继推出。适用于高性能计算机系统的新型非易失存储器件主要包括相变存储器、阻变随机存储器和自旋矩传输磁存储器等。随着研究工作的深入，这些新型非易失存储技术已逐渐从原型设计阶段走向产品产业化阶段，为高性能计算机存储层次的变革带来了契机。相关研究人员在缓存、内存和外存各个存储层次中尝试使用新型非易失存储器件，达到提高存储性能和集成度、减少功耗等目的，对比各种非易失存储器件的特点和存储层次结构，相变存储器适用于设计内存和外存，阻变随机存储器适用于设计缓存、内存和外存，自旋矩传输磁存储器适用于设计缓存。新型非易失存储器件带来了存储层次的变革，给高性能计算机存储体系结构及相应的软件栈带来了变革与发展机遇，为如何缓解"存储墙"问题提供了有益的探索途径。

（3）新型存储技术为存储与计算的融合带来了契机。已发现的新型存储材料中，阻变随机存储器引起了广泛关注，忆阻存储技术已经在实验室实现，并正在向商品化的目标努力。阻变随机存储器的典型代表为惠普实验室研究发现的忆阻器，具有非易失性、存储密度高等优点；与其他新型非易失存储器相比，阻变随机存储器具有器件结构简单、制备工艺简便、擦写速度快和存储密度高等诸多优势。阻变随机存储器使用常规的薄膜制备技术和工艺即可，器件结构简单、制备工艺简便；半导体工艺兼容性好，阻变随机存储器可以利用现有的半导体工艺技术生产，从而大大缩减开发成本。阻变随机存储器擦写速度快，已有的研究中阻变随机存储器的擦写速度可达到 0.3ns。

**3.** 并行编程模型与并行运行支撑系统

共享存储编程模型一般包含多个可以共享内存的并行任务，通过隐式使用共享数据来完成任务间的数据交换。共享存储模型的存储可扩展性好，提供灵活的任务调度策略，编程相对简单。OpenMP 是面向共享存储系统的主要并行编程模型和事实上的工业标准，它基于编译指导命令的编程接口，具有编程简单、可移植性好等优点。OpenMP 从 4.0 版本开始支持异构计算，已经更新到 4.5 版本，大量新增的 API 体现在异构计算的支持方面，以顺应异构计算的发展趋势。OpenMP 设计时将存储系统看作全局一致的，并没有考虑访存不一致性；模型也缺少面向层次式并行特征进行的针对性设计。针对共享存储编程模型在层次式并行、局部性感知等方面的问题，编程模型扩展和运行时优化是当前研究的热点。

（1）消息传递模型仍是大规模并行编程主流，主要关注可靠性、可扩展性等方面。消息传递编程模型的并行任务间通过发送和接收消息完成数据交换和协同工作，一般面向分布式存储系统的并行编程。MPI 作为消息传递编程模型事实上的工业标准，设计符合分布式存储的特征，具有程序性能高、扩展性好的特征。MPI 2.2 中提供的应用通信拓扑描述，提供给用户优化日益层次化的并行计算系统；MPI 3.0 中进一步增加了非阻塞聚合通信和非阻塞单边通信的支持，以便隐藏日益复杂的网络带来的通信延迟。目前高性能计算领域基本达成共识，MPI＋X 在相当长一段时间内仍是大规模并行计算系统的主流编程模式，也是实现百亿亿次计算最可行的技术路线。面对未来高性能计算的挑战，MPI 的相关研究重点关注可扩展性设计（特别是存储可扩展）、异构计算、容错计算等技术。

（2）全局分割地址空间模型借鉴共享存储和消息传递特征，依赖编译优化制约其发展。全局分割地址空间模型是一种介于共享存储和分布式存储之间的混合并行编程模型。全局分割地址空间允许并发任务通过一个全局共享的数据结构访问远程数据，共享数据结构可以在不同的任务之间进行逻辑上的划分，任务访问本地数据空间比远程数据空间更加高效。与消息传递的模型相比，全局分割地址空间更容易组织通信并支持一些非规则数据访问；与共享存储方式相比，采用显式单边通信的远程数据访问方式，避免了共享存储模型对存储一致性的依赖。但是因为需要进行显式数据和任务划分，采用全局分割地址空间编程并不简单；底层的通信性能严重依赖编译优化，可能影响程序性能扩展；模型实现一般采用多任务方式，存储资源占用较高；对层次性、灵活性、异构性的支持都不佳。

（3）异构编程发展迅猛，标准化和性能优化是当前关键问题。随着异构体系结构在高性能计算领域的异军突起，异构编程模型近年来发展非常迅猛，研究主要是围绕支持加速器特别是当前流行加速设备而展开的。这种编程模型设计考虑了系统大量细粒度的线程和层次的存储结构，暴露硬件特征使用户可以显式控制管理底层硬件，发挥众核性能。由于体系结构的多样性以及不同编程风格的设计，大多异构编程接口是面向结点内异构计算设计的，支持面向多级存储层次的编程，设计针对性强，因此在当前加速器系统上性能和存储扩展性较好。缺点是不能很好地屏蔽硬件细节，编程困难，缺少对任务调度的灵活支持，只能用于开发规则的数据级并行。由于异构加速器设计模式的多种多样，异构计算编程接口呈现碎片化的现状，尚未有明显迹象表明哪种接口将成为最终的标准，因此如何抽象出主流异构系统设计的关键特征，推进异构编程接口的标准化，从而使得编程模型不会成为程序员设计开发及性能优化的障碍，是当前异构编程模型面临的巨大挑战。

### 4.1.3　高性能计算发展趋势

**1.** 计算性能的提升

2015 年 10 月，美国计算社区联盟在《下一代计算的机遇与挑战》报告中指出，目前气候建模与仿真等超算应用的精度受限于计算能力。各国都在大力研发下一代的百亿亿次计算，但科研界担忧超算应用是否能跟上百亿亿次计算硬件的发展步伐，一个主要的困难在于未来的百亿亿次计算架构还未确定。多位科学家认为，超算应用面临着正式建模、静态分析与优化、运行时分析与优化、自主计算四大关键挑战，并建议基于百亿亿次系统目前的假设和可用的数据，采取逐步改进的方式将现有超算应用移植到未来的百亿亿次计算系统上。

**2.** 能耗的降低

随着高性能计算机的速度日益提升，能耗成为一个亟待解决的关键问题。各国制定的百亿亿次计算规划大多将系统功耗目标设定为 20MW。但从当前各方面的技术水平来看，要在 2020 年左右实现这一目标仍存在相当大的困难。需要更多关注更高级的架构，相关研究主题包括异构系统的架构、最大程度减少数据移动的架构、神经形态架构、新的随机计算方案、近似计算、认知计算等。

**3.** 软件与算法的开发

图形处理器（graphics processing unit，GPU）已经大幅提高了计算能力，但对新软件和新算法的需求仍然迫切，一些重要问题包括：① 随着晶片上集成的晶体管数量急剧增加，摩尔定律可能失效的推测将促使计算架构发生重要变化，这就需要新的软件和算法能来帮助新的计算架构发挥最大效用；② 放宽对计算精确度"近乎完美"的要求可能开创一个"近似计算"的新时代，从而更好地解决系统故障。任何对网络基础设施的投资都需要考虑到软件的更新和重新开发，算法、数值方法、理论模型的创新对未来计算能力的提升可能发挥重要作用。另一方面，开展应用数学研究对促进软件与算法开发也非常重要。只有在应用数学方面取得进展才能开发出高性能应用程序，从而应对百亿亿次计算面临的大量科学与技术挑战。美国著名计算科学家杰克•唐加拉建议美国能源部"先进科学计算研究"项目优先开展针对百亿亿次计算的应用数学研究，以帮助其保持在先进计算方面的优势，包括：① 对新模型、抽象化、算法的研发投入大量经费，以充分利用百亿亿次计算的巨大性能；② 利用应用数学方法寻找平衡点，以准确区分各项研究是否需要百亿亿次计算支持。

**4.** 硬件架构的发展

硬件架构将更趋多样化，以提升运算性能、能效和数据密集型处理能力为目标的各种架构会陆续出现。处理器由多核向众核发展，后摩尔时代的新型计算架构是重要研究热点。2016 年 3 月，英特尔宣布延长处理器研发周期，将传统的研发周期从"制程 – 架构"的两步战略变为"制程 – 架构 – 优化"的三步走战略，业内认为这一策略的转变意味着摩尔定律正式终结。随着摩尔定律的终结，各国政府、企业和学术界都在加大力度研发新一代的计算架构。例如，IBM 公司在 2014 年 7 月宣布，将在未来 5 年投资 30 亿美元推动计算技术的发展，其中就涉及面向后硅时代的量子计算和神经形态计算研发；2030 年在超级计算领域的研发目标，长期目标之一就是实现量子计算、神经形态计算和生物计算等新型计算模式与硬件的集成；美国高级情报研究计划局正在致力于超导超级计算（包括低温存储）的研究；此外，美国桑迪亚国家实验室正在开展一项名为"超越摩尔定律计算"的计划，以开发后摩尔时代的计算技术。

**5. 我国百亿亿次计算战略部署**

为进一步在与各国的高性能计算竞争中取得先机，我国将百亿亿次超级计算机及相关技术的研究写入了国家"十三五"规划。在 2016 年启动的国家"十三五"高性能计算专项课题中，国防科技大学、中科曙光和江南计算技术研究所同时获批开展百亿亿次级超级计算原型系统的研制工作，形成了"三头并进"的局面，拟通过赛马机制打造我国自主的百亿亿次超算系统。该专项总体目标是：在百亿亿次计算机的体系结构、新型处理器结构、高速互联网络、整机基础架构、软件环境、面向应用的协同设计、大规模系统管控与容错等核心技术方面取得突破，依托自主可控技术，研制适应应用需求的百亿亿次高性能计算机系统。目前，高性能计算专项课题 3 个百亿亿次超算的原型机系统——神威百亿亿次原型机、"天河三号"百亿亿次原型机和曙光百亿亿次原型机系统——均已全部完成交付。

**6. 生物计算机**

生物计算机也称仿生计算机，主要原材料是生物工程技术产生的蛋白质分子，并以此作为生物芯片来替代半导体硅片，利用有机化合物存储数据，具有生物体的一些特点，如能发挥生物本身的调节机能，自动修复芯片上发生的故障，还能模仿人脑的机制等。生物计算机的运算速度要比当今最新一代计算机快十万倍，它具有很强的抗电磁干扰能力，并能彻底消除电路间的干扰，能量消耗仅相当于普通计算机的十亿分之一，且具有巨大的存储能力。

**7. 量子计算机**

量子计算机是一类遵循量子力学规律进行高速数学和逻辑运算、存储及处理量子信息的物理装置，当某个装置处理和计算的是量子信息，运行的是量子算法时，它就是量子计算机。从可计算的问题来看，量子计算机擅长解决几类传统计算机难以解决问题，从计算的效率上，由于量子力学叠加性的存在，某些已知的量子算法在处理问题时速度要快于传统的通用计算机。量子计算机还处于发展的初级阶段。迄今为止，世界上还没有真正意义上的量子计算机。如何实现量子计算，方案并不少，问题是在实验上实现对微观量子态的操纵确实太困难了。已经提出的方案主要利用了原子和光腔相互作用、冷阱束缚离子、电子或核自旋共振、量子点操纵、超导量子干涉等。其中，量子点方案和超导约瑟夫森结方案更适合集成化和小型化。量子计算机将使计算的概念焕然一新，这是量子计算机与其他计算机（如光计算机和生物计算机等）的不同之处。

## 4.2　人　工　智　能　技　术

### 4.2.1　人工智能的算法与框架

**1. 监督学习**

监督式学习是机器学习中的一中最常用的方法，通常在给定的 $N$ 个"输入－输出"对样本组成的训练集 $(x_1, y_1), (x_2, y_2), \cdots, (x_N, y_N)$，来找到未知函数 $y = f(x)$。根据函数的输出值连续与否，可以将其分为回归问题和分类问题，通常采用损失函数来衡量训练模型的优劣。很显然，在训练过程中希望映射函数在训练数据集所得到的"损失"最小，常见的损失函数见表 4－1。

表 4－1　　　　　　　　　　　　常 见 损 失 函 数

| 损失函数名称 | 损失函数定义 |
|---|---|
| 0－1 损失函数 | $\text{Loss}(y_i, f(x_i)) = \begin{cases} 1, & f(x_i) \neq y_i \\ 0, & f(x_i) = y_i \end{cases}$ |
| 平方损失函数 | $\text{Loss}(y_i, f(x_i)) = (y_i - f(x_i))^2$ |
| 绝对损失函数 | $\text{Loss}(y_i, f(x_i)) = \lvert y_i - f(x_i) \rvert$ |
| 对数损失函数 | $\text{Loss}(y_i, \text{P}(y_i\lvert x_i)) = -\log\text{P}(y_i\lvert x_i)$ |

在训练时，由于训练样本数量有限，通过其学习能不断降低经验风险，但这只能代表学习模型对训练数据的拟合程度。而当测试集中存在无穷多数据时所产生的平均损失，即期望风险，才能真正代表该模型的优劣。根据大数定理，当样本容量趋于无穷时，经验风险趋于期望风险，所以在实践中很自然用经验风险来估计期望风险。由于现实中训练样本数目有限，用经验风险估计期望风险并不理想，要对经验风险进行一定的约束。当经验风险小（即在训练集上表现好）并且期望风险小（在测试集上表现好），可以说明在模型泛化能力强；当经验风险小但期望风险大时，模型往往属于过学习；当经验风险大，期望风险也大时，属于欠学习。为了解决过学习的问题，通常会在经验风险上加上表示模型复杂度的正则化项，对经验风险与模型复杂度同时进行优化。

根据监督学习算法的原理，可将其分为生成算法和判别算法。前者从数据中学习联合概率分布 $P(X, Y)$ 或似然概率 $P(X\lvert Y)$，然后利用贝叶斯公式

$$P(Y\lvert X) = \frac{P(X\lvert Y)P(Y)}{P(X)} = \frac{P(X, Y)}{P(X)}$$

求出条件概率分布 $P(Y\lvert X)$ 作为预测。典型的算法包括贝叶斯方法和隐马尔科夫链。但是在实际应用中联合概率分布 $P(X, Y)$ 或似然概率 $P(X\lvert Y)$ 的求取十分困难。相较而言，判别算法更为常见。该算法直接学习判别函数 $f(x)$ 或者条件概率 $P(Y\lvert X)$ 作为预测模型，即直接建立输入和输出的映射关系。典型的判别模型包括回归模型、神经网络、支持向量

机、AdaBoosting 等。时下最流行的深度学习算法中的卷积神经网络和循环神经网络便属于该类型。

卷积神经网络是一种专门用来处理具有类似网格结构数据的神经网络。通过 3 个重要的思想来帮助改进机器学习系统，即稀疏交互、参数共享、等变表示。例如时间序列数据（可以认为是在时间轴上有规律地采样形成的一维网格）和图像数据（可以看作是二维的像素网格）。卷积网络在诸多应用领域都表现优异。卷积神经网络由一个或多个卷积层和顶端的全连通层（对应经典的神经网络）组成，同时也包括关联权重和池化层。这一结构使得卷积神经网络能够利用输入数据的二维结构。与其他深度学习结构相比，卷积神经网络在图像和语音识别方面能够给出更好的结果。这一模型也可以使用反向传播算法进行训练。相比较其他深度、前馈神经网络，卷积神经网络需要考量的参数更少，是一种颇具吸引力的深度学习结构。

循环神经网络是一类用于处理序列数据的神经网络。就像卷积网络是专门用于处理网格化数据（如一个图像）的神经网络，循环神经网络是专门用于处理序列的神经网络。正如卷积网络可以很容易地扩展到具有很大宽度和高度的图像，以及处理大小可变的图像，循环网络可以扩展到更长的序列（比不基于序列的特化网络长得多）。大多数循环网络也能处理可变长度的序列。

**2. 无监督学习**

监督和无监督算法之间的区别没有规范严格的定义，因为没有客观的判断方法来区分监督者提供的值是特征还是目标。例如，"西红柿是红的，西瓜也是红的"，红色可以看作是西红柿和西瓜的一种属性，同时也可以看作是其区别于其他蔬果的判断结果。通俗地说，无监督学习的大多数尝试是指从不需要人为注释的样本的分布中抽取信息。该术语通常与密度估计相关，学习从分布中采样、学习从分布中去噪、寻找数据分布的流形或是将数据中相关的样本聚类。通常在给定的 $N$ 个仅含有"输入"样本组成的训练集，去找到该类数据可分为的类别数，并建立起未知函数 $y=f(x)$ 的映射。比如：当信息不充足时，我们仅能够区分出红色的蔬果和绿色的蔬果，却无法再讲红色蔬果进一步分为西红柿和西瓜。一个经典的无监督学习任务是找到数据的"最佳"表示。"最佳"可以是不同的表示，但是一般来说，是指该表示在比本身表示的信息更简单或更易访问而受到一些惩罚或限制的情况下，尽可能地保存关于 $x$ 更多的信息。这也是为什么当信息不充足时更愿意只将蔬果分成红的和绿的这两种最显著的分类，而不再没有更多信息的基础上做进一步划分。主成分分析和 $k$ 均值算法是最常见的无监督学习算法。

**3. 强化学习**

强化学习，又称再励学习、评价学习，是一种重要的机器学习方法，在智能控制机器人及分析预测等领域有许多应用。但在传统的机器学习分类中没有提到过强化学习，而在连接主义学习中，把学习算法分为非监督学习、监督学习和强化学习 3 种类型。强化学习是智能体以"试错"的方式进行学习，通过与环境进行交互获得的奖赏指导行为，目标是使智能体获得最大的奖赏，强化学习不同于连接主义学习中的监督学习，主要表现在强化信号上，强化学习中由环境提供的强化信号是对产生动作的好坏做一种评价（通常为 0-1 信号），而不是告诉强化学习系统如何去产生正确的动作，因而这种方法的效率相对较低。

**4.** 应用框架

（1）TensorFlow　是一个基于数据流编程的符号数学系统，被广泛应用于各类机器学习算法的编程实现，其前身是谷歌的神经网络算法库 DistBelief，拥有多层级结构，可部署于各类服务器、PC 终端和网页并支持 CPU、GPU 和 TPU 高性能数值计算，被广泛应用于谷歌内部的产品开发和各领域的科学研究。它由谷歌人工智能团队谷歌大脑开发和维护，拥有包括 TensorFlow Hub、TensorFlow Lite、TensorFlow Research Cloud 在内的多个项目以及各类应用程序接口。自 2015 年 11 月 9 日起，TensorFlow 实现开放源代码。

（2）Caffe　是一种常用的深度学习框架，主要应用在视频、图像处理方面上。它是一个深度学习框架，具有表达力强、速度快和模块化的思想，由伯克利视觉学习中心和社区贡献者开发。这个项目主要由贾扬清在加州大学伯克利分校攻读博士期间创建。

（3）PaddlePaddle　是百度旗下深度学习开源平台。2016 年 9 月 27 日，百度宣布其全新的深度学习开源平台 PaddlePaddle 在开源社区 Github 及百度大脑平台开放，供广大开发者下载使用。这也使得百度成为继 Google、Facebook、IBM 后另一个将人工智能技术开源的科技巨头，同时也是国内首个开源深度学习平台的科技公司。该框架现已实现 CPU/GPU 单机和分布式模式，同时支持海量数据训练、数百台机器并行运算。此外，PaddlePaddle 被认为具有易用、高效等特点。

此外，主流的人工智能框架还有 MXNet、Torch、Theano 等，它们的有关特性见表 4 - 2。

表 4-2 　　　　　　　　　　　主 流 人 工 智 能 框 架

| 框架 | 机构 | 支持语言 | Stars | Forks | Contributors |
|---|---|---|---|---|---|
| TensorFlow | Google | Python/C++/Go/… | 41 628 | 19 339 | 568 |
| Caffe | BVLC | C++/Python | 14 956 | 9282 | 221 |
| Keras | fchollet | Python | 10 727 | 3575 | 322 |
| CNTK | Microsoft | C++ | 9063 | 2144 | 100 |
| MXNet | DMLC | Python/C++/R/… | 7393 | 2745 | 241 |
| Torch7 | Facebook | Lua | 6111 | 1784 | 113 |

### 4.2.2　人工智能的数据与算力

"当前人工智能革命是由于算力的提升和海量数据的积累"。如果说算法是智能之源，那么数据和算力便是近十年来人工智能大突破的重要原因。

**1.** 数据

在 2006 年之前，整个学术圈和人工智能行业都在苦心研究同一个概念：通过更好的算法来制定决策，但却并不关心数据。当时刚刚出任伊利诺伊大学香槟分校计算机教授李飞飞意识到了这种方法的局限性，如果使用的数据无法反映真实世界的状况，即便是最好的算法也无济于事。于是李飞飞教授团队决定做一件史无前例的事情：收集全世界的物体照片，对其进行分类、标记，并制作成数据集 ImageNet。利用亚马逊的"众包平台"雇佣全世界的人参与图片的标记任务，并设计出一套基于统计学的验证平台，确保数据集标记的一致性。此后，在其他领域的数据库也相继涌现，这也为人工智能的大爆发提供了基础，经验表明，采用监督学习方法给每一类 5000 个标注样本时，一般网络达到可接受的性能；当这个数字提高到 1000 万时，它将达到或超过人类的表现。

**2. 算力**

人工智能技术近年来的发展不仅仰仗于大数据，更是计算机芯片算力不断增强的结果。然而，根据 OpenAI 最新的分析，自 2012 年以来，人工智能训练任务所需求的算力每 3.43 个月就会翻倍，这一数字大大超越了芯片产业长期存在的摩尔定律（每 18 个月芯片的性能翻一倍）。因而可以说，算力是当前限制人工智能发展的最重要因素之一。只有计算能力足够，才能为探索更深网络结构、更复杂训练方法提供可能。

在 2012 年之前，使用 GPU 的人工智能算法还不常见，因而即便存在卷积神经网络等模型或其雏形，效果也难以达到近些年来的结论。而到了 2012～2014 年之间，开始逐渐使用 GPU，但是在多个 GPU 上进行训练的基础架构不常见，因此大多数结果使用 1～8 个速度为 1～2 TFLOPS 的 GPU 进行训练，得到 0.001～0.1 pfs−days 的结果。从 2014～2016 年，使用 10～100 个速度为 5～10 TFLOPS 的 GPU 进行大规模训练，得到 0.1～10 pfs−days 的结果。而最近两年，允许更大算法并行的方法（如较大的批量大小、架构搜索和专家迭代）以及专用硬件（如 TPU 和更快的互联）极大地突破了限制，尤其是对某些应用来说具备了突破的可能。AlphaGo\Zero 是公众可见的大型算法并行化例子，而很多其他同等规模的应用现在在算法层面上是可行的，而且可能已经用于生产。从 CPU 到 GPU 再到 TPU 的进化过程，将原本认为的不可能任务逐渐变得可能。

### 4.2.3　人工智能发展趋势

自人工智能起源已过去了一个甲子有余，虽然在各领域均取得了长足的发展，但在当今世界里仍面临着新的挑战和机遇。总结起来主要有以下 4 点：

（1）21 世纪的信息环境已发生巨大而深刻的变化。计算已与人类密切相伴，从启动终端到互联网，从传感器网到车联网、智能穿戴设备，计算已无处不在，史无前例地连接着每一个个体，能够快速反应与聚集个体和群众的意见、需求、创意、知识与能力。

（2）对人工智能的需求大爆发。对于人工智能的研究已从过去的学术牵引，正迅速转化为需求牵引。无论是智慧城市、智慧医疗，还是智慧物流、智能手机，智能已无处不在，人们甚至已理所应当地认为世界就应当是这么智能的。因此，众多企业、政府已主动布局，对人工智能的研发投注巨大的人力、物力与财力。

（3）人工智能的目标和理念发生巨大改变。人工智能的目标正从过去的"用计算机模拟人的智能"正慢慢转变为人机融合、群智系统等复杂的智能系统。

（4）人工智能的数据基础发生巨大变革。随着互联网、感知设备、跨媒体智能的不断发展，海量的数据不断积累。而人工智能的基本方法就是数据驱动的算法，因而今后的研究将更多地转向如何充分利用上述数据。

### 4.2.4　人工智能在电力系统中的应用

人工智能技术从发展之初就一直受到电力领域学者的高度关注，专家系统、人工神经网络、模糊集理论以及启发式搜索等传统人工智能方法在电力系统中早已广泛应用。随着分布式电源、电动汽车、分布式储能元件等具有能源生产、存储、消费多种特性的新型能源终端高比例接入电网，现代电力系统呈现出复杂非线性、不确定性、时空差异性等特点，使传统人工智能方法在电力系统预测、调度、交易方式等方面面临诸多挑战。为了应对上述挑战，以高级机器学习理论、大数据、云计算为主要代表的新一代高性能计算及人工智能技术，具有应对高维、时变、非线性问题的强优化处理能力和强大学习能力，将为突破上述技术瓶颈提供有效解决途径。人工智能在电力系统中的应用框架如图 4-1 所示。

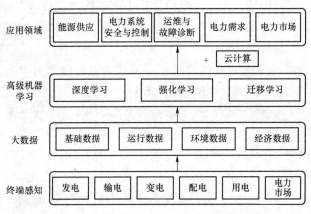

图 4-1　人工智能在电力系统中的应用框架

**1. 可再生能源预测**

高比例可再生能源成为智能电网未来发展的一个突出特征，风电和光伏发电作为当前较为成熟的可再生能源发电技术，具有较强的波动性和随机性。如何更好地利用人工智能新技术，对可再生能源发电波动等海量、高维、多源数据进行深度辨识和高效处理，实现多时间尺度全面感知和预测，是人工智能与智能电网需研究的重要课题。鉴于传统时序递推等方法准确度不高的显示，利用卷积神经网络、循环神经网络、对抗生成网络等方法提高光伏发电、风电等的预测精度和模型鲁棒性（在一定的参数扰动下维持某些性能的特性）。

**2. 电力系统安全稳定**

随着电力系统规模的不断增大，其动态特性越加复杂，鲁棒性、复杂性与安全性之间的矛盾也越来越突出，对系统安全稳定评估提出了更高要求。人工智能为系统稳定评估和控制提供了新思路。常见的方法包括决策树、支持向量机、卷积神经网络、循环神经网络等，不断提炼稳定和不稳定故障的差异性。对于控制问题而言，深度学习、强化学习、迁移学习等方法为解决以上问题提供了有效途径。

**3. 电力运维与故障诊断**

在电力系统的巡视、巡检方面，借助智能巡检机器人和无人机可以实现规范化、智能化作业，提高效率和安全性。智能巡检机器人搭载多种检测仪，能够近距离观察设备，运检准确率高。无人机搭载高清摄像仪，具有高精度定位和自动检测识别功能，可以飞到几十米高的输电铁塔顶端，利用高清变焦相机对输电设备进行拍照。泰州供电公司三桥变电站成功部署了基于机器人平台的变电站安全监控系统，通过基于深度学习的图像识别方法，对监控对象进行智能识别。

在电力系统故障诊断方面，人工智能方法能够深层学习数据内在的结构特征，并将学习到的特征信息融入模型的建立过程中，从而减少了人为设计特征的不充分性和传统特征提取所带来的复杂性。电力系统故障诊断可分为基于图像识别的故障诊断和基于非图像数据的故障诊断。在基于图像识别的故障诊断方面，运用图像故障识别技术联合 CNN 对大量图像样本信息进行训练学习，进而识别设备故障部位，并依据部位信息对故障进行分类。基于非图像数据的故障诊断方面，针对电网生产中产生的大量设备缺陷记录文本，构建了基于深度学习的缺陷文本分类模型。

**4. 电力市场**

随着新一轮电力市场改革的持续推进，准确预测电价对电力市场参与者具有重要意义。利用历史电价、社会经济因素等信息，通过样本学习模拟电价及其影响因素之间的关系，预测精度较高。而对于电力市场改革后需要面临的发、输、配各环节运营与用户用能间博弈问题，也可以采用人工智能的方法进行研究。强化学习算法对解决含不确定性的博弈问题具有一定的优势，并且模型的复杂度对算法的效率影响较小。针对多主体参与的市场博弈问题，可以构建基于多代理的市场主体博弈框架，采用强化学习方法对发电商、售电商等主体在双边合同市场、集中交易市场的买卖电价、电量进行优化求解。

# 下 篇
# 形 态 架 构

# 第5章

# 高渗透率可再生能源发电并网

## 5.1 可再生能源发电的发展评估

### 5.1.1 可再生能源发电的发展概况

**1.** 可再生能源发电现状

近年来，受石油价格上涨和全球气候变化的影响，可再生能源开发利用日益受到国际社会的重视，许多国家提出了明确的发展目标，制定了支持可再生能源发展的法规和政策，使可再生能源技术水平不断提高，产业规模逐渐扩大，成为促进能源多样化和实现可持续发展的重要能源。随着经济的发展和社会的进步，世界各国也将会更加重视环境保护和全球气候变化问题，通过制定新的能源发展战略、法规和政策，进一步加快可再生能源的发展。

当前，我国虽然已成为世界能源生产和消费大国，但人均能源消费水平还很低。随着经济和社会的不断发展，我国能源需求将持续增长。增加能源供应、保障能源安全、保护生态环境、促进经济和社会的可持续发展，是我国经济和社会发展的一项重大战略任务。根据初步资源评价，我国资源潜力大、发展前景好的可再生能源主要包括水能、风能、太阳能以及生物质能。

从目前可再生能源的资源状况和技术发展水平看，今后发展较快的可再生能源除水能外，主要是风能和太阳能。其中，风力发电技术已基本成熟，经济性已接近常规能源，在今后相当长时间内将会保持较快发展。太阳能发展的主要方向是光伏发电和热利用，其中光伏发电的主要市场是发达国家的并网发电和发展中国家偏远地区的独立供电，而太阳能热利用的发展方向则是太阳能一体化建筑，以常规能源为补充手段，实现全天候供热/制冷。总体来看，根据我国能源发展战略规划，到十三五末期（2020 年），全国风电装机将达到 2 亿千瓦，在华北、东北、西北以及沿海地区将建成 9 个千万千瓦级风电基地；全国太阳能发电总装机将达到 1.5 亿千瓦。我国风能、太阳能资源分布的特点，客观上决定了风电以集中式开发外送为主、太阳能发电以集中式开发和分布式利用相结合的格局。随着特高压交直流输电网络的加快建设，西北和华北地区风、光、水、火打捆输送到中东部负荷中心的格局将逐步形成。

**2.** 可再生能源发电不足之处及技术趋势

虽然我国可再生能源开发利用取得了很大成绩，法规和政策体系不断完善，但可再生能源发展仍不能满足可持续发展的需要，存在的主要问题是：

（1）政策及激励措施力度不够。在现有技术水平和政策环境条件下，除了水电和太阳能热水器有能力参与市场竞争外，大多数可再生能源开发利用成本高，再加上资源分散、规模小、生产不连续等特点，在现行市场规则下缺乏竞争力，需要政策扶持和激励。目前，国家支持风电、生物质能、太阳能等可再生能源发展的政策体系还不够完整，经济激励力度弱，相关政策之间缺乏协调，政策的稳定性差，没有形成支持可再生能源持续发展的长效机制。

（2）市场保障机制还不够完善。长期以来，我国可再生能源发展缺乏明确的发展目标，没有形成连续稳定的市场需求。虽然国家逐步加大了对可再生能源发展的支持力度，但由于没有建立起强制性的市场保障政策，无法形成稳定的市场需求，可再生能源发展缺少持续的市场拉动，致使我国可再生能源新技术发展缓慢。

（3）技术开发能力和产业体系薄弱。除水力发电、太阳能热利用和沼气外，其他可再生能源的技术水平较低，缺乏技术研发能力，设备制造能力弱，技术和设备生产较多依靠进口，技术水平和生产能力与国外先进水平差距较大。同时，可再生能源资源评价、技术标准、产品检测和认证等体系均不完善，人才培养也不能满足市场快速发展的要求，没有形成支撑可再生能源产业发展的技术服务体系。

根据上述分析，结合已有工作基础，未来可再生能源发电并网将着重解决 3 个方面的问题：一是大规模可再生能源集中连片开发、跨省跨区远距离输送相关的规划、稳控等重大技术问题；二是分布式可再生能源高密度、高渗透率接入带来的运行管理问题；三是新的电力体制带来的运营和管理问题。

### 5.1.2  可再生能源发电生产模拟技术

**1.** 可再生能源发电生产模拟需求分析

可再生能源发电有着诸多的优点，也有其特有的不足之处。风能与太阳能直接取自大自然，因此受季节、气候等自然因素的影响大，使其较常规机组发电有明显的不确定性。风电的不确定性主要表现在风速的随机性和输出功率的波动性；而光伏发电的不确定性主要表现在光照强度的随机性和光伏系统组成元件的模糊性。这些不足使得可再生能源发电并网后电力系统在发输变配用等各个环节面临的随机性、不可控性等不确定因素日益增加，这将会改变传统能源发电的出力模式，造成常规机组的启停次数增加、备用容量需求增加和等效负荷峰谷差增大等问题，成为影响电力系统安全稳定、经济高效运行的重要制约因素。

因此，面对由可再生能源的不确定性给电力系统的调度和运行带来的巨大挑战，在含有以风电场和光伏电站为代表的可再生能源电力系统中，需要准确模拟可再生能源发电基地的实时出力，以此，在保证经济性和可靠性的前提下，合理安排常规机组组合，从而更加充分地利用可再生能源，减少环境污染和发电成本；同时还应考虑可再生能源的随机性特点，建立合理的评估指标，评估可再生能源发电并网给常规电力系统带来的影响。

电力系统生产模拟技术就是解决上述问题的重要手段之一，其本质是在一定的负荷条件下，模拟各种电源运行状况和发用电平衡的一种仿真方法。电力系统生产模拟技术有两个分支，一个是随机生产模拟，即考虑负荷概率特性以及发电机组运行及受迫停运等概率特征对系统运行的随机影响而进行的生产模拟；另一个是时序生产模拟，即考虑负荷曲线随时间变化的特性，逐个时间断面模拟电力系统发用电平衡情况。两种方法都广泛应用于电力系统规划、运行、电力市场分析等相关领域。

**2. 可再生能源发电生产模拟技术框架**

含可再生能源电力系统运行的过程实际上是供给侧电源系统与需求侧电力负荷的供需匹配过程，要实现这一过程需要发电企业、电网企业、电力市场和用户 4 个环节的协调配合。因此，基于可再生能源电力系统的生产模拟模型由 4 个模块组成，分别为发电企业模块、电网企业模块、电力市场模块以及用户需求模块，共同模拟电力系统各项职能，其结构框架如图 5-1 所示。

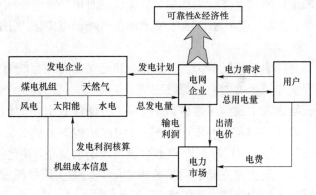

图 5-1　可再生能源发电生产模拟技术框架

（1）用户需求模块。用户需求模块作为其他模块需要适应的外部环境功能存在，模拟了电力用户的用电特征和规律。其核心功能是根据生产模拟需要为其他模块提供电力负荷需求信息，用户需求模块的变化是系统发展的动力以及其他模块产生生产行为的目的。

（2）电力生产模块。电力生产模块模拟不同的发电机组，包括火电、水电、燃气、风电、光伏和核电等，其主要功能为计算和调整不同机组的发电成本并将结果发送至其他模块；根据可再生能源特征信息生成其各小时的出力状态；最后根据发电计划进行生产模拟，计算污染物排放量、可再生能源弃电率等指标。

（3）电网调度模块。电网调度模块以最小碳排放或最小运行成本为目标，根据电力市场模块计算的出清价格以及电力生产模块共享的机组装机规模、报价，根据负荷信息、统计电力供需情况，安排发电计划；最后根据电网约束条件，在时间周期内计算电力不足概率（LOLP）和电力不足期望值（EENS）。

（4）电力市场模块。电力市场模块的功能为计算电力出清价格及模拟电力辅助服务市场生成机组停运概率矩阵。在不考虑网络约束的平衡交易市场中，用户一般以购电成本最小化为目标。

### 5.1.3　可再生能源发电市场模拟技术

**1. 可再生能源发电市场模拟基本理念**
电力市场设计不当可能导致电力供应危机，影响整个国民经济的正常发展，违背电力市场化改革的初衷。因此，需要提出电力市场的模拟方法，对电力市场的均衡状态以及其发展演化过程进行定性和定量的分析和比较，以发现电力市场设计方案和交易规则中的缺陷和不足。此外，电力市场模拟还能够被用来检验电力市场理论的正确性，研究电力市场运行的自身规律，设计反映电力市场健康程度的评估指标以及提出确保电力市场稳定运行的措施方法。

可再生能源发电市场模拟基本理念如下：

（1）基于智能个体。将市场成员微观行为建模作为研究重点。从研究市场成员个体的微观行为模型入手，通过模拟它们的学习、决策和交易行为来模拟整个电力市场的动态演化过程，并获取电力市场的发展规律。

（2）基于信念的市场成员个体行为模型。市场成员对市场有着不同信念，使市场成员个体行为产生多样性。信念的差异使市场成员个体在市场模拟中采用不同交易策略，产生不同交易行为。

（3）市场成员拥有探索和记忆能力。探索能力和记忆能力是智能的重要组成部分。让市场成员个体具有探索和记忆能力可以提高它们学习能力。

（4）利用市场价格作为主要学习数据，提高模拟方法的效率。市场价格包含着能整体反映市场供求关系、成本、市场成员报价策略以及电网结构的大量信息，市场成员的报价决策也主要围绕市场价格展开。这样可以在不影响精度的前提下，简化学习行为和决策行为模型，提高计算效率，真正建立能够用于分析实际系统的实用模拟方法。

（5）采用复杂适应系统的思路，提高模拟方法对未知市场环境的适应能力。虽然每个市场成员个体的学习和决策模型并不十分复杂，但是由它们组成的电力市场模拟系统，构成了一个复杂适应系统（CAS），通过彼此之间的相互作用和对外界环境变化的不断学习，可以呈现出不断调整的自主演化，展现电力市场向稳定均衡状态的过渡过程，并获得市场成员在此过程中交易策略的演化信息。

**2. 可再生能源发电市场模拟总体架构**

目前在国内外已提出了多种电力市场模拟与研究方法，主要包括试验经济学方法、基于传统经济调度和机组组合思想的模拟方法、基于动力学系统的模拟方法、采用模糊数学、模糊集合以及概率方式描述电力市场不确定性的模拟方法、基于博弈论的模拟方法以及基于 Multi－Agent 结构的电力市场模拟方法等。其中，因为 Multi－Agent 结构与电力市场的实际结构类似，具有良好的扩展性，能够直接体现市场成员的动态特征，因此，这种模拟架构得到越来越多的重视。

基于 Multi－Agent 结构的电力市场模拟方法中，主要包括两类 Agent 个体：市场成员个体和电力交易所-独立调度员（PX－ISO）个体。其中，市场成员个体可以进一步细分为发电商和购电者。在电力市场模拟中，PX－ISO 个体承担着组织电力交易、制订交易计划以及调度等职能；市场个体成员负责分析和总结历史交易结果，学习各自在不同申报电价和不同负荷水平下中标的概率信念函数，并根据各自对未来市场价格的不确定性信念，决策和优化各自的报价曲线，从而进行相应的短期投机行为。在市场成员个体和 PX－ISO 个体的共同作用下，最终可以实现电力市场的行为模拟。整个市场模拟流程如图 5－2 所示。

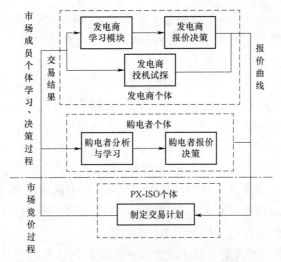

图 5-2　可再生能源发电市场模拟流程图

# 5.2　可再生能源发电基地并网技术

## 5.2.1　可再生能源发电基地的并网接入模式

**1.** 可再生能源发电基地并网技术概述

鉴于我国可再生能源资源总量巨大，分布相对集中、与负荷中心呈逆向分布的特点，早期针对可再生能源的开发利用主要采用"规模化开发、集中并网"的模式，能够大规模利用的各种可再生能源（风电、光伏发电等）与传统电源（火电、水电、核电）共同构成了多形态电源系统。十九大以来，我国逐渐进入能源转型加速阶段，从传统、高污染的化石能源逐渐过渡到清洁的可再生能源，随着风电、光伏发电等可再生能源电力在系统总装机比例中的不断提升，其在我国能源战略中已占有十分重要的地位。同时，风电和光伏发电区别于传统电源的特性，其大规模集中接入对电网产生的影响，使得未来大电网的规划建设和运行控制面临着重大挑战。

从目前的电源结构变化和利用情况上来看，我国的能源转型之路还很艰辛。受能源技术、源网建设等影响，可再生能源在装机容量大幅上升的同时，利用率却持续下降，可再生能源的消纳问题研究成了短时的瓶颈，很大程度上限制了我国可再生能源的进一步发展。鉴于上述情况，基于我国当前可再生能源的接入方式和电网的结构特点，研究大规模可再生能源发展对电网的影响，建立考虑大规模可再生能源集中接入条件下的大电力系统规划理论方法，开发适应大规模可再生能源集中接入条件下的大电网电力系统运行模拟模型和软件，以帮助建立更为科学合理的电网结构，满足经济可靠的电力输送需求，保证电网安全经济运行，显得尤为重要。

**2.** 可再生能源发电基地接入模式规划

实际工程中规划人员通常将可再生能源发电基地接入系统规划及其并网区域网架规

划工作分开考虑，首先进行可再生能源发电基地接入系统规划；然后根据可再生能源发电的接入点和接入容量决策方案再进行并网区域网架的加强规划，这是由于可再生能源发电接入点和接入容量很大程度上影响并网区域网架的潮流分布。但是并网区域网架结构决定着每个节点接纳可再生能源发电出力的能力，若按照可再生能源发电基地就近接入系统的规划方案，很有可能可再生能源电站群接入了区域电网中比较薄弱的节点，这种情况下电网规划工作则须花费更大的代价来强化扩展网架以满足可再生能源发电并网的输送需求。因此，相对独立的可再生能源发电基地接入系统规划及其并网区域网架规划，无法保证两者规划的整体经济效益最优。需要从统筹规划的角度出发，同时考虑可再生能源发电基地接入系统规划与可再生能源发电并网区域网架规划，研究两者协调规划的有效方法，以寻求两者整体经济效益最优的规划方案，从而提高规划工作的统筹性和全局观。

（1）基于可再生能源发电基地接入方案角度。

1）若可再生能源基地需要通过建立汇集站汇集可再生能源电站出力后并网，位置相近的可再生能源电站将划分为同一个可再生能源电站群，该群汇集站选址位于由这些电站所围成区域之内，并选择地理位置最近的主网节点为其并网的公共连接点。

2）可再生能源基地并网输电工程的容量决策，不仅与可再生能源电站的年出力特性有关，还与汇集站的选址有关。

3）考虑可再生能源电站直接并网的情况，可能会导致接入系统规划方案无须建设或者少建设汇集站，从而提高方案的整体经济性，同时也能降低可再生能源电站的弃电量，提高可再生能源发电的利用率。

4）可再生能源汇集站的建设需求及其最优选址，取决于各可再生能源电站、主网节点之间的相对距离。

5）某些规划场景下，接入系统规划方案对输电电价和可再生能源弃电补偿电价参数的变化很敏感，实际规划工作中需要合理设置电价参数。

（2）基于可再生能源发电基地并网区域网架协调规划角度。

1）实际工程中可再生能源发电基地接入系统和可再生能源发电并网区域网架两者之间的规划工作相对独立，并且接入系统规划中的输变电容量按照可再生能源装机容量进行配置。这种规划方法所得方案的整体经济性远不如相同条件下根据可再生能源电站出力特性考虑输变电容量优化配置的协调规划方案。

2）在相同条件下，仅考虑可再生能源基地最大注入电网功率时，协调规划方案的经济性比独立规划的经济性更优；并且协调规划方案中，可再生能源电站群的公共连接点的选择并不一定是距离其最近的主网节点，可能选择相对距离较远的负荷节点以减少并网区域网架规划扩展线路投资，从而确保两者规划的整体经济性最优。

3）在考虑可再生能源出力不确定场景时，为满足可再生能源出力水平低而电网负荷水平高的极端场景下线路 $N-1$ 静态安全校验，并网区域网架需要进一步扩展加强以满足极端场景下常规机组对负荷供电的需求。

（3）基于多形态可再生能源发电基地接入多省区输电网规划角度。

1）在电网规划工作需要对多形态可再生能源发电基地出力以及负荷不确定因素进行处理，主要有点估计法和蒙特卡洛模拟法。

2）确定性规划中的静态安全性规划方案虽然扩建线路比充裕性规划方案多，但在考虑不确定因素的影响时，静态安全性方案的可靠性却不一定比充裕性规划方案高，因此输电网规划工作须充分考虑不确定因素的影响。

3）在相同条件下，虽然仅考虑线路投资成本的规划方案其投资成本最低，但该方案的运行成本却有可能比考虑全寿命周期成本（life cost cycle，LCC）规划方案的运行成本更高，从而导致该方案的 LCC 总成本更高。这是由于 LCC 总成本中，线路投资成本占比往往没有运行成本占比大，因此考虑方案 LCC 成本的输电网规划比仅考虑线路投资成本的规划更加科学合理。

### 5.2.2　可再生能源发电基地并网稳定控制技术

**1. 风电/光伏发电基地并网运行优化**

大规模的风电/光伏并网使电网的安全稳定运行面临巨大挑战，同时，高渗透率风电/光伏并网使系统的优化运行和风电消纳能力面临诸多困难。当系统负荷一定时，风电/光伏并网容量大小会对调度方案造成很大影响，当高渗透率风电/光伏并网时，火电机组降出力运行，机组的发电利用率降低，使能源效益受损，不利于电力生产的可持续发展。因此，在满足系统安全运行约束的前提下，结合系统负荷情况安排合适的风电并网容量，优化常规机组的出力分配，对于系统获得较理想的经济效益、环境效益和提高风电/光伏消纳水平尤为重要。显然，含有风电、光伏、水电、火电的电力系统优化运行是一个多目标、多约束、非线性的规划问题，目前在这方面已有较为全面的研究成果，可做如下分类，但是应该清醒地认识到，目前已有的研究距离解决实际问题还存在一定的差距，未来还需要进行更深入的尝试和探索。

（1）数学规划方法。数学规划方法主要指基于导数信息的迭代求解算法，如内点法、混合整数规划方法等。这类算法的应用条件较苛刻，一般要求待求解的优化问题具有光滑的目标函数和约束条件，算法的优势是求解效率高，缺点是最终的优化结果受到初始值的强烈影响，且算法容易局限于局部最优解。

（2）智能算法。智能算法是人类仿照自然界规律而设计的用于寻优的方法，主要包括遗传算法、模拟退火算法、差分进化算法、粒子群算法等，目前较为的热门的神经网络技术在这方面的应用也已有学者正在进行重点研究。

（3）混合算法。上述方法在求解过程中优势劣势并存，因此，为了使不同类别的算法相互取长补短，产生了一类混合算法以提高算法的寻优能力和计算速度。例如，采用蒙特卡洛模拟法和遗传算法的混合算法求解含风电/光伏系统的动态随机经济调度问题；基于局部弹性搜索原理的混合遗传算法求解风电/光伏系统优化运行问题；采用自适应合作协同进化算法求解考虑"节能"和"减排"指标的含风电/光伏系统机组组合规划问题。

**2. 风电/光伏故障穿越技术**

（1）风电机组故障穿越技术。当今电网规范要求风电系统的低电压穿越（LVRT）不能低于被它取代的传统发电方式，所以各国的风电设备生产商以及相关科研机构都对风电设备的故障运行进行了大量研究，并提出了各种低电压穿越技术。按照控制原理的不同，主要可分为改进的矢量控制和鲁棒控制等基于软件实现 LVRT 的方法以及定子侧、直流母线、转子侧以及变桨距等通过增加硬件设备实现 LVRT 的方法。

1）改进的矢量控制和鲁棒控制。在风电机组运行控制中，传统的基于定子磁场定向或定子电压定向的矢量控制方法得到了广泛的应用。在这种控制方式下一般采用 PI 调节器，实现有功功率、无功功率独立调节，并具有一定的抗干扰能力。但是当电网电压出现较大幅度的跌落时，PI 调节器容易出现输出饱和，难以回到有效调节状态，使电压下降和恢复之后的一段时间内风电机组实际上处于非闭环的失控状态。为了克服传统矢量控制的缺点，国内外学者提出了大量的改进控制策略。例如，针对对称及不对称故障下风电机组内部电磁变量的暂态特点，适当控制励磁电压，使之产生出与定子磁链暂态直流和负序分量相反的转子电流空间矢量及相应的漏磁场分量，通过所建立的转子漏磁场抵消定子磁链中的暂态直流和负序分量。

2）定子侧方法。在采用硬件保护协助风电机组低电压穿越的技术中，定子侧开关方法的基本思想是在电网电压下降期间采用定子并网开关将风电机组定子从电网中暂时切除，直到电网电压恢复到一定程度时再重新并网。在定子切除期间，励磁变频器一直保持与电网连接，可利用网侧变流器（GSC）向电网提供无功。这种方法的优点是可以避免电网电压的骤降和骤升对风电机组的冲击，但是它并非真正意义上的不脱网运行，实际上由于 GSC 的容量较小，对电网恢复的作用非常有限。

3）直流母线线上方法。电网电压骤降之后，风电机组的定、转子绕组中感应很大的故障电流，转子故障电流流过直流母线电容，引起直流母线电压的波动。又因为电网电压降低导致 GSC 控制直流母线电压的能力减弱，不能及时将转子侧过剩的能量传递到电网上，可能导致直流母线电压快速泵升，危害直流母线电容安全。为此有必要使用直流 Crowbar，利用电阻吸收转子侧多余的能量，防止直流母线电压过高，如图 5-3 所示。直流 Crowbar 可以将母线电压限制在一定的数值以下，但是对于由电网故障引起的直流母线电压降低则无能为力。

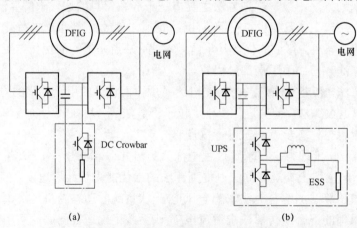

图 5-3　直流母线线上方法示意图
（a）直流 Crowbar；（b）带 UPS 的直流 Crowbar

4）转子侧方法。电网电压骤降时，为了保护励磁变频器，一种常用的办法是通过电阻短接转子绕组以旁路转子侧变流器（RSC），为转子侧的浪涌电流提供一条通路，即 Crowbar 电路。适合于风电机组的 Crowbar 有多种拓扑结构，除了最常见的二极管桥加可控器件结构外，还有两种典型结构。其中图 5-4（a）表示双向晶闸管型 Crowbar，这种结构最为简单，但其不对称结构易引起转子电流中出现很大的直流分量，不实用。图 5-4

（b）表示双向晶闸管并带旁路电阻的 Crowbar，除电路对称外，更可利用其电阻消耗转子侧多余的能量，加快定、转子故障电流的衰减。

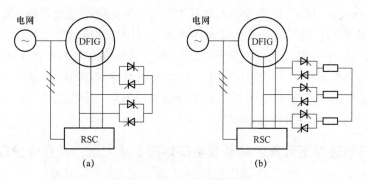

图 5-4　转子侧方法示意图

（a）双向晶闸管型 Crowbar；（b）带旁路电阻的 Crowbar

5）变桨距技术。变桨距可使桨叶的节距角（气流方向与叶片横截面的弦的夹角）在 0°～90° 的范围内变化，以使风轮捕获的风能相对稳定，并保持在发电机容量允许的范围以内。风电机组的转速取决于风力机输入功率和风电机组输出功率之差，电网电压骤降之后，若风轮的输入功率不变，由于风电机组输送至电网功率的减小，不平衡的功率将导致风电机组转速快速升高，此时应及时增大桨叶节距角以减小风力机的输入功率，从而阻止机组转速上升，即实行变浆距控制。

（2）光伏电站故障穿越技术。现行的国家标准指出，大型的光伏并网系统应该具备低电压穿越能力。光伏低电压穿越能力是指当电网故障或电压扰动引起光伏电站并网点电压短时骤降时，光伏电站能够不脱离电网，甚至能够向电网输送一定量的无功功率支撑并网点电压，直至电网电压恢复正常。光伏电站并网点电压跌落会引起并网逆变器直流侧电压和交流侧电流突增。直流侧电压增加幅度较小，在逆变器可承受范围内，可以不予考虑，而交流侧电流会激增至额定电流的数倍甚至更多，若不加以限制将会引发光伏逆变系统停机保护，甚至会严重威胁电网的安全稳定运行，因此研究光伏并网系统的低电压穿越技术具有极其重要的现实意义。

目前世界各国光伏电站低电压穿越标准如图 5-5 所示，当电网发生不同类型故障时，若光伏电站并网点电压跌落至图中所示电压轮廓线以上区域，则光伏电站应保证不脱离电网；若并网点电压跌落至图中所示电压轮廓线以下区域时，则允许光伏电站脱离电网。

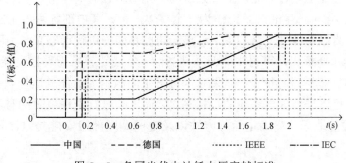

图 5-5　各国光伏电站低电压穿越标准

相对于已经较为成熟的风电并网系统低电压穿越技术,光伏并网低电压穿越技术还较为初级,不过考虑到光伏并网系统与风电并网系统在很大程度上具有相似性,因此可以借鉴风电方向这一领域的控制技术,如无功发生控制、矢量控制以及储能控制等。然而,由于光伏系统中没有惯性转动部分,因此具体技术的应用还应结合光伏系统的实际情况。目前在光伏并网系统中应用较为成熟的低电压穿越控制策略是对逆变器交流侧电流进行限幅,这一技术虽然能够保证光伏电站在电压跌落时维持并网运行,但却没有充分利用光伏电站的资源,而无功发生策略则可以很好地解决这一问题,除此之外,有功电流和无功电流之间的协调控制也有待进一步的研究。

### 5.2.3 高渗透率下可再生能源发电基地控制能力聚合与指令分配

**1.** 可再生能源发电基地控制能力聚合

目前,大多数可再生能源基地都保持单位功率因数运行,即不与外界进行无功功率交换,但是随着未来电力系统可再生能源渗透率越来越高,受可再生能源出力波动性影响,含可再生能源电力系统稳定问题尤其是电压稳定问题将越来越突出,可再生能源基地作为系统的一种有功/无功电源有必要参与系统的频率/电压状态控制。一般而言,可再生能源基地的有功输出不参与系统调节,而是工作于最大功率跟踪状态以保持最大的可再生能源利用率;可再生能源基地的无功电压调节手段主要有以下 3 种:

(1)有载调压变压器分接头调节。国内外主流的可再生能源基地升压变压器均采用有载调压变压器(OLTC),分接头切换可手动或自动控制,通过调节变压器变比来调节并网点的电压,根据电网调度部门的指令统一控制。

(2)无功补偿装置调节。可再生能源基地的无功补偿装置一般采用可以自动投切的电容器组(可再生能源基地送出线路充电功率较大时还需要补偿电抗器组),部分可再生能源基地还采用了无功补偿特性更好的静止无功补偿器(SVC 或 STATCOM),以上几种无功补偿装置均可根据控制点母线电压运行情况实现自动调节。

(3)可再生能源发电单元无功出力调节。可再生能源发电单元一般通过电力电子变换器并网,可以实现有功、无功的解耦控制,因此可在不影响有功控制的前提下具备一定的无功调节能力。

由此可见,可再生能源基地是具有一定的无功控制能力的,如果将这种无功电压控制能力加以量化,即可作为电网调度部门调度时的一个参考信息,使得可再生能源基地参与到系统的无功调度中去,对于提升整个系统的安全可靠性有着十分积极的作用,应用模式如图 5-6 所示。将可再生能源基地作为一个整体,考虑其内部各可再生能源发电单元出力波动、馈线潮流以及各种安全约束,对其无功控制能力进行动态聚合。可再生能源基地无功备用的概念由此提出,可再生能源基地当前运行点距离其无功控制能力极限的程度,可由无功备用这一指标进行衡量,如果对于可再生能源基地的任意运行状态,可确定其无功备用水平,则可以据此评估系统的稳定裕度,而无须进行繁琐耗时的时域仿真分析。这对于可再生能源基地运营商确定运行方式以及电网调度部门安排发电计划而言有着十分重要的指导意义。

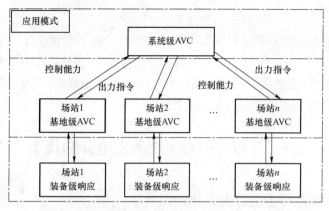

图 5-6 可再生能源发电基地控制能力聚合应用模式

可再生能源基地内部包含若干台可再生能源发电单元和无功补偿装置,因此可再生能源基地的无功控制能力取决于其内部各个无功源的无功出力水平。然而,由于每个无功源的物理位置和控制特性都不相同,因此并不能将各个无功源的无功控制能力简单叠加以此作为可再生能源基地整体的无功控制能力。为了能够准确评估可再生能源基地的无功控制能力,一般做法是将无功控制能力的聚合评估过程转换为以下所示的安全约束最优潮流问题(SCOPF),其优化目标函数即为可再生能源基地无功控制能力的上下限。

$$Q_{\mathrm{WF}}^{\max} = \max_{q_i, q_{\mathrm{cp}}} Q_{\mathrm{pcc}}$$

$$Q_{\mathrm{WF}}^{\min} = \min_{q_i, q_{\mathrm{cp}}} Q_{\mathrm{pcc}}$$

$$f_{\mathrm{PF}}(p_i, q_i, q_{\mathrm{cp}}, p_{ij}^l, q_{ij}^l, v_i, \delta_i) = 0$$

$$h_{\mathrm{safe}}(p_i, q_i, q_{\mathrm{cp}}, p_{ij}^l, q_{ij}^l, v_i, \delta_i) \leqslant 0$$

$$(i = 1, 2, \cdots, n; j = 1, 2, \cdots, n)$$

式中:$f_{\mathrm{PF}}$ 和 $h_{\mathrm{safe}}$ 分别为优化问题的潮流约束和安全约束,通过求解该 SCOPF 问题,即可得到可再生能源基地无功控制能力的聚合评估结果。

**2. 可再生能源发电基地控制指令分配**

目前,对于可再生能源基地系统类似或相关控制系统的研究所采用的控制指令分配结构可以分为集中式控制结构、对等式控制结构和分层式控制结构 3 类。其中,又以分层式控制结构最为常见,也最为适合多可再生能源基地所组成的基地集群系统。根据多可再生能源基地集群系统的一般性拓扑结构,可将控制框架划分为 3 个层次,即自上而下分别为系统控制层、基地控制层和装备控制层。

(1)系统控制层。系统控制层的主要任务是结合可再生能源发电功率预测、负荷预测、联络线计划以及系统备用等信息,进行能量管理和系统级的协调优化控制,根据经济运行目标以及系统安全约束设定各基地的控制指令参考信息,实现多可再生能源发电基地系统的全局优化和能量管理。

(2)基地控制层。基地控制层根据上层分发的指令信息,结合自身内部各组件运行状态,考虑经济性和安全性要求,在满足各种运行约束条件的前提下,寻找一组最优的指令分配序列，进而完成这一层的指令分发工作。

（3）装备控制层。装备控制层控制对象为各个电力电子电源的接口变流器，通过功率控制环、电压电流控制环以及可能存在的虚拟阻抗控制环，使其注入电网的电流满足并网要求。一般而言，这一层的控制内容包括电网平衡和不平衡状态下变流器的电流特性优化以及相关的谐波补偿、谐振抑制以及环流控制等。

# 5.3　分布式可再生能源发电并网技术

## 5.3.1　分布式可再生能源发电并网评估

**1. 分布式发电系统概述**

分布式发电指在用户现场或靠近用电现场配置较小的发电机组（一般低于 30MW），以满足特定用户的需要，支持现存配电网的经济运行，或者同时满足这两个方面的要求。这些小的机组包括燃料电池、小型燃气轮机、小型光伏发电、小型风光互补发电或燃气轮机与燃料电池的混合装置。由于具有靠近用户的特性，分布式发电并网的可靠性和电能质量得以大幅度提升，在公共环境政策和电力市场的扩大等因素的共同作用下，分布式发电逐渐成为未来重要的能源选择之一。

根据所使用一次能源的不同，分布式发电技术可分为基于化石能源的分布式发电技术、基于可再生能源的分布式发电技术以及混合分布式发电技术。

（1）基于化石能源的分布式发电技术。基于化石能源的分布式发电技术主要有往复式发动机技术、微型燃气轮机技术以及燃料电池技术 3 种类型。

（2）基于可再生能源的分布式发电技术。基于可再生能源的分布式发电技术主要分为分布式风力发电技术和分布式光伏发电技术，其技术原理与本书第 2 章所介绍的大规模风电/光伏发电系统基本相同，只是在组网方式、接入模式以及控制方式方面存在一些差异。

（3）混合分布式发电技术。通常是指两种或多种分布式发电技术及蓄能装置组合起来，形成复合式发电系统。目前已有多种形式的复合式发电系统被提出，其中一个重要的方向是热电冷三联产的多目标分布式供能系统，通常简称为分布式供能系统。其在生产电力的同时，也能提供热能或同时满足供热、制冷等方面的需求。对于中国大部分地区的住宅、商业大楼、医院、公用建筑、工厂来说，都存在供电和供暖或制冷需求，很多都配有备用发电设备，这些都是热电冷三联产的多目标分布式供能系统的广阔市场。与传统的供电系统相比，分布式供能系统可以大幅度提高能源利用率、降低环境污染、改善系统的热经济性。

总体而言，如果说电力市场化是电力行业的重大改革，那么分布式发电可认为是电力行业的重大技术改革，两者共同作用将使未来世界的电力行业呈现全新的面貌。随着电力体制改革的发展，分布式发电可为一些用户提供一种"自立"的选择，使其更能适应易变的电力市场。此外，由于分布式发电设施的安装周期短，不需要现存的基础设施，而且与大型的中央电站及发电设施相比总投资较少，因此在电力竞争性市场建立后分布式发电的作用将会日益明显和重要，从而可与现有电力系统结合形成一个高效、灵活的电力系统，提高整个社会的能源利用率，提高整个供电系统的稳定性、可靠性和电能质量。

随着我国经济建设的飞速发展，集中式供电网的规模迅速膨胀，这种发展所带来的安全性问题不容忽视。由于各地经济发展很不平衡，对于广大经济欠发达的农村地区来说，特别是农牧地区和偏远山区，要形成一定规模、强大的集中式供配电网需要巨额的投资和很长的时间周期，能源供应严重制约这些地区的经济发展。而分布式发电技术则刚好可以弥补集中式发电的这些局限性。因此，分布式发电技术作为集中供电方式技术不可缺少的重要补充，将成为未来能源领域的一个重要发展方向。

**2. 分布式可再生能源发电并网能力评估**

对于分布式可再生能源发电项目，在新的电力行业发展形势下，需要合理评估我国发展分布式可再生能源发电项目的潜力，有效识别分布式可再生能源发电项目的发展竞争优势，科学探讨分布式可再生能源发电项目同传统发电项目和集中式可再生能源发电项目之间的竞争与合作关系，从而进一步开展针对分布式可再生能源发电项目竞争力的系统研究。这一评估过程具有非常重要的理论意义和实践意义，在理论意义方面，开展分布式发电项目竞争力及相关内容的研究，对于电力行业传统竞争力理论体系将会形成有效补充，从项目竞争力层面对电力产业竞争力和企业竞争力理论体系进行丰富、完善和拓展，使电力行业竞争力研究从产业和企业层面具体落实到项目竞争力层面，为政府、行业、企业制定分布式发电项目发展规划、分析分布式发电项目建设效果、分析分布式发电项目竞争优势等方面提供了理论基础；在实践意义方面，随着我国分布式发电项目成功经验的积累，推广分布式发电项目势在必行，如何在新一轮电力市场改革中利用好分布式发电项目具备的竞争优势，满足日益增加的电力消费需求、完成任务紧迫的节能减排目标、探索尚不明朗的项目发展路径，都将为我国分布式发电项目具体工作提供决策依据和实践参考。

基于分布式可再生能源发电项目竞争力基本内涵，可以从投资盈利能力、生产运营能力、电网协调能力、节能减排能力、持续发展能力和社会服务能力 6 个基本能力出发，构建分布式可再生能源发电项目竞争力评估维度。

（1）投资盈利能力。投资盈利能力主要考察分布式发电项目投资获得收益的能力，侧重于从传统财务评估指标和技术经济评估指标进行评估。具体评估指标包括财务净现值、内部收益率、静态投资回收周期、净资产收益率、总投资收益率。

（2）生产运营能力。生产运营能力主要考察分布式发电项目保障自身稳定生产的能力，侧重于从技术效益层面进行评估。具体评估指标包括机组装机容量、年均发电量、年均等效满负荷利用小时数、单位电量运维费、系统转化效率、电能质量达标率。

（3）电网协调能力。电网协调能力主要考察分布式发电项目在自身稳定生产并获得效益的同时，保障与电网系统协调发展的能力，具体从电网系统技术层面考察分布式发电项目并网后，项目对电网系统稳定性、安全性和可靠性等方面的影响。具体评估指标包括年度并网电量、储能设备极限容量、电网可接入电源极限容量、系统负荷裕度、网络损耗率。

（4）节能减排能力。节能减排能力主要考察分布式发电项目自身节能减排技术参数，侧重项目对环境效益的影响。具体评估指标包括年度节煤量、年度污染物减排量、年度空气质量达标天数增量。

（5）持续发展能力。持续发展能力主要考察分布式发电项目是否具有持续成长的能力，是否在项目成长、电网影响、用户影响层面都具有一定的发展空间。具体评估指标包括项目经济增加值、关键技术研发投入增速、当地电力用户负荷增速。

（6）社会服务能力。社会服务能力主要考察分布式发电项目对社会效益的影响，从促进就业、促进经济增长、促进能源结构优化方面考虑。具体评估指标包括项目提供就业岗位数量、当地 GDP 增长速度、清洁电能消费增量贡献度。

### 5.3.2 分布式可再生能源消纳技术

**1. 分布式可再生能源接入影响分析**

目前，大多数的分布式可再生能源都是以配电网接入的形式进行并网发电的，这是由其分布式的特性决定的。考虑到可再生能源接入技术交直流变换环节较多，降低了并网效率以及接入的便捷性，另外配电网互联互济和柔性调控能力也通常不足，因此分布式可再生能源的大量接入往往会对原有配电网系统产生一定的影响，这很大程度上限制了分布式可再生能源的充分消纳和高效利用。

（1）分布式可再生能源接入对电网潮流影响。传统配电网的潮流分布通常是单向的，而分布式可再生能源接入后不可避免地影响整个配电网的潮流分布，甚至可能会出现双向潮流，从而增加了控制系统的复杂性。因此，在规划阶段就应该事先计算考虑最不利条件下分布式可再生能源接入的电网潮流分布，找到目前电网的薄弱点，提出相应的规划方案。

（2）分布式可再生能源接入对电能质量的影响。分布式可再生能源具有可再生能源所具有的随机性和波动性等不确定性特征，接入电网后会对电能质量造成的影响包括电压偏差、电压波动、电压闪变、谐波、频率偏差、三相不平衡等多个方面。因此，在规划阶段需要考虑分布式可再生能源接入对于电能质量的影响，提出合理的无功补偿、谐波处理等方案，在规划阶段解决电能质量问题。

（3）分布式可再生能源接入对电网安全性的影响。电网的安全性是最需要考虑的因素之一。大规模的分布式可再生能源接入会增加电网的复杂性，对电网的安全、稳定造成影响。例如风电场的低电压穿越问题、光伏发电的孤岛问题都是应该考虑的。在规划阶段需要仿真计算分布式可再生能源接入后电网的安全性与稳定性，如果不能满足，则需要通过规划方案进行解决，保障电网安全、稳定运行。

**2. 分布式可再生能源消纳技术**

（1）分布式可再生能源接入规划。对原有配电网中引入分布式电源后，配电网系统的规划问题是一个多目标优化问题，根据配电网的实际情况，需建立多个目标函数，并以它们为前提配电网中的分布式电源的配置进行规划。分布式可再生能源接入规划模型是在含分布式电源的配电网网架基础上建立的，其目标是使得配电网系统的综合投资最小，在经济上达到最优的效果。但若使综合投资最小，需要考虑线路成本、有功网损等多个目标因素。针对配电网中分布式电源规划中的所存在的多目标的问题，需要建立一个多目标的优化模型。常用的多目标优化方法有权重法、理想点法、层次分析法等等，其中，权重法是求解多目标优化问题中较为常用的方法。对于多个目标的优化问题，权重法认为每个目标都有着自己的一个相应的权重，将这些目标函数与其相应的目标的函数值乘积之和作为优化问题的综合的目标函数。

确定多目标函数之后，还需要结合一系列需要满足的约束条件，如系统内的节点电压、系统支路电流等，同时为应对紧急事故对分布式电源需具备一定的容量基础。针对诸如此类的规划模型同样存在数学规划方法、智能算法以及混合算法等多种求解手段。总之，研究人员可以根据实际规划模型的不同特性合理选择最佳的求解算法。

（2）分布式可再生能源协调控制。传统大电网的刚性控制代价大，难以适应于大规模分布式可再生能源接入系统；此外分布式可再生能源基地中设备的异构性、分散性和可控能力的时变性特点，决定了其对电网的支撑能力有限。如何利用分布式可再生能源发电单元的有限可控性，实现不同场景下多装备、多单元间的协调，从而提升分布式可再生能源接入系统的消纳能力是需要研究的关键技术。一般情况下，分布式可再生能源发电单元控制结构如图 5-7 所示，基于该单元控制结构，由下至上形成了从单个发电单元的自适应控制，到多发电单元的协调控制的分布式可再生能源协调控制框架，这方面的研究工作主要围绕稳定性分析和协调控制算法两方面进行展开。

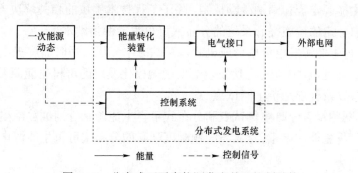

图 5-7　分布式可再生能源发电单元控制结构

1）协调控制系统稳定性分析。基于分布式协同控制的电力系统是典型的物理信息系统（CPS），由于存在物理系统与信息系统的深度融合，其稳定性分析通常也较为复杂。目前工程领域常用的稳定性分析理论有李雅普诺夫稳定性理论以及压缩映射理论等。

a. 李雅普诺夫稳定性理论。令 $x=0\in B_h$ 为动态系统 $\dot{x}=f(x)$ 的平衡点，如果存在连续可微函数 $V:B_h\to \mathbf{R}^+$ 满足：

a）$V(0)=0,\ V(x)>0,\ \forall x\in B_h/\{0\}$；

b）全导数 $\dot{V}(x)\leqslant 0,\ \forall x\in B_h$。

则称 $V(x)$ 为李雅普诺夫函数，平衡点 $x=0$ 是李雅普诺夫稳定的。

b. 压缩映射理论。对动态系统 $\dot{x}=f(x)$，其中 $x=(x_1,x_2,\cdots,x_n)$。如果状态变量偏差 $\delta(t)\triangleq \max_i x_i - \min_i x_i$ 满足：当 $\delta(t)=0$ 时 $\dot{\delta}(t)=0$，当 $\delta(t)>0$ 时 $\dot{\delta}(t)<0$，则该系统是稳定的，且各状态量 $x_i$ 趋于一致。

2）协调控制算法。针对分布式动态系统的协调控制算法，主要集中于动态平均一致算法、梯度/次梯度一致算法以及事件触发一致算法等领域。

a. 动态平均一致算法。传统的静态平均一致算法当节点状态发生改变时，需要重新对均值估计状态进行初始化，以便其能够收敛至新的平均值。而动态平均一致算法能够避免重复初始化，使各节点的均值估计状态实时追踪各节点时变输入状态的均值。

b. 梯度/次梯度一致算法。梯度/次梯度一致算法常用于分布式求解优化问题。对于优化目标函数 $\sum_{i=1}^{n} f_i(x)$，其中 $f_i: \mathbf{R}^n \to \mathbf{R}$ 表示仅对节点 $i$ 已知的成本函数，$x \in \mathbf{R}^n$ 是决策变量。在节点 $i$，令 $x_i \in \mathbf{R}^n$ 表示对最优解的估计，通过一致性算法，使各 $x_i$ 趋于一致，同时以 $f_i$ 的梯度/次梯度作为反馈，使 $x_i$ 向最优解收敛。

c. 事件触发一致算法。与集中控制模式相比，分布式控制模式能够有效节约通信带宽。然而，随着网络控制系统中受控节点数量增多，通信网络中传输的信息量仍然十分可观。同时，在信息的处理和传输过程中，难免存在延时误差，这一点在经典的一致算法中并未考虑。为此，学术界提出了事件触发一致算法的概念：在各节点 $i$ 分别定义触发事件 $g_i(\bullet) > 0$（例如节点的实时状态与前次触发时的节点状态误差足够大），并在事件触发瞬时向 $N_i^+$ 发送其最新状态。事件触发一致算法不仅降低了各节点的通信频率，而且打破了对各节点同步通信的要求，从而可以进一步节省通信带宽，提高算法性能。

（3）可再生能源定价和消纳激励机制。除了工程技术领域的相关解决方案，在市场机制方面也可采取一定的措施提升系统的分布式可再生能源消纳水平。

1）完善可再生能源发电价格形成机制，跟踪成本变化，适时适度提高新建可再生能源发电项目补贴强度，对风电、光伏发电等实现规模化发展的可再生能源发电，扩大招标定价范围和规模以及开展平价上网试点。

2）开展上网侧峰谷分时电价试点和分布式可再生能源就近消纳输配电价试点，鼓励各类用户消纳可再生能源电量，建立与配额制度配套的分布式可再生能源电力证书及交易机制。

3）完善分布式可再生能源消纳补偿机制，在现货电力市场完全建立前，合理界定辅助服务的范畴和要求，将辅助服务费用纳入电网购电费用，或者作为电网系统平衡成本纳入输配电价中。对跨省跨区输电工程开展成本监测和重新核定输电价格，在发电计划完全放开前，允许对超计划增量送电输电价格进行动态调整。

### 5.3.3 储能辅助分布式可再生能源并网技术

**1. 储能辅助技术概述**

为了提高大规模可再生能源并网后电网的运行稳定性和经济性，各国的电网公司都制定了相应的可再生能源并网导则。对可再生能源并网的技术规定主要包括有功功率与频率控制、无功功率与电压控制、故障穿越控制等方面。可再生能源并网功率的强波动性和高不确定性会影响系统有功功率平衡与电网频率稳定，因此根据系统发电单元的技术特性和输电网络的结构特点确定可再生能源有功功率控制指标和频率响应特性十分有必要。由于可再生能源发电单元往往处于电网末端，有功功率的波动性也加剧了并网点及区域电网无功控制的难度。同时在电网发生故障时，可再生能源发电单元为了保护自身器件的安全，容易发生连锁脱网，从而加剧系统故障造成的影响，加大系统故障后恢复的难度。因此需要根据电网实际情况，制定相应的无功功率控制和故障穿越控制的技术规定。

这些并网技术规定成了可再生能源发电设备制造技术不断发展提高的动力。但是无论如何,可再生能源发电单元自身的并网控制能力总还是存在一定的局限性,难以满足日益提高的并网要求。针对这个问题,近年来快速发展的储能技术提供了新的技术方案。根据前文所述,储能系统具有控制灵活、响应快速的特点,能够根据需要控制输出功率的四象限运行,即单独控制有功功率和无功功率,为可再生能源并网控制提供功率和能量的支持。主要体现在以下几个方面:

(1)有功功率与频率控制方面,在可再生能源出现较大预测偏差或剧烈爬坡事件时,利用有限容量的储能系统实现最大限度的并网功率控制是一个重要的研究方向。同时,利用功率型储能技术改善可再生能源发电频率响应特性、提高系统频率稳定性,具有较为广阔的应用前景。

(2)无功功率与电压控制方面,利用储能系统四象限运行的特点,对配置的储能系统进行复用,在电网出现无功缺额和电压波动时,辅助分布式可再生能源发电系统实现无功功率控制。

(3)故障穿越控制方面,利用储能系统实现电网发生故障时可再生能源发电单元内部的能量平衡,避免高转速、过电压、过电流对其内部器件造成损害,使可再生能源发电单元保持安全并网运行。

**2. 储能辅助分布式可再生能源并网技术**

(1)储能辅助风电有功功率与频率控制技术。目前,对风电功率进行控制的方法主要有风力发电改进控制和储能系统辅助控制两类。根据风电场自身的技术特性,通常以利用桨距角控制和停机等手段降低当前有功功率为主。与风力发电改进控制相比,储能系统能够通过灵活控制吸收或释放功率实现对风电场有功功率的控制,且不需要改变已并网的风电机组控制方式。

为了控制风电并网功率的波动性和不确定性,储能系统需要在实时功率和可用容量两个方面满足控制要求。对于短时间尺度、大功率幅值的风电功率波动,储能系统需要提供响应快速、功率较大的交换功率。功率型储能技术具有功率密度高和响应速度快的特点,适用于风电有功功率短时控制。而当风电发生剧烈的爬坡事件时,储能系统需要在较长时间内持续吸收或释放功率,此时储能系统必须能提供一定的可用容量以满足控制要求。能量型储能技术具有较高的容量密度、较长的额定功率充放电时间,可提供充足的能量满足风电爬坡事件期间的有功功率调节需求。因此,多类型储能系统协调互补,共同解决风电并网有功功率控制问题成了一种研究趋势。

在实现有功功率辅助控制时,储能系统的安装位置可分为两种。一种是最普遍的方式,为将储能系统通过 DC/AC 电力电子变流器连接至风电场并网点(PCC),以实现储能系统与风电场的联合输出功率满足电网的并网导则技术规定;另一种是将储能系统连接至双馈感应风机(DFIG)背靠背变流器中的直流母线上。由于电化学储能主要以直流形式进行充放电,因此该方式仅需要通过 DC/DC 变流器即可实现储能系统对风电有功功率的调节控制。

(2)储能辅助风电无功功率与电压控制技术。随着风电开发规模的不断扩大,风电场无功功率的波动对局部地区电压稳定、无功平衡的影响日益增大。对风电场无功功率的传统控制手段主要包括无功补偿电容器、静止无功发生器、静止无功补偿器、静止同步补偿器、风机无功功率控制、风电场变压器分接头调整以及多种手段协调控制等。储能系统具有灵活的四象限运行特性,可根据需要快速灵活地进行双向无功功率、双向有功功率交换。可以将储能系统与传统的无功补偿设备相结合,以提高风电场无功功率的控制能力。

未来研究的趋势之一是将风电场中配置的储能系统进行有功功率控制和无功功率控制相结合的复合控制,根据风电场和电网不同运行状态和故障状态下的控制需要,协调储能系统的有功功率输出和无功功率输出。这种应用方案可以进一步提高储能系统的利用效率,从而降低单一应用储能的经济成本。

(3)储能辅助风电故障穿越控制技术。以低电压穿越(LVRT)为例,风电机组实现低电压穿越(LVRT)运行的基本要求包括:① 确保风电机组各部件安全、可靠地不脱网持续运行;② 充分利用机组的功率容量向电网提供无功功率支撑。双馈感应风力发电机(DFIG)实现低电压穿越最常用的方法是采用电阻短接转子绕组来旁路转子侧变流器,为转子侧的浪涌电流提供一条通路,即撬棒电路。撬棒电路将电压穿越过程中直流环节上过剩的能量通过卸荷电阻进行消耗,但存在效率较低,系统发热增加,造成散热设计困难等问题。且撬棒电路投入后,转子侧变流器闭锁,无法实现对 DFIG 的有功功率、无功功率控制。此时 DFIG 相当于一台传统的异步发电机,开始向电网吸收无功功率,会加剧电网电压的跌落,阻碍故障消除后电压的恢复。

在风电场配备储能系统,除在稳态运行中能平抑风电机组有功功率输出的波动外,在电网发生故障时还能增强风电机组的故障穿越能力。通过储能系统将多余的能量存储起来,可以快速地控制直流母线电压,实现风机的低电压穿越,同时在故障后将吸收的能量逐渐释放到电网中,避免了能量的浪费。常见的辅助风电故障穿越的储能类型包括超级电容储能、飞轮储能、电池储能、超导磁储能等。随着风电机组制造水平的不断提高,新型风电机组的低电压穿越能力也日益提高。储能辅助风电故障穿越控制的未来研究趋势主要包括以最小的成本改造原本不具备故障穿越能力的机组和改善风电机组高电压穿越能力等。

综上所述,储能辅助系统在分布式可再生能源发电并网控制中有着广泛的应用前景。除了储能技术自身的发展使其进一步降低成本外,探索更多的适用场景以扩大应用面、对储能系统进行多重功能复用用以提高其利用效率是未来研究的主要方向。

# 5.4 可再生能源发电的新型商业模式

## 5.4.1 现货市场与辅助服务市场

**1. 现货市场**

现货市场是促进可再生能源消纳的重要途径,通过市场手段最大程度消纳风电、光伏发电等波动性发电,在市场基础上对可再生能源给予度电补贴,适时改革可再生能源发电补贴机制,把可再生能源固定上网电价(FIT)转变为市场电价+溢价补贴(FIP)或差价合约机制(CFD),实现市场竞争机制与扶持政策的结合。目前欧美领先国家在日前、日内现货市场的基础上,普遍建成了 15、5min 的实时现货市场,通过市场手段最大程度消纳风电、光伏发电等波动性发电,在市场基础上对可再生能源给予度电补贴,例如西班牙实施的可再生能源溢价(FIP)和英国拟实施的可再生能源差价合约机制(CFD)。

现货市场采用分时电价机制,通过日前、日内或实时市场组织,交易时间更加贴近电力系统实时运行。中国新能源短期预测水平与国际基本相当,日前预测精度整体超过85%,超短期预测精度更高,有能力参与日前和日内现货交易,交易结果可物理交割。现货市场实际是边际成本竞争,可再生能源边际成本极低,通过现货市场可以实现优先发电。因此,现货交易是匹配可再生能源实际发电能力和体现边际成本优势的理想市场模式。国外可再生能源发达国家通常采用现货市场消纳可再生能源,在德国,灵活的现货市场机制帮助其实现了全国85%的电力消费来自可再生能源的记录。

为了响应国家深化电力体制改革的具体要求,充分发挥大电网优化资源配置的优势,国家电网公司于2016年展开了跨区现货交易机制的研究,起草了交易规则并搭建交易系统。经国家能源局批准,跨区域省间富余可再生能源电力现货交易试点(以下简称"跨区现货交易")于2017年8月18日开启。

根据国家能源局批复的交易规则,该交易试点由国家电力调度控制中心和北京电力交易中心组织,卖方目前是西北、西南(主要是甘肃、新疆、宁夏、青海、四川五省)电网内的可再生能源发电企业,买方可以是受端电网公司、电力用户、售电公司以及火电企业。考虑到受端市场成熟程度,试点初期主要由电网公司代理用户参与购买,市场购入价格与省内销售目录价格之间形成的价差空间由政府部门制定方案分配。

跨区域省间富余可再生能源电力现货交易定位是落实中长期外送计划、交易之外开展的富余可再生能源发电外送交易,是在送端调节资源已经全部用尽而可再生能源仍有富余发电能力、可能造成弃风弃光弃水时,充分利用跨区通道可用输电能力,用市场化方式组织开展的日前、日内跨区域外送交易。

参与交易的卖方主体全部为水电、风电和光伏等可再生能源发电企业,通过跨区域现货交易,充分利用通道资源和全网调节能力,提高电网整体可再生能源消纳水平。跨区现货交易市场体系如图5-8所示。

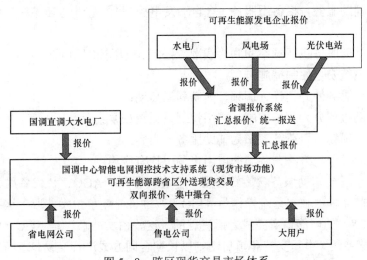

图 5-8 跨区现货交易市场体系

跨区现货交易采用考虑通道安全约束的竞价出清模式,买卖双方通过交易系统集中竞价、分级出清，在日前和日内两个时间维度开展。将卖方报价从低到高排序，将折算到送端的买方报价从高到低排序，报价最低的卖方和报价最高的买方优先成交，按照双方报价价差递减的原则依次出清。存在价差相同的多个交易对时，买卖方的成交电力按照交易申报电力比例进行分配。出清机制如图5-9所示。

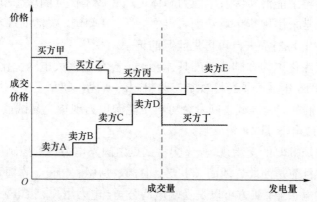

图5-9 可再生能源跨期现货交易出清机制

市场依次出清，直至买方或卖方申报电力全部成交，或买卖双方价差为负，或输电通道无可用空间，交易结束。若买卖双方之间的输电通道达到输电能力限值，视为相关买卖双方交易结束，但仍可以向其他区域市场主体买卖电。每个送端省最后一笔成交电量的买卖双方报价的平均值为系统边际电价，该省全部成交电量按照系统边际电价结算。

**2. 辅助服务市场**

辅助服务市场是相对于电能生产、输送和交易的主市场而言的。辅助服务是指为保证电力系统安全、可靠运行和电力商品质量，电力市场的成员为维护频率及电压的稳定而提供的服务。目前国际上，对辅助服务的分类方法较多，如：

（1）认为辅助服务包括备用服务（含自动发电控制）、无功/电压控制、系统恢复服务（含黑启动）；

（2）认为辅助服务包括频率和联络线潮流控制、电压控制和无功支持、系统的有功无功备用和其他系统安全控制措施；

（3）将辅助服务分为调峰、调频、无功和黑启动；

（4）将辅助服务分为频率控制、网络控制、系统恢复；

（5）将输电损耗、负荷管理归为辅助服务的内容。

上述辅助服务分类方法在各国的电力市场中均有应用。

美国电力市场的辅助服务含旋转备用、非旋转备用、AGC、替代备用、电压支持和黑启动。其中前4种由独立系统操作员（ISO）通过日前竞争拍卖获取，这些拍卖是在电力交易中心（PX）的电能拍卖完成之后进行的。这些拍卖的顺序是AGC、旋转备用、非旋转备用、替代备用。电压支持和黑启动则以长期合同方式进行交易。市场参与者分别提交备用容量报价和备用电量报价，成功的报价者不论其是否被调度，都将得到一笔备用容量费用，在备用容量被调度加载时，报价者还将得到一笔电量电费。

由于电源结构、电网结构、负荷分布和负荷特性的不同，不同的电力市场所需要的辅助服务种类和数量也不相同，所以没有一种辅助服务的分类可以适用于所有的电力市场，甚至在同一个电力市场中，所需要的辅助服务也会随着市场的变化而变化。这种变化包括上述电源和电网结构的变化、电力供需形势的变化，还包括市场运营规则的变化、监控技术的改进和市场运作过程中吸取经验的增加等。

2018 年 9 月 19 日，华东能监局发布了《华东电力调峰辅助服务市场试点方案》和《华东电力调峰辅助服务市场运营规则（试行）》的通知，华东电力调峰辅助服务市场拟于 2018 年 9 月底开展模拟运行，2019 年 1 月 1 日起正式运行。规则中定义调峰能力不低于额定容量 50%的 30 万千瓦以上燃煤机组、新投产电价市场化的抽水蓄能机组可作为市场主体参与，并适时考虑逐步扩大至其他具备规定调峰能力的发电电源。申报电力最小单位为 50MW，申报电价最小单位 1 元/kWh。

### 5.4.2　基于区块链的社区 P2P 模式

能源区块链项目主要集中在欧美国家，美国的加州硅谷以及纽约都聚集着大批能源区块链创业者。除了美国，欧洲尤其是德国也有不少能源区块链项目，德国对区块链技术整体持较为支持的态度，加上德国较为发达的分布式可再生能源，使得区块链在能源领域的应用十分有前景。

随着光伏电板技术的提升，越来越多的家庭部署了家用光伏发电设备，但是光伏发电设备安装成本较大，所产生的多余电力也未被充分利用，无论是对于家庭还是社区都是一种隐形损失。越来越多的家庭想要将自家的余电上网出售给其他用户，清洁电力来源也希望降低价格吸引更多用户。

受地域、经济等的限制，电力需求和电力供给之间的不匹配是一个长期以来存在的问题。智能电网能使这一问题得到有效解决，而区块链技术则是搭建智能电网的最优选择。通过电网的数字化、智能化、自主运行、自我优化，电力生产与消费都将更加精准化和精细化，资源利用将更加集约、高效，决策判断将更加具有前瞻性。

目前，大部分区块链能源项目都集中在 P2P 能源市场平台。区块链能源 P2P 交易是目前区块链在能源行业的主要应用场景，区块链的分布式特点，让电力生产者、售电部门和消费者可以实现“直连”，大幅度降低电力的交易成本，提升交易效率。能源的点对点交易如图 5－10 所示。

2016 年 4 月美国的能源公司 LO3 公司与西门子数字电网（siemens digital grid）以及比特币开发公司 consensus systems 合作，建立了布鲁克林微电网（brooklyn microgrid），该项目是全球第一个基于区块链技术的能源市场。这个微网项目实现了社区间居民的 P2P 电力交易（见图 5－11），允许用户通过智能电表实时获得发、用电量等相关数据，并通过区块链向他人购买或销售电力能源。这意味着，用户可以不需要通过公共的电力公司

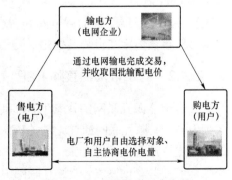

图 5－10　能源的点对点交易

或中央电网就能完成电力能源交易。此外，拥有如太阳能电池板等能源生产资源的公司，也可以通过微网将未使用的能源出售给社区。

LO3 能源的 exergy 平台的搭建主要为以下几方面：

（1）加密分布式账本技术：以防篡改的方式安全保存所有数据。

（2）可扩展智能合约：自动化处理所有交易流程。

（3）链上微网控制系统：高效管理微网电流和交易流。

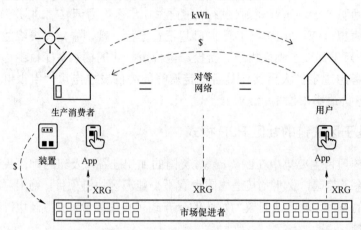

图 5-11  P2P 能源交易模式

区块链和微网的结合使得建筑物屋顶光伏系统供应商在布鲁克林能够将过剩电力回馈到现有的本地电网，并直接从购买者那里收到付款。区块链技术允许在多个参与系统和各种利益相关者之间进行透明、高效的交易，同时也把网格特定的要求考虑在内。

在纽约州，公共事业费用很高，比如财产和营业税、电线和变电站维护费用等。这些费用基本上都是来自用户在市场上的能耗支付所得。传统电网通常是以净耗电量来计算电费，而且消费者也没有任何选择权。相比于从中央电网购买电力，P2P 能源销售的优势在于价格更加便宜。而有些消费者——那些在自己屋顶上安装太阳能电池板的人，可以在区块链技术的帮助下出售自己没有使用过的多余能源。布鲁克林作为该项目的一个试点，将能够让社区电力的生产者和消费者之间进行基于区块链的本地能源交易，并平衡当地的生产和消费。

英国跨国公共事业公司英国森特理克集团（centrica）和德国工业制造公司西门子都投资了 LO3 能源。西门子旗下能源管理部门也将利用 LO3 能源公司的区块链技术，打算实施更多的基于区块链的微电网和智能城市项目，以测试其在其他业务模式下的运行情况，并获得该方案在世界其他地区是否具有可复制性的意见。

### 5.4.3  基于市场的直购 P2P 模式

在全球能源互联网的背景下，以风电、光伏为主的分布式可再生能源得到高度重视和大力发展。能源互联网通过先进的信息技术、控制技术和智能能量管理技术，将大量分散的发用电资源互联互通起来，能够最大限度地实现能量和信息的流动和互通，是能量对等交换与利益共享的网络。能源互联网中的分布式电源和灵活负荷具有地理位置分散化、利益主体差异化、技术种类多样化等天然属性特点，同时其通信并网技术条件也千差万别。

在我国电力体制改革不断推进的背景下,新型商业模式应更好地激发分布式发用电资源的自主交易积极性,并保证其公平、公开、合理性。而区块链技术的去中心化、透明性、公平性以及公开性与能源互联网理念相吻合,可在新型售电模式中作为底层技术基础,以搭建一个基于微网的公开透明、成本低廉的电能交易平台。

目前,国际上已经有大量的微网项目进入商业应用,但基于微网的 P2P 电能交易模式还处于起步阶段。近年来,欧洲、北美、大洋洲等地已经出现部分 P2P 电能交易的试点项目,从各种角度探索实现 P2P 直接进行电能交易的可能。目前,欧、美、澳洲部分 P2P 能源交易平台试点项目参见表 5-1。

表 5-1　　　　　　　　　　　　国际 P2P 能源交易平台试点项目

| 项目名 | 国家 | 时间 | 规模 | 交易模式 |
| --- | --- | --- | --- | --- |
| Pielo | 英国 | 2014 | 国家级 | 匹配距离最短的售电模式 |
| Vandebron | 荷兰 | 2014 | 国家级 | 传统交易平台 |
| PeerEnergy Cloud | 德国 | 2012 | 微网 | 利用云技术开展交易 |
| Smart Walls | 德国 | 2011 | 区域级 | 提供智能表接口的传统交易平台 |
| Yeloha Mosaie | 美国 | 2015 | 区域级 | 传统交易平台 |
| SonnonCommunity | 德国 | 2015 | 国家级 | 在线交易平台 |
| LichtblickSwarm | 德国 | 2010 | 社区级 | 提供综合能源服务 |
| Community First! | 美国 | 2015 | 区域级 | 面对低收入人群提供补贴 |
| Trans Active | 美国 | 2015 | 微网 | 基于 P2P 技术的综合服务平台 |
| Electron | 英国 | 2016 | 社区级 | 综合平台 |
| Fremantle | 澳大利亚 | 2016 | 微网 | 基于云技术的 P2P 交易模式 |
| ScanEnergy | 欧盟 | 2017 | 微网 | 利用 P2P 技术 |

P2P 电能交易平台的实质是虚拟的电子交易平台,分布式发电用户多余电量将就地平衡或储存在储能设备中,而平台运营商将其所提供电量记录在其用户平台账户中,用户之间可以使用账户余额直接抵扣用电量或与其他用户进行交易,实现用电需求和分布式能源发电的就地平衡。过程中,平台运营商定期或根据交易量收取服务费用。具备 P2P 交易能力的微网售电模式如图 5-12 所示。

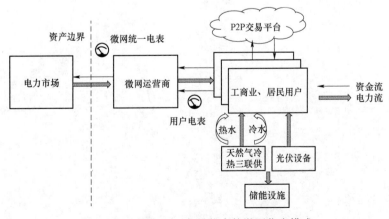

图 5-12　具备 P2P 交易能力的微网售电模式

  P2P 交易平台所依赖的区块链作为底层基础技术,其巨大潜力逐渐被金融行业、能源行业等领域所认可。尤其是在加速建设全球能源互联网的大趋势下,依托特高压和智能电网技术,区块链技术所具有的去中心化存储、信息高度透明、不易篡改等优势,能实现能源的数字化精准管理,对于重构电力交易的发展潜力极其巨大。

  在能源互联网背景下,建立由分布式能源如光伏发电主导的微网已经成为充分利用可再生资源,建立新型商业模式的重要途径。在国家能源局发布的《关于分布式发电市场化交易试点的通知》中也提出了建立一个分布式电力交易平台的必要性。在传统的能源电力行业,采用的是一种集中优化配置资源的方式,用户和用户、用户和供应者之间都存在很大程度的信息不对称性,分散化决策的困难较大,信息获取成本很高。同时,随着能源系统的规模越来越大,信息变化越来越快,获得整个系统的信息困难也越来越大,集中决策效率越来越低。在此背景下,P2P 电能交易平台可以使用户和供应者均可获取市场信息,降低了信息获取成本,分散化决策效率提升。能源互联网商业模式,将由集中式的整体平衡,向分散化决策、帕累托最优的局部微平衡发展。因此,新型售电模式的实施需要依托于这样一个信息对等、协同自治的 P2P 电能交易平台。

  目前,区块链技术在能源互联网领域应用较少,我国售电侧市场也才初步放开,相关技术应对方法也较少,相关管理措施还不够完善,仍然存在着巨大的不确定性,存在着一定的风险,需要逐步增加实践经验。另外,在这样一个高度自治化的平台中,更需要完善各种制度来规范用户行为,如制定对违反规则的用户进行惩罚的规章制度以及建立用户信誉系统等。

# 第6章

# 基于源-网-荷协调自愈的韧性输电网

## 6.1 智 能 变 电 站

进入 21 世纪以来，全球气候变化、能源短缺、经济发展以及电网安全运行的问题日益突出，这些都成为当前电力行业发展亟需面对和解决的问题。电力工业被赋予重要的社会责任，而智能电网成为世界电力工业发展的现实选择，如今已形成全球共识。

中国智能电网的发展规划最早由国家电网有限公司于 2009 年提出，其突出特征在于涵盖发电、输电、变电、配电、用电、调度和信息通信等领域。为更好地支撑智能电网发展，作为"变电"环节的智能变电站的发展规划随之被提出，并开展了一系列技术研究、产品研制、标准制定、工程建设、检测调试和运行维护等相关工作，为智能变电站工程的建设提供了保障。

"智能变电站"是指由先进、可靠、节能、环保、集成的智能设备组合而成，以高速网络通信平台为信息传输基础。自动完成信息采集、测量、控制、保护、计量和监测等基本功能，并可根据需要支持电网实现实时自动控制、智能调节、在线分析决策、协同互动等高级应用功能的变电站。依据国网科技部的计划，我国将计划建成具有智能顺控、智能巡检、智能预警和智能决策特点的第三代智能变电站示范工程。提升电网智能控制和协同互动能力，推动绿色环保的智能电网装备产业发展。

2016 年，国家能源局发布了行业标准《智能变电站技术导则》，对智能变电站进行了明确定义。其定义及内涵为：采用可靠、经济、集成、节能、环保的技术和设备，以全站信息数字化、通信平台网络化、信息共享标准化、系统功能集成化、结构设计紧凑化、高压设备智能化和运行状态可视化等为基本要求，能够支持电网实时在线分析和控制决策，进而提高整个电网运行可靠性及经济性的变电站。该定义作为智能变电站顶层设计，对智能变电站的发展思路和建设理念提出了系统性要求，为今后智能变电站的发展建设提供了指导。

### 6.1.1 智能变电站关键设备

新一代智能变电站对设备的智能化水平提出了较高的要求，模糊了传统意义上的一次设备和二次设备界线，对一次设备进行深度智能化，使设备具备测量、控制、监测功能，并在将来具备条件时可集成计量和保护功能。打破现有的一、二次设备的界限，实现开关设备的集成。根据新一代智能变电站的发展要求，智能设备在近期可采用综合智能组件技术路线，对设备进行深度智能化，即变电站关键设备采用"设备＋智能组件＋传感器"等模式实现变电站设备智能化，变电站各组件一体化设计、整体运输，现场模块化安装，实现现场间隔内部零接线，统一二次设备接口，统一信息模型，统一通信规约，实现设备的通用化、互换化、易维护。同时就地化综合智能组件 IED，采用一次设备集成的模式，实现开关设备的高度集成。就地化的智能组件柜通过符合 DL/T 860《电力自动化通信网络和系统》的以太网与站控层设备以及其他设备进行信息交互。

**1. 智能开关设备**

开关设备智能化是智能变电站的重要特征，是智能变电站区别于传统变电站的重要标志之一。作为变电站内最重要的电气设备，开关设备的智能化水平也直接体现了变电站的智能化程度。同时，隔离式断路器等关键智能化开关设备的研制及一次设备状态监测技术的深化研究是国家电网有限公司对新一代智能变电站推进变电站集成优化设计的重要体现，是深化研究顺序控制、智能告警等高级应用功能的重要基础。

智能变电站采用"开关设备＋智能终端＋传感器"的模式实现开关设备智能化，实现对开关设备的在线监测和状态检修，采用"常规互感器＋合并单元"模式实现信息采集数字化。

根据新一代智能变电站的发展要求，智能开关设备在近期可采用综合智能组件技术路线，对开关设备进行深度智能化，即开关设备采用"开关设备＋智能组件＋传感器"等模式实现开关设备智能化，组成开关设备各组件一体化设计、整体运输，现场模块化安装，实现现场间隔内部零接线，统一开关设备的基础、尺寸，统一二次设备接口，统一信息模型，统一通信规约，实现设备的通用化、互换化、易维护。同时就地化综合智能组件，采用一次设备集成的模式，实现开关设备的高度集成。就地化的智能组件柜通过符合 DL/T 860 的以太网与站控层设备以及其他设备进行信息交互。

智能化的开关设备按功能可分为开关设备本体、综合智能组件柜和监测分析系统 3 个部分：

开关设备本体的集成功能传感器，通过 RS485 或 CAN 总线将监测到的信息传送到对应的监测智能组件，并通过主智能组件上送到监测分析系统。

智能组件柜配置的监测智能组件包括监测主智能组件、局部放电监测智能组件、气体监测智能组件及机械特性监测智能组件。其具有信息分析功能，并能自动传输监测和报警信息至服务中心，也可根据需求配置智能终端或合并单元，完成开关设备的电流测量和控制，该类设备应支持直采直跳的功能。综合智能组件可采用就地集中式，具有信息分析功能并能自动传输监测和报警信息至服务中心，实现开关设备状态监测功能及专家诊断系统。同时，综合智能组件柜应采用智能温控型汇控柜，并就地安装，以满足智能组件室外长期运行要求，并能保证能够在恶劣环境或极端环境和变电站强电磁干扰环境下其内部智能组件装置安全可靠运行。

智能化的开关设备的监测分析系统，使用先进的智能在线监测系统，通过传感器、采集单元和通信互联，对开关设备的实施状态监测，从而实现检修维护的计划性，趋势预报及数据化管理。

**2. 新型互感器技术**

无源电子式电流互感器（OCT）因其测量原理是依据法拉第磁旋光效应或塞格奈克效应，故被称为光学电流互感器。

（1）磁光玻璃型电流互感器。磁光玻璃型电流互感器为依据法拉第磁旋光效应的电流互感器，其测量原理为：线性偏振光通过置放在磁场中的磁光玻璃材料后，偏振光的偏移角度正比于磁场平行分量的偏转。OCT 通过感知磁场而感知电流，该互感器具有输入无磁饱和现象、精度高、体积小等优点，但由于其光路复杂、加工工艺要求高，受环境温度和震动影响较大等问题，目前工程应用较少。

（2）全光纤型电流互感器。全光纤型电流互感器为依据赛格耐克效应的电流互感器，其测量原理为：在 1 个光路中，2 个对向传播光的光程差与其磁场旋转速度相关，且只与光路轨道的几何参数有关，而与旋转中心位置、轨道路径形状及折射率等无关。该互感器具有测量源头数据全光纤化特点，测量精度高，但因其加工工艺要求高，稳定性有待检验，所以目前工程应用较少。

无源电子式电压互感器（OVT）包括普克尔斯效应光电压传感器和逆压电效应光电压传感器。

（1）普克尔斯效应光电压传感器测量原理。普克尔效应测量原理为：一些透明电光的晶体在没有外加电压作用下为各向同性的晶体，但在电场作用下，晶体变为各向异性的双轴晶体，从而导致其折射率发生变化，并通过晶体的偏振光产生 2 束不同的线性偏振光的双折射效应，而晶体折射率与外加电压呈线性的关系，可通过晶体的折射程序来测量电压。

（2）逆压电效应光电压传感器测量原理。逆压电效应光电压传感器称为光学电压互感器，是基于普克尔效应和逆压电效应的互感器，其测量原理为：电场的变化使晶体材料内部的应力发生变化，导致晶体材料随外加电压的改变呈线性的伸缩，晶体从形状变化转化为对光信号的调制，此时检测光信号的变化即可实现对电场（电压）的测量。该互感器不受电磁干扰、无铁磁谐振、占地面积小、测量品质优良，但因对光的相位变化进行精确的测量非常困难，所以尚未有成熟的产品问世。

**3. 智能组件**

智能组件还可承担相关计量、保护等功能。根据智能组件实现的功能，智能开关设备中有 3 大类基本智能组件。

（1）状态监测智能组件。状态监测智能组件接收被监测开关设备本体传感器发送的数据，实现开关设备实时数据采集、筛选、分析及转换，并可将数据按 DL/T 860 上送给一体化业务平台中的综合应用服务器。状态监测智能组件通过传感器收集到运行过程中的实时信息、自动分析目前开关设备的工作状态，同时将信息上传至一体化业务平台中的综合应用服务器，为运维人员提供高压设备状态可视化和状态检修平台。

（2）智能终端。智能终端是与开关本体采用电缆连接，具备小信号接入功能能够实现对开关本体的绕组温度、开关次数等信息的监测；与保护、测控等二次设备采用光纤连接，实现对开关设备的测量和控制。

（3）合并单元。合并单元是用来对二次转化器的电流和/或电压数据进行相关组合，使电流和/或电压数据最终符合 DL/T 860 要求的物理元件。其主要功能是通过一台合并单元，汇集合并多个互感器的数据，取得电力系统电流和电压瞬时值，并以确定的数据品质传输到保护/测控装置以及智能组件中的测量智能组件；其每个数据通道可以承载若干台电流互感器和电压互感器的采样值数据。

### 6.1.2 IEC 61850 通信协议

IEC 61850 是由国际电工委员会（international electrotechnical commission）于 2004 年颁布、应用于变电站通信网络和系统的国际标准。作为基于网络通信平台的变电站唯一的国际标准，IEC 61850 吸收了 IEC 60870 系列标准和 UCA 的经验，同时吸收了很多先进的技术，对保护和控制等自动化产品和变电站自动化系统（SAS）的设计产生深刻的影响。它将不仅应用在变电站内，而且将运用于变电站与调度中心之间以及各级调度中心之间。国内外各大电力公司、研究机构都在积极调整产品研发方向，力图和新的国际标准接轨，以适应未来的发展方向。

IEC 61850 系列标准是国际上关于变电站自动化系统第一套完整的通信标准体系，自颁布以来，广泛应用在数字化变电站、智能变电站、新一代以及第三代智能变电站的建设中，目前已成为智能电网的核心标准之一。

IEC 61850 系列标准共 10 大类、14 个标准，以下主要介绍一下 IEC 61850 的特点：

（1）定义了变电站的信息分层结构。变电站通信网络和系统协议 IEC 61850 草案提出了变电站内信息分层的概念，将变电站的通信体系分为变电站层、间隔层和过程层 3 个层次，并且定义了层和层之间的通信接口。

（2）采用了面向对象的数据建模技术。IEC 61850 采用面向对象的建模技术，定义了基于客户机/服务器结构数据模型。每个智能组件包含一个或多个服务器，每个服务器本身又包含一个或多个逻辑设备。逻辑设备包含逻辑节点，逻辑节点包含数据对象。数据对象则是由数据属性构成的公用数据类的命名实例。从通信而言，智能组件同时也扮演客户的角色。任何一个客户可通过抽象通信服务接口（ACSI）和服务器通信访问数据对象。

（3）数据自描述。IEC 61850 定义了采用设备名、逻辑节点名、实例编号和数据类名建立对象名的命名规则；采用面向对象的方法，定义了对象之间的通信服务，比如获取和设定对象值的通信服务，取得对象名列表的通信服务，获得数据对象值列表的服务等。面向对象的数据自描述在数据源就对数据本身进行自我描述，传输到接收方的数据都带有自我说明，不需要再对数据进行工程物理量对应、标度转换等工作。因为数据本身带有说明，所以传输时可以不受预先定义限制，简化了对数据的管理和维护工作。

（4）网络独立性。IEC 61850 总结了变电站内信息传输所必需的通信服务，设计了独立于所采用网络和应用层协议的抽象通信服务接口（ACSI）。在 IEC 61850-7-2 中，建立了标准兼容服务器所必须提供的通信服务的模型，包括服务器模型、逻辑设备模型、逻辑节点模型、数据模型和数据集模型。客户通过 ACSI，由专用通信服务映射（SCSM）映射到所采用的具体协议栈，例如制造报文规范（MMS）等。IEC 61850 使用 ACSI 和 SCSM 技术，解决了标准的稳定性与未来网络技术发展之间的矛盾，即当网络技术发展时只要改动 SCSM，而不需要修改 ACSI。

第三代智能变电站自动化系统，在 IEC 61850 系统中，可视为站控层、间隔层和过程层 3 层，并对层级之间的 9 种接口进行规定。

（1）过程层主要进行与一次设备的配合，如开关量 I/O，模拟量采样和控制命令的发送等。典型设备为远方 I/O 设备，智能传感器和智能终端。

（2）间隔层主要包括线路保护和测控单元的控制设备，主要功能是利用本间隔的数据对本间隔的一次设备产生作用。

（3）站控层的功能主要有：利用各个间隔或全站的信息对多个间隔或全站的一次设备发生作用的功能；完成与远方控制中心、工程师站和人机界面的通信。典型设备为带数据库的计算机，人机工作站，远方通信接口等。

将传统的变电站综合自动化系统改造为基于 IEC 61850 的变电站是推广应用的一个重要组成部分，基于 IEC 61850 的智能变电站主要技术背景有：

（1）非常规互感器，基于罗柯夫斯基线圈和法拉第电磁感应原理的电子互感器，可以直接输出低压模拟量信号和数字信号。

（2）IEC 61850，国内外对该标准的研究已经进入到实用化阶段，并开展了相关的一致性测试。

（3）网络通信技术，相对成熟的网络技术在分层分布式变电站自动化系统已经使用了，是实现智能变电站的关键。

（4）智能断路器技术，实现对断路器的智能控制。

### 6.1.3　在线智能预警和智能决策技术

2012 年，国家电网有限公司发布了企业标准《智能变电站设计规范》。该标准首次定义了智能变电站应具有智能告警和故障信息综合分析决策功能："应建立变电站故障信息的逻辑和推理模型，实现对故障告警信息的分类和过滤，在故障情况下对包括事件顺序记录信号及保护装置、相量测量、故障录波等数据进行数据挖掘，对变电站的运行状态进行在线实时分析和推理，自动报告变电站异常并提出故障处理指导意见。"该定义初步明确了智能变电站应具有故障诊断和评估功能，但没有完全体现出智能变电站通信网络化、设备数字化、智能化之后对故障诊断和评估功能的新的需求。国外还未发现有相关机构开始对该项目类似内容的研究，国内部分科研机构已经制订相应的研究计划。

**1. 智能预警**

智能变电站警报信息较传统变电站更多、更复杂，如果这些警报信息直接上传调控系统，势必会使处理难度更大，且处理速度受到影响。因此，可在智能变电站级设置警报信息处理模块来完成各个变电站的警报处理，然后将处理过的警报信息再上送到调度端，减少调度人员的工作量，提高警报处理的准确性，也提高了效率。同时可为系统警报处理模块提供信息支持，为系统智能、准确的诊断提供可能。目前已提出的变电站故障预警方法主要有：基于多智能体（Multi – agents）的智能变电站预警技术、基于人工神经网络（ANN）的方法、基于信息融合的方法、基于 Petri 网的方法和基于 0 – 1 优化的方法。

（1）基于 Multi – agents 的智能变电站预警技术。智能体（agent）是指在一定环境下自主运行，包含信念、承诺、义务、意图等精神状态的实体，它具有自治性、反应性、能动性、连续执行性等基本特征。单个智能体的智能有限，通过适当的体系结构把智能体组织起来。从而弥补各个智能体的不足，使得整个系统的能力超过任何单个智能体的能力。这就是多智能体的基本思路。

多智能体技术的实现关键在于两个方面：一是代理之间的协作；二是对环境的适应。考虑到智能变电站警报处理及故障诊断系统需要处理海量数据，并与多个应用进行交互，根据智能变电站的体系结构及信息流和数据流的特征，提出基于多智能体的变电站故障诊断框架体系。该系统主要由通信智能体、维护智能体、诊断智能体等多个智能体间协调控制而完成。其中诊断智能体主要分为变电站级诊断、变压器元件诊断、断路器元件诊断、线路元件诊断、综合诊断等子智能体。各个智能体具有自己的通信、数据获取、维护或诊断判断等功能，拥有一定的独立性，而各个智能体之间相互协作、相互作用、完成智能变电站的故障诊断功能。

当变电站级诊断智能体和变压器、断路器、线路元件诊断智能体中至少一个被启动且存在故障诊断结果时，启动综合分析智能体，利用各个诊断子智能体之间的结果，结合规则库给出综合分析的最终结果。

（2）基于人工神经网络（ANN）的方法。人工神经网络（ANN）通过对动物神经网络行为特征进行模仿，并通过分布式并行信息处理来实现其应用。相对于专家系统处理方法而言，基于人工神经网络的警报处理方法具有学习能力强、鲁棒性好、容错能力强等优点。因此，人工神经网络技术也在电力系统警报处理中有广泛应用。目前人工神经网络在电力系统警报处理中的应用主要是警报元件识别和警报类型识别两个方面。

人工神经网络用于电网警报处理的过程为：首先选择一定量已知的警报样本，然后以警报信息作为输入，警报处理结果作为输出，通过学习和训练，最终得到特定的警报处理模型。警报处理模型可应用于实际的警报处理。

在警报处理过程中，人工神经网络与专家系统相比，不需构造知识库和推理机。但是人工神经网络方法应用的前提是需提前获取足够的样本供其训练、学习，而随着系统规模的扩大和联系的繁杂，使得在实际中很难获取完备的样本集供其训练。因此，该方法目前多用于中小型电力系统的警报处理。并且，人工神经网络方法在电力系统警报处理中一直存在一些问题难以解决，具体这些问题有：① 警报样本集的获取困难；② 算法收敛性不可靠；③ 解释自身行为和输出结果能力差。

（3）基于信息融合的方法。信息融合技术根据信息的冗余性及互补特征对多源数据进行综合处理，提取信息中的共性特征，形成对研究对象的一致性描述。通过冗余信息特征提取或逻辑关系获取，提高了信息处理的精度，从而可降低采样信息的不确定性。信息融合技术的研究工作主要是从多源信息获取及共性特征提取和多源信息融合方法改进两方面来进行的。

电网潮流信息和电网警报信息可以作为融合的多源数据，采用模糊积分的信息融合方法。通过对电网潮流指纹匹配度和 RBF 神经网络支路警报可信度的融合，以获取对应支路的警报度。通过建立警报潮流指纹库 FFFD，并将 PMU 采集特征点处的潮流指纹与之匹配，最终实现支路电网警报潮流指纹匹配。

（4）基于 Petri 网的方法。德国科学家 Caul Adam Petri 先生在其博士论文中首次引入了 Petri 网的概念，其后发展壮大并在许多科研领域都有其应用。Petri 网的研究目标是系统的组织结构和动态行为，重点模拟系统中可能发生的各种变化和变化间的关系，并且着重于变化的条件及变化对系统的影响。电力系统警报处理过程，是研究警报状态与警报行为间的逻辑关系，根据接收的警报信息来推理对应的警报状态。而 Petri 网用有向图状态转变或代数运算来表示系统元素间逻辑关系的这一过程与警报处理过程相符,因此能够用 Petri 网技术来进行电力系统的警报处理。

（5）基于 0-1 优化的方法。基于 0-1 优化的电力系统警报处理主要研究两方面的内容：一是解析模型的构建方法研究；二是目标函数的求解研究。相对于警报处理而言,0-1 优化的原理是根据保护动作原理及保护配置情况，结合信息间的时序性、误动或拒动情况来构建对应的解析模型，根据解析模型来生成待求解的目标函数，然后采用遗传算法、离散粒子群算法等来对目标函数求解，最终求得满足逻辑条件的最优解。其实现思想是提出一种警报假说，将警报间的逻辑关系描述为对应的期望，通过警报期望与警报假说差值分析来构建目标函数，然后引入数学算法求最优解。

**2. 智能决策**

变电站综合自动化比较复杂和繁琐,在变电站综合自动化中引入智能控制能够对变电站整体的运行状况进行控制。我国电力系统变电站中主要运用以下几方面的智能控制模块和技术，完善变电站自动化和智能化建设。

（1）模糊理论。模糊理论（fuzzy theory）是在模糊化的经典集合理论基础上，加以语言变量的模糊概念和近似推理的模糊逻辑，采用类似于专家系统的结构，形成的具有完整推理体系的人工智能技术。

模糊控制器针对变电站的自动化使用逻辑芯片进行智能化的控制和改进，从而能够满足模糊控制器的硬件需求以及变电站自动化系统对智能控制的要求,使变电站综合自动化中的智能控制准确度更加高，智能化程度提升。模糊控制器在变电站自动化中的智能控制一定要考虑硬件设备的影响，要尽量提高模糊控制器的灵活性，提高模糊控制器的普及程度。比如说，在数字控制器使用单片微机硬件系统，在模糊控制器中使用最基础的算法就能够改变变电站控制方法,结合其他不同种类的模糊控制器就能够实现变电站综合自动化中的智能控制的目标。

模糊控制的优势表现如下：

1）模糊控制理论在处理不确定性问题时具有独特的优势；

2）利用语言变量来表述模糊知识库中的专家经验，更符合人的表达习惯；

3）模糊理论可以得到多个可行的解决方案，并可以按照模糊度的高低进行优先度排序。

模糊控制也存在一些固有缺陷：

1）模糊系统通过搜索模糊知识库内的规则集来得出结论，所以面对比较大的系统时速度较慢；

2）改变变电站的结构或配置，模糊系统知识库以及相关规则的模糊度也要相应修改，所以模糊系统维护难，灵活性差；

3）模糊系统不具备学习能力，发生知识库中不具有的新故障时将无法处理。

总而言之，基于模糊理论的变电站故障分析决策系统，在处理不确定性信息的时候，在一定范围内提高了分析决策的准确性，但是它仍不能避免自身结构所导致的固有缺点。

（2）粗糙集理论。粗糙集理论（rough set，RS）的引入使得故障分析决策系统可以充分、高效地利用监控系统所采集的信息。RS 在变电站故障分析决策应用的基本思想是：利用 RS 整理变电站故障信息，形成不同类别的输入信息集合，将故障模式集合转换为 RS 的决策表，通过辨识函数和辨识矩阵确定故障模式的近似域，最后通过故障位置可信度排序给出决策结果。RS 适用于确定性信息处理方法，对于核心信息正确的故障信息，该方法的准确度很高，若核心信息有所缺失，必须采用其他方法推理判断得到故障集，如可以采用基于遗传算法的决策表求取方法来提高辨识速度并保证收敛性，使得这一方法的实用性大大提高。但该方法仍然存在一个最大的缺点，就是无法判断继电保护装置及断路器的拒动或误动。

## 6.2　韧性电网态势感知技术

韧性是衡量系统在出现严重扰动或故障情况下，是否可以改变自身状态以减少故障过程系统损失，并在故障结束后尽快恢复到原有正常状态的能力。1973 年，生态学家 Holling 首次将这个概念引入生态学研究领域。随后在 1996 年，他又将性区分为"生态韧性"和"工程韧性"两个不同概念。其中，后者的概念已被广泛应用于涉及人类和自然相互作用的多工程学科中，例如工程技术、组织行为、灾难管理和环境演变响应等。韧性可以定义为系统预防和适应变化条件，并且承受这些扰动及迅速恢复的能力。韧性包含了系统对蓄意攻击、事故或者自然灾害等的承受和恢复能力。

从广义上讲，在电力系统韧性的定义中，电网所遭受的冲击可能包括极端自然灾害、系统严重故障、人为破坏与恐怖袭击，甚至误操作等发生概率较小、而影响很大的事件。但现有研究大多关注较为狭义的电力系统韧性概念，即极端自然灾害下电网的应对情况。因此，本文中的电力系统韧性将特指其较为狭义的概念，但所综述内容对其广义概念同样适用。

### 6.2.1　状态感知技术

随着电网互联程度的加深，电网的整体安全性也受到更严重的威胁，特别是电网过渡期安全运行难度大。21 世纪以来，全球范围内发生了多次大停电事故，如 2003 年"美加大停电"、2006 年"西欧大停电"、2018 年"巴西大停电"等。以上大停电事故，都向电力行业提出了如何更好地掌控大型互联电网这样一个严峻的问题。电网规模的日益扩大以及智能电网建设的逐步深入，大量数据涌入调度控制中心。如何使电网运行管理人员从繁杂和海量的数据中提取有效信息、把握电网的运行态势，进而有效掌控电网的运行，已成为智能电网调度控制系统建设的挑战之一。

态势感知（situational awareness，SA）是指在一定的时空范围内，认知、理解环境因素，并且对未来的发展趋势进行预测。态势感知技术已在航天、军事、核反应控制、空中交通监管以及医疗应急调度等领域被广泛研究应用，在我国电力系统主要应用于调度领域和配电自动化领域。随着电力市场管理系统（MMS）、能量管理系统（EMS）和配电管理系统（DMS）在电网中的运用，对多数据源、大数据量及复杂系统状况的掌控成为智能电网自动化系统的新课题。国外采用了在军事和网络安全等领域成功应用的态势感知技术，结合可视化技术和电网自动化系统的高级应用功能，实现了从感知、理解到预测的全面智能决策支持系统。态势感知技术在电网运行中的应用，可极大地促进电网自动化各系统功能的融合，有效地提高电网运行效率，为电网的安全稳定运行提供有力保障。这些高级应用功能构成了态势感知系统"理解"和"预测"的重要基础，成为运行管理人员"决策"的重要工具和手段。

通过融合来自 SCADA、WAMS、继电保护、故障定位信息、设备状态信息、天气预报信息等多源信息，对大规模互联电网进行状态跟踪，实现全网深度感知。在系统运行过程中，能够准确跟踪系统状态，对可能发生的连锁故障进行预警，帮助调度中心提前做出判断。

电网态势感知过程分为态势要素采集、实时态势理解、未来态势预测 3 个阶段，分别解决"电网正在发生什么？为什么发生？将要发生什么？"等问题。

（1）态势要素采集或者觉察（perception）：获取被感知对象中的重要线索或元素，这是态势感知中基础的一步。随着电网技术进步，态势要素采集范围得到不断扩展。目前能采集到的各类信息主要包括设备状态信息、电网稳态数据信息、电网动态数据信息、电网暂态故障信息、电网运行环境信息等。其结果为电网安全态势的理解与评估、预测做准备。

（2）实时态势理解（comprehension）：整合采集或者觉察到的数据和信息，进行态势评估，通过综合分析和判断形成对电网安全状态的综合评价。

（3）未来态势预测（projection）：基于对态势信息的感知、理解评估的结果，对电网态势的发展变化规律进行总结和推理，进而预测未来态势的发展变化趋势，这是态势感知中最高层次的要求。

国内电力系统已开始部署态势感知系统，即数据采集阶段，未实现核心的理解、预测和决策支持功能，但近年来研究、重视程度已显著提高。从目前内外电网态势感知技术研究应用情况来看，当务之急是实现态势感知技术理念中的广域信息获取，加强统计数据质量管理，建立完善的统计指标体系，然后借助大数据技术的数据分析方法，对大量数据进行建模分析，实现企业运营与电网运行态势感知的理解和预测功能，最后构建基于数据的决策支持系统，协助管理人员和运维人员进行生产经营和系统运行决策，最终形成完整的电力企业运营与电网运行态势感知系统。

## 6.2.2　参数辨识技术

建立准确的动态数学模型和系统动态参数的准确测量是电力系统稳定安全计算问题的关键之一。发电机励磁系统对电力系统的电压控制和稳定控制具有重要作用。尤其是对故障状态下的暂态稳定影响更大。暂态稳定研究表明，用现场工业试验取得的励磁系统详细模型比采用 $E_q'$ 恒定模型暂态稳定极限可提高 4%～6%。因此，对励磁系统有必要采用其详细模型、准确参数进行电网稳定计算。目前，IEEE 等国际组织已提出了各种标准化的励磁统模型可供选择。各种电力系统仿真软件多采用这些标准化模型，而实际励磁系统结构千差万别，因此需要运用参数辨识法对实际励磁系统模型进行辨识，得到其在所用仿真软件下的标准模型，或按实际系统结构自定义建模。模型结构一旦确定，下一步工作就是确定模型的参数。

一个精确的励磁系统模型不但要考虑励磁系统各个元件的特性，如自动电压调节器（AVR）、电力系统稳定器（PSS）、励磁机、电压/电流变换器等，还应该能反映它们之间的线性的或非线性的相互作用。制造厂家提供的参数通常是在离线试验的条件下，分别对每个元件进行测试得到该元件的参数，然后将它们综合在一起得到集成的系统模型参数。该参数没有反映元件间的相互作用。如果把这些参数直接用于电力系统的稳定计算仿真，所得的结果与实际情况会有差别。因此，对现场运行的励磁系统进行辨识试验，根据现场采集的数据进行励磁系统参数辨识是一项非常重要的工作。

系统辨识就是通过观测一个系统，或一个过程的输入与输出的关系，确定描述该系统或过程动态特性的数学模型。按照对待测系统的了解程度，可将系统分为黑箱（blackbox）、灰箱（greybox）、白箱（whitebox）3 类。励磁系统属于灰箱系统，即可按物理机理先列出数学模型，再用系统辨识求出参数。

辨识过程如下：规定一代价函数（或称等价准则）$J_\theta$，它通常是误差 $e$ 的函数，实际系统和模型系统在同一激励信号 $x$ 的作用下，产生实际输出信号 $y_r$ 和模型输出信号 $y_m$，其误差为 $e$，经辨识准则计算后，去修正模型参数，反复进行，直至误差 $e$ 满足代价函数最小为止。从不同的角度看，参数辨识有不同的分类方法。对于发电机励磁这一连续系统，按照电力工程的习惯分类方法，将参数辨识方法分为时域法、频域法和人工智能法。

（1）时域辨识法，按模型分类，时域辨识法可分为两类：一类是非参数模型辨识法，即对待测系统首先辨识出非参数特性——时域响应（如阶跃响应），再用动态拟合技术，从动态特性曲线求取模型参数；另一类是参数辨识法，即经过积分、滤波及正交变换等处理，直接求得微分方程的各阶系数，或者用状态空间模型，以具体参数为估计对象，通过最小二乘法直接得到具有物理意义的特性参数。由于电力系统的科研和工程技术人员习惯于在计算和分析中应用具有明确物理意义的参数，从辨识方法的操作过程看，参数辨识法更简便，故在发电机励磁系统参数辨识中应用较多。参数辨识法包括时域最小二乘法和状态滤波法、矩形脉冲函数（BPF）法、分段线性多项式函数（PLPF）法等直接辨识法。

（2）频域法。频域法应用信号处理技术。通过 FFT 将时域信号转换到频域，再利用最小二乘法原理辨识出励磁系统的模型参数，其优点是输入为伪随机信号，不影响机组正常发电，测试方法实用，可以直接求得传递函数系数。目前，它在励磁系统辨识中得到了广泛的应用，深得电力工作者信赖。

（3）人工智能。其见之于文献并在实际中用于发电机励磁系统参数辨识的人工智能方法是遗传算法（GA）。遗传算法鲁棒性强，对目标函数没有连续可微的要求，而且能避免陷入局部极小，适用于处理传统搜索方法无法解决的复杂和非线性问题。正是基于遗传算法的这些特点，可将遗传算法应用于非线性系统的参数辨识。

每种辨识方法都有各自的优缺点。频域法其实是相关辨识法在频域的应用，利用 FFT，将时域上的卷积转化为频域上的简单乘积，计算方便。但它需要伪随机信号作为激励信号，对伪随机码的参数选取要视具体情况而定。对低阶系统的参数辨识准确度很高。PLPF 法是连续系统的最小二乘法的一种处理方法，它与现代辨识法中的最小二乘法相似，原理简单，计算方便，而且对激励信号没有特别的要求，容易实现，但是这种方法没有滤波功能。所以当待测系统为低阶线性系统时，频域法应该首选。遗传算法原理简单。对激励信号没有特殊要求，能辨识非线性系统，可以直接得到实际参数。但是，它也没有滤波功能，而且对系统的先验知识要求较高。如必须先确定系统的详细模型结构，要了解待辨识的系统参数范围。这些先验知识制约着用遗传算法辨识系统参数的精度。但发电机励磁系统的许多参数范围是可以得到的，在先验知识充足的情况下，用人工智能方法是几种辨识方法中最方便的。由分析可知，这几种辨识方法没有绝对的最优，可根据不同的情况选用不同的方法，必要时 3 种方法可结合使用。时域法和人工智能法的算法尚待改进以提高参数辨识效率。基于广域测量的同步发电机参数辨识架构如图 6－1 所示。

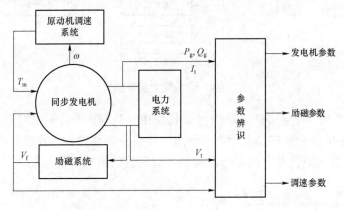

图 6－1 基于广域测量的同步发电机参数辨识架构

## 6.2.3 在线预警技术

传统的电力系统评估主要是指电力系统的可靠性评估，可靠性是指一个元件、设备或系统在所处运行条件下，在预定的时期内能够充分执行其预期功能的概率，因此可靠性在本质上是一个概率随机性问题，其最终提供给用户的是一个量化的指标，难以指导调度运行人员对实时电网进行干预；电网的在线预警及动态评估体系主要针对实时系统进行实时、超前评估，提供给调度运行人员的指标有特定的物理意义，调度人员根据电网健康度指标就可以了解当前电网的运行状态，对电网进行干预。

在线安全稳定分析和预警系统主要由静态安全预警模块和动态安全预警模块组成。各功能模块的实现及功能如下：

（1）静态安全预警模块。静态安全预警主要由预想事故设置、安全监视、灵敏度分析和预防控制等功能组成。静态安全预警工作机理如图 6－2 所示。

电网正常运行时，需要通过静态安全预警子系统诊断出电网实时运行中的静态安全薄弱环节，确定电网是处于安全正常还是不安全正常状态，对不安全正常状态提出预防性控制对策，防患于未然。系统首先构造一个用户可自定义、可扩展的预想事故集，采用基于灵敏度的预想事故筛选模块，对其中的事故进行快速静态安全评估，自动找出严重事故（导致过负荷、电压异常和潮流不可行等），并利用静态安全详细分析模块，采用交流潮流精确求解出事故后系统潮流分布和功率不平衡时的系统频率，分析系统解列，给出系统静态安全综合指标，指出静态安全的薄弱环节。对各种严重事故，利用预防性控制对策分析模块，以最小代价的优化控制方式使电网尽快恢复到静态安全状态。

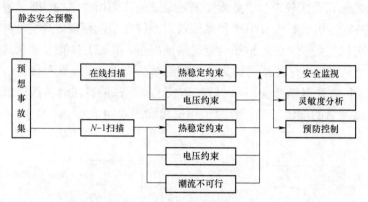

图6-2　静态安全预警框架

（2）暂态安全预警与预防控制模块。该模块由预处理、评估和控制3部分构成，其工作机理如图6-3所示。暂态安全预警与预防控制模块既要做到"在线跟踪评估与决策"，又要充分考虑运行人员及专家的参与，实现"离线分析研究"的功能。

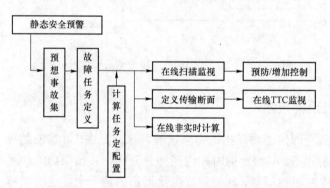

图6-3　大电网故障诊断与智能告警功能框架

预处理单元由故障集编辑与在线计算任务定义、传输断面编辑和控制参数编辑3部分构成：故障集编辑允许用户定义、编辑和修改用于暂态稳定研究的故障集合；在线计算任务定义允许用户定义暂态安全评估和TTC（total transfer capacity）在线计算的任务；传输断面编辑允许用户定义生成新的电力传输案例或编辑修改已存在的案例，由灵敏度分析自动生成电力增长方案；控制参数编辑允许用户定义和修改各种控制参数，包括各个控制的可控性、可控范围、优先级、权因子、成本系数等。总之，预处理单元直接与实时数据库接口，为主功能单元做好数据与参数的准备。评估单元由暂态稳定评估（transient stability assessment，TSA）模块和联络线断面TTC计算模块构成，TSA模块和TTC计算模块初步设计为每5min自动启动模式。

暂态稳定控制（transient stability control，TSC）设计为自动和用户启动2种模式，由控制方案编辑和控制后系统再评估功能模块构成：控制方案编辑允许用户对于主功能执行后生成的控制结果进行修改编辑和确认,而成为可以下发的控制指令集合;控制后系统再评估模块首先模拟施加控制方案,再对控制后系统进行评估,以检查校验控制方案的有效性。同时,本系统提供非在线的分析模块,包括针对离线方式的暂态稳定、TTC 计算预防/增强控制等,用于方式、调度等技术人员的研究。

# 6.3 源－网－荷协调自愈技术

## 6.3.1 电网自愈控制基础设施与架构

随着特高压交直流电网的快速发展,我国电网系统资源优化配置能力将显著提升。在特高压电网建设的过渡期,电网"强直弱交"矛盾突出,一旦特高压直流发生故障,将导致华东电网频率稳定受到严重威胁。因此,迫切需要创新思路,研究高可靠性、高安全性的保护控制技术,构建大电网安全综合防御体系。

2016 年,国家电网有限公司率先启动了大规模源－网－荷友好互动系统试点建设。该系统遵循电力系统实时平衡规律,从电网事故应急处置、需求侧管理等控制要求出发,应用计算机、光纤、4G 通信技术,提升发电响应效率,细化可中断负荷控制类型,实现了"电源－电网－负荷"三者之间的友好互动和快速协调,提升了电网运行弹性,保障了电网安全、可靠、高效运行。

目前,"源－网－荷"系统在我国电网中成功应用,实现了快速负荷调控方式的根本性改变,起到了很好的示范作用。该成果已在浙江、山东、河南、上海、安徽、湖南 6 个省级电网推广应用,为我国特高压交直流互联电网安全运行提供了一套可供推广、具有自主知识产权的大规模 "源－网－荷"精准负荷控制手段,同时也将进一步提升我国能源跨大区优化配置及新能源消纳能力,提升特高压大功率远距离送电环境下大电网的安全稳定运行控制水平,为下一步电力体制改革、新售电商业模式开展提供整体技术平台支撑。此外,浙江省电力公司也即将建设成的"源－网－荷－储"多互动环节运行控制综合示范工程,可以实现柔性负荷、储能与分布式电源间协同互动调度,以及分布式新能源、柔性负荷、储能与电网的友好互动运行。该工程包含风电 139.2 万 kW、光伏发电 958.4 万 kW、生物质能发电 157 万 kW,储能根据需要配置。

**1. 自愈控制设备体系**

针对新的源－网－荷系统具有高度的复杂性和灵活性特点,近年提出的自愈电网或电网自愈控制(self－healing control)新概念涵盖了源－网－荷系统控制保护领域的许多新进展。自愈控制体系是分层分布控制体系,由相互嵌套和衔接的 3 部分组成。

(1)位于局部反应层的发电厂和变电站自动化系统。

(2)位于电网调度控制中心、处于协调层的电网监控系统(如 SCADA/WAMS)。

(3)在电网监视系统之上,处于决策层的评价决策系统(如 EMS 及其完善发展)。

SCADA/EMS 作为一种传统的电网数据采集设备,在电网安全运行中已经发挥积极作用。然而,SCADA 数据采集精度低,不能刻画电网的动态行为,EMS 不支撑电网动态过程的控制决策,调度运行人员只能有限地得到或者不能得到电网深度计算的数据支持,保护和自动装备基本脱离全局目标执行局部的快速行动。因此，电网安全控制在掌握电网动态过程信息、全局控制决策慢速与局部动态过程快速的协调以及全局控制的工况适应性等方面需要改进和发展。信息技术信息技术是电网控制保护的重要支撑手段，以全球定位系统（GPS）为基础的相量测量单元 PMU 技术促使广域测量系统 WAMS 诞生，提供了电网动态观测的有效手段。

电网自愈控制体系结构包括了电网的一次系统和二次系统，规模十分庞大，具有海量数据，涉及多个领域。因此，需要将调度系统、继电保护、测量控制装置、通信网络等相关内容有序组织，形成一个有机的整体，各部分之间协调工作，才能促使电网始终向着优于当前运行状态的新状态转移，使其具备自愈能力。

对大停电事故的研究，提高电网输电能力的需要，调度和控制保护的经验教训，以及信息技术的快速发展，使电网安全控制的观念正发生明显或悄然的变化，主要特点如下：

（1）基于测量：更加重视控制保护的测量基础，不仅包括稳态测量而且包括动态测量。

（2）面向过程：电网控制保护的实时数据基础，从基于断面逐步转变为面向过程。

（3）突出协调：控制保护的功能从局部逐步走向全局，重点解决全局与局部的功能协调、全局控制方案与电网快速动态的速度协调两个协调问题。

（4）强调适应：强调电网控制适应复杂系统的变化，不仅重视在线稳态计算而且重视在线动态计算，强化电网深度计算对控制保护方案的支撑作用。

（5）控制灵活：直流输电技术和各种灵活交流输电技术的应用与发展，使电网控制方式更加灵活。

（6）重视方式：强调运行方式是电网安全控制有效而不可缺少的重要基础。

鉴于电力系统广域动态的基本事实，电网自愈控制不仅要重视适应性，而且要强调协调性，解决全局与局部的功能协调和速度协调问题。

**2. 自愈控制框架**

"2-3-6"框架是电网自愈控制实现分布自治性广域协调性、工况适应性的基础组织架构，由密切联系的两环控制逻辑、3 层控制结构、6 个控制环节组成。

（1）两环控制逻辑。电网自愈控制尊重电网动态过程快速性的事实，承认局部控制保护快速性与电网全局控制方案慢速性的矛盾，实事求是地设计了慢速全局响应环和快速局部控制环的两环控制逻辑，如图 6-4 所示。

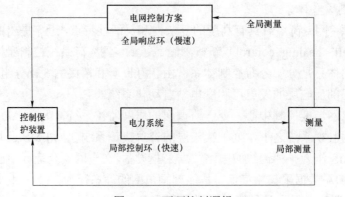

图 6-4　两环控制逻辑

（2）3 层控制结构。如图 6−5 所示，相互衔接的 3 层控制结构包括局部的反应层、高端的决策层、中间的协调层。

1）反应层（毫秒/秒数量级）：位于局部控制环具有分布自治性和行动及时性，实现采集测量和控制行动两个基本功能。

2）决策层（分钟/小时数量级）：位于全局响应环，具有很强的工况适应性，实现工况评价和控制决策两个基本功能。

3）协调层（秒数量级）：在反应层与决策层之间位于全局响应环，具有广域协调性，衔接全局与局部，实现全局与局部的速度协调和功能协调。

（3）6 个控制环节。如图 6−6 所示，沿信息流方向，在 3 层控制结构上有采集测量、监视协调、工况评价、控制方案、部署协调、控制行动 6 个控制环节。

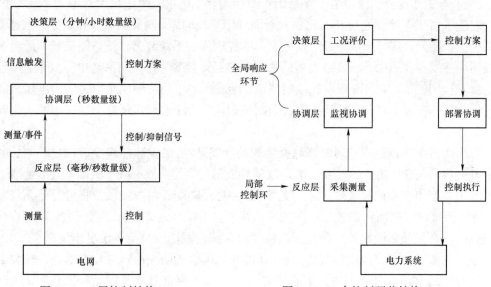

图 6−5　3 层控制结构　　　　　图 6−6　6 个控制环节结构

1）采集测量环节：位于反应层，依托局部的测量装置或自动化系统，实现稳态测量（如 RTU）、动态测量（如 PMU）、关键装备状态测量、电网运行事件采集等采集测量功能。

2）监视协调环节：位于协调层，以采集测量环节为基础，实现反应层与决策层之间的信息流速协调功能、电网基本的监视功能。信息流速协调将毫秒/秒数量级的实时断面信息转变为大量断面信息组成的分钟数量级的过程信息，使决策层来得及响应，是监视协调环节的重要功能。

3）工况评价环节：位于决策层，以监视协调环节，上传的电网实时信息为基础，采用面向过程的方式，对电网实时运行工况的脆弱性进行评价。

4）控制方案环节：位于决策层，以工况评价环节的脆弱性评价为基础，采用智能性电网深度计算分析方法，制定适应性控制方案。

5）部署协调环节：位于协调层，以控制方案环节为基础，将电网控制方案解析为控制保护装备可以执行的行动指令或逻辑控制条件。

6）控制行动环节：位于反应层，其控制保护任务是：① 根据部署协调环节下达的控制保护指令，执行全局控制保护任务；② 执行局部控制保护功能。

### 6.3.2 面向特高压直流闭锁的电网自愈技术

构建全球能源互联网，旨在推动以清洁和绿色方式满足全球电力需求。随着电网规模的不断扩大和电力负荷的日益增长，以清洁能源为主导、以电为中心的能源新格局逐步形成。区域电网加快迈进特高压、大电网、高比例清洁能源时代，电网大范围优化配置资源能力显著提升。与此同时，电网一体化特征不断加强，直流跨区输送容量不断增加，交直流、送受端电网间耦合日益紧密，故障对电网的影响由局部转为全局。近几年的电网运行数据表明，特高压直流闭锁故障很容易引发频率稳定问题。

2014 年 7 月宾金直流输电工程开始对浙江满功率送电，落地最大功率为 740 万 kW，极大缓解了浙江省跨江通道及浙北主要断面潮流重载问题。与此同时，由于特高压直流输电系统中设备元件多，一次系统、辅助系统、控制保护系统复杂，线路距离长，所经区域自然环境多变，容易由于环境或设备的原因导致故障闭锁。在大功率送电方式下，一旦发生直流双极闭锁事故，将造成浙江电网潮流大范围转移、系统频率及相关厂站电压大幅变化，可能出现断面过稳定限额及线路过负荷情况，对浙江电网甚至整个华东电网产生较大冲击。

特高压直流闭锁是指故障时移除换流阀的触发脉冲，触发脉冲移除后，电流一旦为零，阀组就会自动关断。闭锁的主要目的是取消触发脉冲，使换流阀处于关断状态。造成直流闭锁的主要原因有换流阀故障、直流线路故障、直流辅助设备故障以及临近交流系统故障等。特高压直流双极闭锁事故对电网的冲击很大，不仅会造成大量负荷损失，同时也伴有电网解列、系统频率及相关厂站电压大幅变化、线路潮流过负荷等情况出现。

下文主要以宾金直流闭锁故障为例，详细介绍因直流闭锁故障导致受端功率转移以及频率波动问题。2017 年 7 月 31 日 9 点 32 分，金华站极 2 低端阀组差动保护和极差动保护动作出口，换流变压器非电量保护装置报"角变 A 相本体重瓦斯动作"，极 2 低端跳闸闭锁。

故障前金华站极 2 高端换流器为检修状态，宾金直流极 2 低端换流器、极 1 双换流器大地回线全压方式运行，功率正送 6000MW；故障后，极 1 双换流器大地回线全压方式运行，功率损失 1800MW。根据事件记录、故障录波和设备检查情况进行综合分析，判断保护动作原因为极 2 低端 YD - A 相阀侧首端套管 TA 升高座内故障接地。

故障发生后，浙江电网出现较大功率缺额，即造成了较大的频率跌落，系统频率稳定特性弱于之前的经验认识，主要与小负荷方式下电网开机规模较小导致系统转动惯量降低有关，且机组的一次调频情况不及预计情况。而经时域仿真分析，现调度采用的仿真模型参数不能完全复现事故后频率特性。按照"十三五"规划，未来两年内华东电网还将建设投运晋北—南京、锡盟—泰州、准东—皖南三回特高压直流，电网面临大容量功率缺额风险加大，如此巨量的直流接入背景下准确把握华东电网的频率稳定特性刻不容缓，需要深入分析影响系统频率仿真特性的关键因素。为解决特高压直流闭锁后的电网频率稳定问题，华东电网构建了频率紧急协调控制系统，主要由协控运行主站、多直流协调控制系统、精准负荷控制系统、抽蓄切泵控制系统 4 大部分组成,实现多直流协调控制、安控切抽蓄机组、精准负荷控制等功能,如图 6–7 所示。其中,多直流协调控制主站下设±800kV多直流协调控制子站和±500kV 直流协调控制子站,抽蓄切泵控制主站下设抽蓄切泵控制执行站,精准负荷控制主站下设精准负荷控制子站。

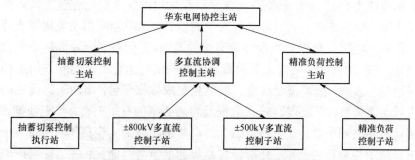

图 6–7　华东电网频率紧急协调控制系统

针对华东电网特高压直流故障,采取多时间尺度、多资源协调优化控制。事故前,利用自动发电量控制(AGC)调节、精准负荷常规控制进行预防控制,保持电网稳定裕度,包括足够的旋转备用、联络线及断面潮流控制等;事故发生后 300ms 内,频率紧急控制系统采取多直流协调控制、抽蓄切泵及精准负荷紧急控制等多种措施,应对电网频率、电压等稳定问题;事故发生 1min 后,利用 AGC 调节、精准负荷常规控制进行校正和恢复控制,防止断面越限、控制联络线超用、恢复旋转备用等。

### 6.3.3　面向极端气候与灾害的电网自愈技术

2008 年年初中国南方极端冰雪灾害给电力基础设施造成了极大破坏,也引发了对电网安全评估、防御系统设计的诸多思考。极端冰雪灾害等小概率大范围的自然事件大大超过了现有电网设防标准。如果全部电网都大幅提高抗灾能力,则经济代价过高,因此,除根据各地气象特征、地形差异采取不同的设计标准外,还应根据线路在系统中所处的重要性不同,有差异地提高重要线路设计标准,这也是国际上防御电网遭受大范围灾害的经验。一次系统的投资随设计标准的提高而增长很快,仅依靠一次系统投资来抵御所有可能的极端自然灾害既不经济又不可能。必须从二次系统入手,改进现有安全评估理论体系和停电防御系统,使其能感知外部自然条件的变化,并对电网在自然事件作用下的动态过程进行计算,对其安全状态进行评估,给出预警信息和建议性应对策略。常规电力系统安全稳定评估根据确定场景或考虑场景参数的概率分布。为此,对极端自然事件影响电力系统的过程进行深入研究,建立气象动态–电气动态统一建模理论体系,对自然事件威胁电网安全的程度进行量化评估和自然灾害预警,并有针对性地制定预防/紧急控制策略和灾难应急预案,尽量减轻极端自然灾害对电网的冲击,减少停电损失。对常规电力系统安全评估理论体系进行扩展,并将其与冰雪灾害放在一个理论框架内统筹考虑。

极端灾害天气大电网自愈最关键的功能是必须制止级联事件演变成大停电。该功能是自愈系统构架的重要组成部分。自愈系统构架研究主要包括电网自愈策略研究和电网自愈恢复搜索方法研究。电网自愈策略研究的核心内容是研究预防控制、紧急控制、校正控制、恢复控制的自适应性与相互协调性。电网自愈恢复搜索方法研究重点要解决为制止级联事件造成大停电的电网主动解列与灵活分区问题。建立基于广域同步信息的网络保护和各类控制一体化系统为自愈系统提供了强大支撑，而自愈系统的构架（即自愈策略和自愈恢复搜索方法）是实现自愈功能的核心。以下主要介绍基于状态量比较的智能配电网自愈控制方法。

（1）数据集成平台。广域信息集成数据平台在大电网安全稳定综合协调防御系统中起着两大重要作用：一是提供有效、可靠和安全的信息；二是为应用功能提供支撑。广域静态和动态信息是大电网安全稳定综合协调防御的基础，而动态安全分析是安全稳定综合防御的重要特征。现有能量管理系统大多只有反映电网实时运行工况的静态信息和用于静态分析的电网模型与参数，因而需要构建广域信息集成数据平台，增加采集反映电网实时运行动态的广域动态信息，并实现与静态数据及暂态数据的有机整合，扩充数据库，使之能够管理电网动态模型和参数。安全稳定综合协调防御功能的实现离不开支撑平台，电网实时运行工况和模型与参数的获取、分析计算结果的展示与存储、系统运行维护与管理都是以支撑平台为依托。应用功能所涉及的图形工具、报表工具、报警服务、数据通信和 Web 服务都是由支撑平台提供的公共服务。

（2）基于极端气候的分析与评估技术。传统的安全评估通常将扰动作为系统动态的源头，一般不考虑其形成原因、过程和条件。考虑冰雪灾害等自然事件时，电网安全评估需将扰动产生的过程与扰动发生后的电气动态放在一个框架内进行分析。

极端冰雪灾害下电网安全评估系统整体架构，应该包括以下部分：

1）气象预报信息和气象实测信息。气象预报信息可较气象事件提前几小时甚至几十小时发布。气象状态实测可有效弥补天气预报的不足，实测数据包括各输电走廊的外部环境温度、湿度、降水、风力、污秽程度等因素。

2）电气设备覆冰计算部分。该部分需要包含电气设备所处环境温度、降水类型、降水强度、风力、风速以及设备负载等信息。根据上述信息确定线路等设备覆冰动态增长过程；其计算结果（设备覆冰量）将作为线路杆塔受力分析的输入。

3）线路及杆塔受力分析。依据为线路覆冰厚度以及风速、风向等信息，计算出线路两侧关键机械连接部件以及杆塔所受应力。

4）机械-电气接口分析。判断是否断线、倒塔或其发生的概率等转换为常规电气扰动描述。

5）电气动态仿真。根据传统的电力系统时域仿真计算，它计算在给定外部扰动下的动态过程，并将支路潮流信息返回到覆冰计算模块。由于既需要判断而倒塔而引发的短路、断线等故障是否会导致暂态失稳，又需分析由潮流转移是否会引发相继开断，故该模块需同时具备暂态仿真和中长期仿真功能。

6）安全稳定综合评估。对仿真计算得到的母线电压、发电机功角、频率等物理量的时间响应进行综合评估，并给出系统整体安全等级。

（3）恢复控制。根据安全评估结果，针对那些潜在的安全威胁给出预防控制建议，优化调整故障风险高的线路及杆塔所在输电走廊传输功率，以便当发生断线、倒塔等事件后，使其对系统造成的冲击和影响仍在可控范围内。对后续可能由覆冰引发的故障进行分析，优化紧急控制措施。

# 6.4　柔性交直流输电系统

基于电压源换流器的高压直流输电（voltage source converter based high voltage direct current transmission，VSC－HVDC）技术由加拿大麦吉尔大学的 Boon－Teck Ooi 等人于 1990 年提出，是一种以电压源换流器、自关断器件和脉宽调制（pulse width modulation，PWM）技术为基础的新型输电技术。柔性直流输电技术相较于传统的直流输电技术有以下优势：① 没有无功补偿问题；② 没有换相失败问题；③ 可为无源系统供电；④ 可同时独立调节无功和有功；⑤ 适合构成多端直流系统等优势。

该技术可以通过调节换流器出口电压的幅值和与系统电压之间的功角差，可以独立灵活地控制输出的有功功率和无功功率。这样，通过对两端换流站的控制，就可以实现两个交流网络之间有功功率的相互传送，同时两端换流站还可以独立调节各自所吸收或发出的无功功率，从而对所联的交流系统给予无功支撑。可以断言，柔性直流输电技术将会在我国未来电网的发展中起到十分关键的作用。

柔性交流输电系统（fiexibie AC transmission system，FACTS）技术是一种将电力电子技术、微机处理技术、控制技术等高新技术应用于高压输电系统，以提高系统可靠性、可控性、运行性能和电能质量，并可获取大量节能效益的新型综合技术，世界各国电力界对这项具有革命性变革作用的新技术格外重视。FACTS 具有控制交流输电系统相关参数的能力（如串联阻抗、相角）和抑制系统中出现的振荡，使输电线路运行在热稳定的额定范围内，并使电力潮流得到连续控制、增加控制区域内转换功率的能力。电力电子技术的发展是实现 FACTS 的关键。目前大容量的电力电子器件（如 GTO 晶闸管）已经商品化，它能在十几微秒内切断和导通 6kV 电压、6kA 电流的功率，而其质量只有 1～2kg。电力电子器件配套的驱动、串并联、保护和冷却等技术日趋完善，使电力电子控制器组合的应用成为可能，目前已获得成功应用的组合装置有可控串联补偿（thyristor controled series compensator，TCSC）、静止同步并联补偿器（static synchronous compensator，STATCOM）、静止同步串联补偿器（static synchronous series compensator，SSSC）、可转换的静止补偿器（convertibie static compensator，CSC）、统一潮流控制器（unified power flow controller，UPFC）、电压源转换器（voltage source converter，VSC）、可控移项器（thyristor controlled phase regulator，TCPR）、超导储能系统（superconducting magnetic energy storage，SMES）等。这些装置同微处理器一起运作，为电力网提供了前所未有的快速、精确控制，能够高效利用电网资源和电能，预示着电网控制的未来发展方向。

## 6.4.1　基于 HVDC 的稳定控制

随着材料与计算机科学的进步，HVDC 在大容量远距离输电、地下和海底电缆送电及非同步电网联网上的经济和社会效益凸显。我国为解决可持续发展中因能源基地与负荷中心分离形成的效益短板及生态压力，正逐步推进"西电东送、南北水火互济"战略。预计未来 20～30 年内，我国将是 HVDC 输电技术最大的市场。这种整流、逆变以及整流与逆变站集中落点的复杂拓扑结构和运行工况，连同其造成的相互作用，使得直流输电系统的稳定性分析和附加控制策略的研究,对我国电网的安全稳定运行具有重大的理论和工程意义。

本节将从新型大功率半导体器件（光触发晶闸管、碳化硅晶闸管），大容量MMC-HVDC与LCC-HVDC组成混合直流输电形式及其控制策略,直流集控技术3个方面对于柔性直流输电系统控制新型技术进行介绍。

**1. 新型大功率半导体器件**

柔性直流输电技术是在高压直流输电的基础上发展起来的一项新技术,虽然其不存在换相失败、受端系统必须提供无功容量的问题,而且可以省去换流变压器,简化换流站结构,但是受制于可关断硅器件容量和耐压水平的制约,其输电容量通常较小。

2005年,Cree公司报道了耐压大于5kV,电流大于100A,工作温度高于200℃的1cm×1cm晶闸管,为将来大尺寸的SiC晶闸管和SiC-GTO在柔性交流输电和高压直流输电中的应用奠定了基础。2009年,该公司报道了最新的碳化硅GTO研究结果。该器件为1cm×1cm,耐压水平达到9kV。

近年来,SiC MOS器件快速发展为SiC IGBT发展奠定了基础。由于SiC MOSFETS的进展,n-IGBTS具有很好的静态和动态特性。因为p沟道MOSFET的设计还不够成熟,所以p-IGBTS的研制需要更长的时间。随着材料制备技术和器件工艺技术的进步,碳化硅IGBT的研制在2005年前后取得重大进展。Cree公司于2005年报道了世界上第一个阻断电压高达10kV碳化硅IGBT。2009年,碳化硅IGBT的阻断电压提高到了13kV,而且,其通态电阻很小,开关速度也比较快。

由于换流阀工作时承受高达几百千伏的电压,以及高达几千安的电流,所以传统的硅基晶闸管换流阀需要面对众多元件串联和导通损耗大的问题。随着碳化硅电力电子器件技术的发展,更大容量、更高工作温度和更高功率密度的新型碳化硅GT、GTO的开发,使单个器件的耐压性能得到提高,不仅显著降低所需的电力电子器件的数量,简化换流阀的结构,同时显著降低损耗,为高压直流输电技术的发展创造更好的条件。

近年来,碳化硅材料因其具有更高的击穿电场强度而被用于制造更高水平的晶闸管器件。碳化硅晶闸管用于直流输电可以发挥其击穿电压高、耐温高等特点。耐压水平的提高大大减少了单阀串联器件数量,相应也大大降低了运行损耗。目前受微管缺陷和Bazel平面缺陷对器件特性的影响,碳化硅基础材料品质稳定性有待提高,价格也比传统硅材料高很多。但可以预见,随着材料工艺的不断改进,碳化硅将是未来大功率变流器件发展的主要方向之一。

**2. 直流智能化集控技术**

基于单站就地管控模式的跨区电网运维体系已不能适应跨区电网的快速发展,更不能满足跨区电网集约化管理及智能化控制的需要:

（1）单站就地管控模式将导致跨区电网运维成本快速上升;

（2）单站就地管控模式下站与站之间不能做到人力资源及智力资源的共享,不利于形成技术合力解决生产运行中的难点问题从而降低强迫停运风险;

（3）单站就地管控模式无法充分发挥多个输电通道之间协调控制对坚强智能电网的支撑作用;

（4）随着站点数量的快速增加，现有的单站管控模式不利于形成分层分布、结构均衡的智能电网自动化系统；

（5）不利于减少行政管理人员的配置，不利于减少备品备件、工器具、仪器仪表、设备物资等的配置，不利于实现财务管理的统一化；

（6）单站就地管控运维模式不能适应未来多端直流输电系统的运行维护需要。多端直流输电系统包含多个物理上联系紧密的换流站，各站独立管控运维模式不但技术上不合理，经济上效率也很低。

随着跨区特高压交直流输电工程建设力度的加大，跨区输电容量与运行维护人员数量不断增加。有必要以智能化为基础，以集控化为手段，实现多个换流站的集约化管理和智能化控制，建立简洁高效、智能化、集约化、有力支撑智能电网的跨区电网运维新格局。同时，集控技术的发展使得多直流馈入区域的阻尼协调、无功平衡、有功支援等系统级的控制成为可能。集控中心模式有以下两种：

（1）站级局域网延伸模式。该模式的实质是换流站自动化系统的站级局域网（local area network，LAN）的网线加长，从换流站延伸至集控中心，在集控中心集中所有受控站的运行人员工作站（operation work station，OWS）。该模式不需要对换流站的实时监控系统增加远动通信设备，不需对换流站自动化系统的软件做任何修改，只需增加站级 LAN 与光纤通道之间的光电转换设备即可。该模式的优点是实施简单、费用较低、风险小；缺点是未能把各换流站的监控功能真正融合在一起，无法实现多馈入直流协调控制、紧急功率协调控制等系统层控制功能。

（2）分层分布模式。基于分层分布结构的集控中心模式通过远程通信方式采集受控换流站监控信息，利用信息分流、功能分布等技术，实现分层分布式的换流站集控中心。该方案的优点是方便受控换流站接入集控中心，扩展性较强，可以实现系统层协调控制；缺点是实施复杂、费用较高、集控站与受控站之间的划分相对固定、集控站之间达到互为备用的目标较为困难。

目前国网运行分公司负责运维的银东直流系统已按站级局域网延伸模式成功实现了集控，实际运行结果表明，实现集控后大大减轻了受端换流站人员监盘压力，提高了人员利用效率。

以多站集控为基础，适当划分集控中心的集控区域，将全国跨区电网纳入若干集控中心，可构建简洁高效、智能化、集约化的跨区电网运维新格局。跨区电网集控区域的划分，应统筹考虑能源基地及电网规划、地理位置、换流（变电）站自身技术特点、是否属于同一方向的输电通道等因素。例如，可按国家能源基地电力外送远景规划，在宜昌、宜宾、银川、呼伦贝尔设置 4 个换流站区域集控中心，有效支撑三峡水电、西南水电、西北水火电及蒙西火电、蒙东火电的大容量远距离外送。呼伦贝尔市集控中心对未来与蒙古国、俄罗斯等开展跨境电力交易也具有一定意义；随着各种自动化技术的发展，划分集控区域时，换流（变电）站地理位置相近的权重将低于技术特点相似的权重，即把技术特点相似的站点纳入同一个集控区域，集控区域将突破地理行政区划的限制；属于同一方向的输电通道的站点纳入同一集控区域，有利于实现功率、频率、阻尼协调控制等高级控制功能。

智能化、集控化的跨区电网运维新体系具有多方面的优势：

（1）使跨区电网运维成本增长速度大大低于跨区电网物理规模的增长速度，实现跨区电网运维的规模经济效益；

（2）实现站与站之间人力资源及智力资源的共享，可在集控中心聚集一批技术骨干，形成强大技术合力，解决生产运行中的难点问题，降低强迫停运风险；

（3）多站集控模式可充分发挥多个输电通道之间协调控制对坚强智能电网的支撑作用，便于实现功率/频率/阻尼协调控制等高级控制功能；

（4）不同层次上的集控站和调度中心一起，可形成分层分布、结构均衡的智能电网自动化系统；

（5）对于站址偏僻的站点，可大量减少驻站人员规模，少量驻站人员可实现周期性轮换，有利于运维单位员工生活质量的进一步提高；

（6）可减少行政管理人员的配置，减少备品备件、工器具、仪器仪表、设备物资等的配置，实现财务管理的统一化，从而实现人、财、物的集约化管理；

（7）能适应未来多端直流输电系统的运行维护，是多端直流输电系统运维模式的最佳选择。

**3. 控制保护设计**

控制保护系统是直流输电的核心，直到 20 世纪 80 年代，控制保护部分还是基于模拟电路技术实现。计算机技术的发展使软件程序化控制成为可能，1980 年巴拉圭和巴西联网的 Acaray 背靠背工程最先使用了西门子公司开发的 SIMATICS5－110A 系统硬件，实现了直流控制保护系统计算机软件程控。计算机技术发展日新月异，控制保护主机中 CPU 的运算处理能力不断增强，外围 I/O 板卡的硬件水平也不断增强。直流控制保护硬件的发展趋势主要有：

（1）硬件平台化。平台化的硬件设计（包括控制保护主机及外围 I/O 板卡）可以稳定硬件质量、保证持续改进、减少维护复杂度、增强系统可靠性、提高系统经济性。同时，平台化的硬件检修替换方便，便于硬件备品的储存管理，这对于现场运行非常重要。

平台化的硬件系统可分为嵌入式技术路线（西门子的 SIMADYN、WINTDC，南瑞继保 PCS－9550）和工控机技术路线（ABB 公司的 MACH2、DCC800，南瑞继保 PCS－9500）两类。嵌入式技术路线的特点在硬件上主要体现在各部分都集成在若干主板上，对震动、灰尘多等恶劣环境的适应能力要好；在软件上主要体现在其嵌入式操作系统与外围系统完整地结合在一起，不易受到额外的因素影响，如操作系统的自身不稳定性和冗余的附带功能所引起的不良因素。

工控机技术路线各外围板块都是通过 PCI 总线由插卡式联结在一起，对于恶劣环境的适应能力不够好，这是 PC 机的一个通病，但随着硬件技术的不断发展，该问题已有了很大改进。64 位精简指令集计算机（reduced instruction set computer，RISC）在工业中的应用逐渐成熟，不依靠数字信号处理器（digital signal processor，DSP）就能够实现高速实时浮点运算，基于该技术研制的直流输电控制保护设备具有计算速度高、响应时间短、外围总线接口方便、电磁兼容性好、无旋转散热设备等优势，是未来控保设备发展的可取方向。

（2）软件设计模块化。直流输电控制保护程序逻辑复杂，为了方便程序开发和阅读，主流的直流控制保护设备厂家均采用了模块化软件设计理念，如 ABB 公司技术路线的 Hidraw，西门子技术路线的 StrucG 等。开发模块化、图形化的开发环境，将复杂的代码编写转变为图形化功能块的拖放，大大提高了效率，也降低了一线运维人员了解软件的难度。

（3）现场总线技术通用化。直流控制保护设备通信速度不断提高：现代直流控制保护系统普遍采用成熟的现场总线技术，具有良好的系统开放性、互操作性、抗干扰性，方便实现现场设备的智能化与功能自治性，通用的技术标准方便在各种环境及不同传输介质中的应用，如 ABB 技术路线采用的控制器局域网络（controller area network，CAN）、时分多路复用（time division multiplex，TDM）总线，Siemens 技术路线采用的 Profibus 总线均具有上述优点。现场总线的发展与计算处理器的发展水平相关，随着主处理器计算水平的提高，类似总线缓冲、总线分离等处理方式均可以摒弃。如西门子 Win-TDC 采用的符合 VMEbus 标准的 64 位总线，总线速度大幅提高，不再有 L-bus 和 C-bus 的区别，也不再需要专用的缓冲通信模板和高速 I/O 模块，由此而来的系统简化势必将提高控制保护系统的运行可靠性。

（4）出口逻辑可靠性提高措施。为了进一步提高直流输电保护系统动作的选择性，常规直流站保护出口前切换系统的拒动概率比特高压要大。特高压直流保护出口采用三取二策略，3 套保护都运行时，能很好地防止误动和拒动。三重化冗余控制技术在航空航天、军事、铁路、石油、化工、电力等要求高可靠性的行业得到了广泛应用。为提高 HVDC 输电控制保护的安全性、可靠性和可用性，保证 HVDC 系统安全、可靠、减少误闭锁，将保护实现三重化是一种较好的技术措施。以高岭换流站为例，HVDC 保护系统共配置 A、B、C 3 套极保护。3 套保护采用"三取二"保护逻辑出口：2 套保护动作，极保护逻辑跳闸；单套保护动作，极保护不跳闸。"三取二"逻辑可完全由软件实现，不会增加误动或拒动的概率。高岭站的控制系统仍是双重化的，配置了两个"三取二"逻辑来实现保护与双重化控制系统的接口。3 套保护设备的所有与控制系统的接口信号，分别接入两个"三取二"逻辑单元，形成 2 路接口信号与控制系统对应连接。在一重及以上保护动作时，若处于运行（Active）状态的控制系统检测到接收到的电压、电流信号测量异常，将进行控制系统的切换，并闭锁或退出使用异常测量信号的保护，以避免测量异常时保护误动。

### 6.4.2　基于 FACTS 的稳定控制

最近 20 余年，众多性能各异的 FACTS 装置（如 SVC、TCSC、STATCOM、SSSC、UPFC、SMES、IPFC 等）先后被投入美国、欧洲诸国、我国的实际电网中，其分类和代表器件的功能应用见表 6-1。21 世纪初，在我国已有多台 SVC、STATCOM 和 TCSC 装置运行于 500kV 变电站，并取得了良好的经济和社会效益。2015 年 11 月，南京 220kV 西环网 UPFC 工程建成并投运，是我国首个拥有自主知识产权、采用 MMC 技术的 UPFC 工程。2016 年 11 月，世界上电压等级最高、容量最大的苏州南部电网 500kV 的 UPFC 工程在江苏省苏州市开工建设，它将是世界上第一次实现 500kV 电网潮流的精准、灵活、快速控制，并显著提高电网消纳新能源的能力。大规模风能、太阳能等新能源发电的迅速增加，能源供需广域平衡、大容量高效变流器等新技术的相继涌现，对电力系统的柔性交流输电技术控制策略和控制器设计提出了新的要求。

表 6-1 　　　　　　　　　　　FACTS 装置的分类和应用

| 连接方式 | 控制方式 | FACTS 代表装置 | 控制参数 | 系统内工程应用 |
|---|---|---|---|---|
| 串联型 | 半控 | SVC | 注入 $Q$、调节节点 $U$ | 无功补偿、电压控制、阻尼振荡、抑制负荷失衡 |
| | 全控 | STATCOM | 同 SVC | 同 SVC |
| 并联型 | 半控 | TCSC | 线路阻抗 | 电压控制、潮流控制阻尼振荡、限制短路电流 |
| | 全控 | SSSC | 线路压降 | 电压控制、潮流控制阻尼功率振荡、提高稳定性 |
| 串并联型 | 半控 | TCPST | 电压相位 | 潮流控制、阻尼振荡、提高暂态和中长期稳定 |
| | 全控 | UPFC | 节点 $U$、线路压降、节点相位 | 控制线路有功和无功功率流动、无功补偿、阻尼振荡、提高电网稳定极限 |
| 串串型 | 全控 | IPFC | 线路压降 | 电压控制、潮流控制、阻尼振荡、限制短路电流、交换并联线路的有功 |

**1. 基于 WAMS 的 FACTS 协调控制策略**

随着 PMU 数量配置数量不断增加，全国 WAMS 互联系统基本形成，为更好地进行全网控制打下坚实基础。近年来在电力系统控制中应用 WAMS 技术收效显著，展示了良好的应用前景。因此，为实现大电网优化稳定控制，在开展 FACTS 协调控制研究时，应重视结合 WAMS 的应用。

在电力系统控制研究中，区域阻尼控制最早尝试为控制器引入远方信号。WAMS 提供区域间的电机相对转子角和角速度等全局信息作为阻尼控制器的反馈信号构成闭环控制，为抑制区域间低频荡提供了有力的分析手段。阻尼控制一直以来也是广域控制研究的热点。就控制方式而言，主要研究集中在励磁控制方面。相关研究较早提出了使用广域信号和本地信号共同作为输入信号设计一种新的 PSS 以分别消除区间振荡和局部振荡。全局信号采用能够表征区间信息的机组角速度差或联络线上的有功功率，研究表明基于 WAMS 信号的全局 PSS 控制效果要优于基于本地量的 PSS 控制效果。同时，结合 WAMS 技术进行协调控制研究也逐渐兴起，主要集中在系统阻尼控制和直流系统控制方面。一些学者提出了一种考虑信息结构约束时协调设计励磁控制器的方法。研究表明，与分散协调励磁控制器相比，引入有价值的远方信号能够增强阻尼，提高系统稳定性。进而有关研究单位针对多馈入直流系统提出一种分层分散鲁棒自适应控制方案，并设计了以动态平衡点和 PMU 实时测量的发电机功角信号为输入的直流线路附加功率控制器。与此相比，采用 WAMS 技术的 FACTS 协调控制研究较少。相关研究显示，利用广域信号设计了多台 UPFC 的协调控制策略可以保持多机系统的暂态稳定性，考虑了信号时滞影响后提出的一种可控制动电阻控制器（thyristor controlled braking resistor，TCBR）广域协调优化方法具有更强的鲁棒性。将多机系统中的 TCBR 分成本地控制器和协调控制器两层,采用三级共态预估算法对分散的本地控制器进行全局非线性递阶最优化协调。通过 WAMS 提供的实时信息,根据当前系统的运行状态确定和校正每个本地控制器的控制参数,使控制器可以适应不断变化的系统运行工况,保证随时获得最优控制效果。

基于 WAMS 的 FACTS 协调控制是未来 FACTS 发展的主要趋势和热点之一,应予以重点关注。但在应用 WAMS 技术时仍存在不少困难,其中信号时滞是首要考虑的问题。

电力数据通信网络的延时是其固有特性,高传输速率的电力数据通信网络能够保证时延在一个合理的范围内,为基于 WAMS 的广域控制方案的实施奠定了良好的基础。常用的处理时滞影响的控制器设计方法主要包括时滞环节的等效处理、基于线性矩阵不等式(LMI)方法的鲁棒控制等。这些方法在不同程度上削弱了时滞对控制器性能的影响,但仍有一定的局限性。未来在广域稳定控制方面的研究将主要仍集中在线性、单时滞电力系统上,研究方向主要是系统区域间低频振荡,所涉及的控制器也仅限于 PSS 和 AVR;对于非线性、多时滞电力系统、电力系统电压稳定、暂态稳定和次同步振荡等问题还很少涉及,对于考虑时滞影响的 FACTS 设备的控制器设计也很少研究,需进一步深入探讨。另外对于信号丢失的应对策略也应加以考虑。

**2. 控制器设计**

随着 FACTS 装置在电力系统中的广泛应用,对于 FACTS 控制器的设计方法的研究与应用日益完善。对于 FACTS 系统的控制器的设计主要考虑如何实现非线性、多目标的综合控制,以及如何同保护相结合。以下为 FACTS 控制器的设计方法:

(1)基于线性控制理论的方法。FACTS 阻尼控制器通常采用传统的基于传递函数的阻尼控制器结,该控制器包括放大增益、滤波环节和超前滞后环节。相关研究采用线性状态反馈控制的方法,将线性最优控制理论中的线性二次型最优调节用于设计控制增益,通过最小化二次型性能指标得到线性系统最优控制解,以确定合适的反馈增益。特征根分析方法和极点配置技术也被用于控制器参数设计和优化,以得到理想的阻尼控制性能。

(2)能量函数方法。基于能量函数方法的控制器设计与系统拓扑结构无关,对于系统负荷情况、故障位置以及网络结构等因素均具有很强的鲁棒性,其控制规律的获得不需要进行模型的线性化。因此,与通过线性化系统模型设计的控制器相比,基于能量函数法设计的控制器有可能在大范围内适应系统控制的需要。

(3)微分几何方法。微分几何方法通过微分同胚影射实现坐标变换,设计非线性反馈使得原非线性系统转化为一个完全可控的线性系统。这种线性化方法实现了非线性系统的精确线性化。使用该方法对 UPFC 内部的控制器进行设计,使其和外部控制协调增强鲁棒性。首先通过设计非线性反馈环节将非线性系统转为线性系统,并利用 LQR 理论获取控制器参数,从而得到 UPFC 的内部控制器。

(4)智能控制方法。应用模糊逻辑控制方法设计 FACTS 控制器,以阻尼电力系统机电暂态过程中的功率振荡。这些模糊控制器采用典型的设计方法,先直接构成输入和输出的隶属度函数以及控制规则,通过观测以及工程经验形成知识库,从而实现 FACTS 的阻尼控制。模糊控制器的设计不需要精确的受控系统的数学模型,计算量小,还具有鲁棒性强的优点。

（5）非线性鲁棒控制。非线性 $H_\infty$ 控制是目前非线性鲁棒控制中最具代表性的方法之一。该方法针对仿射非线性系统寻找控制方案使闭环系统从干扰输入到罚向量的增益不超过事先给定值。因此非线性 $H_\infty$ 控制也可看作是一种非线性最优控制。根据模型匹配系统的 $H_\infty$ 标准控制框图，通过设计输出反馈控制律来消除统一电能质量控制器（unit power quality controller，UPQC）串联单元和并联单元间的相互影响。也可以利用 $H_\infty$ 控制设计 TCSC 的状态反馈控制器并采用 LQR 理论配置参数，协调 TCSC 与 PSS 以消除低频振荡。

### 6.4.3　多 HVDC 与 FACTS 协同的稳定分析控制技术

性能良好的高压直流输电系统（HVDC）和柔性交流输电系统（FACTS）并列运行，能够缓解电网发展中面临的一些新问题（如 HVDC 技术可以降低传输成本、提高传输容量；FACTS 提高系统控制灵活性等），却不是系统性能提升的完全保证。除去交直流系统本身就可能存在的诸多交互作用问题（如 AC/AC 交互、DC/DC 交互），电网密度和复杂程度加剧，使得 HVDC 和 FACTS 控制器通道间的交叉耦合作用，成了电网安全稳定运行的较大隐患。HVDC 和 FACTS 控制器间的交互作用，根本来源于交直流系统的互联。

长期以来，AC/DC 互联特性用短路比（SCR）或有效短路比（ESCR）定义，通常将 SCR 小于 2 的系统称为弱系统，认为连于弱系统的直流输电系统难以运行，需要通过 FACTS 装置或其他电力电子辅助装置增加系统强度。正常运行状况下换向失败是罕见的，这种状况会在控制系统的作用下很快恢复，是整个系统的一个瞬态问题。由于换流站之间的直流连接距离过短，多馈入配置的交直流系统是弱系统，对于一个弱系统来说，不充分的解耦和电压波动增加了该地区的所有的转换器换相失败的风险。在含有多 HVDC 与 FACTS 的交直流互联系统，将会导致短路比 SCR 小于 2。在这种情况下，如果第一次换向失败后的恢复不成功，则会发生多次换向失败。连续换相失败将会导致直流闭锁，极大降低了供电的可靠性，所以必须采取对策来提供稳定运行的直流环节。HVDC 和 FACTS 控制器作为系统调节的有效手段，更多关注的是其正面影响，事实上，FACTS 必须与互联的 HVDC 控制及运行规则相匹配。HVDC 和 FACTS 交互作用，主要取决于两者的电气距离及嵌入系统的拓扑结构，所以可能存在负交互作用。本节主要介绍有关 HVDC 和 FACTS 控制器间交互作用分析方法，然后介绍 HVDC 和 FACTS 控制器之间的稳定控制。

**1. 交互影响的分析方法**

运用数学方法准确定量地分析 FACTS 元件交互影响的严重程度是对存在负交互影响的控制器进行协调控制的基础，选取合适的交互影响指标就可以量化 FACTS 元件交互影响的严重程度。到目前为止，已有的用于交互影响分析的数学方法包括模态分析方法、奇异值分解方法、相对增益矩阵分析方法、NI 方法、基于格兰姆行列式的分析方法等。其优缺点见表 6-2。

表 6 – 2　　　　　　　　　　　　常用交互影响分析方法的优缺点

| 序号 | 分析方法 | 优　点 | 缺　点 |
|---|---|---|---|
| 1 | 模态分析方法 | 分析 FACTS 元件安装地点与交互影响间的关系，为 FACTS 元件的安装地点选择参考 | 对于节点多、规模大的系统，由于对应的状态方程阶数大，不利于特征根的快速、准确求解 |
| 2 | 奇异值（SVD）方法 | 定义了几个评判指标来表示交互影响的大小，表示结果直观明了 | 对于评判指标的选择和确定还需要依靠经验 |
| 3 | NI 方法 | 可以表示全系统整体情况 | 通过纯数学方法推导出来的，缺乏控制方面的理论支撑 |
| 4 | 相对增益矩阵（RGA）分析方法 | 根据 RGA 矩阵中元素的特征值判断控制器的配置情况，侧重于独立控制通道的控制情况 | 无法对控制系统多个控制通道进行整体分析 |
| 5 | 基于格兰姆行列式分析方法 | 根据格兰姆行列式中元素的特征值判断控制器的匹配情况，侧重于影响控制效果的因素分析 | 每次仅能以一个影响控制系统效果的因素为变量进行分析 |

（1）模态分析法。根据推导得出含主要模态的系统传递函数，利用模态分解法可以获得可供 FACTS 控制器选址和控制器设计参考的多个数学指标，虽然所提出的指标不够确切，但可以有效地减少系统的阶数。

（2）奇异值分解方法。奇异值分解（singular value decomposition，SVD）是分析系统输入/输出交互影响的一个重要方法。将 SVD 方法应用于某个频域范围内时，其中心思想是相较原矢量，奇异矢量值改变很小时，系统控制回路间的交互影响也很小。

（3）NI 指数法。NI 指数的大小是一个反映系统整体的交互测量指标，也可以用来解决多控制变量系统的变量配对选择问题。

（4）相对增益矩阵分析方法。相对增益矩阵是一种分析多变量控制系统交互影响的有效方法，也是一种应用广泛的控制系统设计工具。对于多变量分散控制系统，RGA 方法能够通过考察各输入输出变量间的交互影响，提供控制变量与被控变量间的最佳搭配，并且可以提供系统的不同控制过程间的交互影响信息，故 RGA 方法已经得到了广泛应用。

（5）基于格兰姆行列式分析方法。基于格兰姆行列式的交互分析方法可以分析 FACTS 元件装设地点的电气距离和系统运行时的负荷情况均会对 FACTS 控制器之间的交互作用产生影响，可以发现随着 FACTS 元件间的电气距离减小或系统运行时的负荷增加，系统中装设的 SVC 和 TCSC 之间的交互影响都越加严重。

**2. 交互影响的协调控制**

到目前为止，在 FACTS 与 HVDC 的协调控制领域已取得了一定进展，使用的数学原理和算法各有不同，可将协调控制方法分为线性协调控制方法、非线性协调控制方法和智能算法协调控制方法 3 类。

（1）线性协调控制方法。线性协调控制方法是设计协调控制器中理论最成熟、应用最广泛的方法。在建立了单机无穷大母线联络线中间带 STATCOM 系统状态空间模型的基础上，应用信息结构约束下的线性二次型（LQ）最优控制理论和算法，设计了可以得到输出反馈的 STATCOM 与机组励磁的最优分散协调控制器。另外，依据线性最优控制理论，运用基于次时间最优控制的加权矩阵确定方法设计了单机无穷大系统的可控串补控制器。采用这种方法不仅可以准确、快速地设计出所需的控制器，同时可避免设计者的盲目试验。

（2）非线性协调控制方法。电力系统本身是一个强非线性系统，将非线性方法运用到FACTS 协调控制的研究中，在理论上适用度更高，控制效果也更优。已有研究文献中出现的方法包括李雅普诺夫（lyapunov）方法、直接反馈线性化方法（direct feedback linearization，DFL）、最优变目标控制等。相关研究运用自抗扰控制（disturbance au-to-rejection control，DARC）理论实现 TCSC 与 SVC 的非线性协调控制，该方法理论推导简单，仅需要系统的模糊测量信息，具有良好的鲁棒性和自适应性。有的研究采用直接反馈线性化方法设计了静止同步串联补偿器（SSSC）和 SVC 的协调控制器，通过控制器的协调大幅减弱它们之间的负交互影响。然而，所设计的控制器结构和控制规律比较复杂。利用最优变目标控制理论制定出相应的协调控制策略对 TCSC、SVC 及励磁系统进行协调控制，通过仿真表明该策略能较大地提高单机远距离与系统的暂态稳定性。

（3）智能算法协调控制方法。智能算法协调控制是将传统的控制理论与先进的人工智能算法结合，具有自我学习能力，适合处理非线性、不确定性等问题。将此方法应用于FACTS 的协调控制取得了不错的控制效果。目前常见的智能算法有遗传算法、进化算法、粒子群优化算法（particle swarm optimization，PSO）等。

# 第7章

# 以用户为中心的主动配电网技术

## 7.1 主动配电网

传统意义上的配电网是由配电线路、配电变压器、配电常规开关、配电电容器、配电负荷等所组成的直接向终端用户分配电能的网络系统，一般呈现"闭环设计，开环运行"的特点。随着各种分布式电源大量的接入，配电网逐渐呈现出不确定性、波动性的特点。在运行方式上配电系统经常处于不平衡多相运行状态，负荷和电源以及各种配电装置沿馈线和馈线分支线分散分布。

传统的配电网主要通过常规开关投切、无功电容器组、有载调压变压器等设备进行调控优化，可调控的手段相对较少；而且大多属于离散型变量调控，只有"0和1"的概念，不具备连续灵活调节的能力。尤其是近年来，分布式电源得到长足的发展，未来分布式能源将广泛而高密度地接入配电网，配电网也会变得越来越复杂。传统意义上的调控方式已经越来越难以适应配电网的发展。

在这样的背景下，区别于传统的被动配电网，主动配电网的概念应运而生。主动配电网具备下列特征：首先要具备一定比例的分布式可控资源；其次要有一个网络拓扑可灵活调节、坚强的配电网络；再次要具备完善的调节、控制手段，即建有基于现计算机技术与通信技术的量测、控制与保护系统，具有较高的可观可控水平；最后，也是最重要的一点，要建设一个可以实现协调优化管理的管控中心。

根据国际大电网会议（international council on large electric systems，CIGRE）配电与分布式发电专委会 C6.11 项目组的工作报告，主动配电网可定义为：一种可以综合控制分布式能源的配电网，可以使用灵活的网络技术实现潮流的有效管理，分布式能源在其合理的监管环境和接入准则基础上承担系统一定的支撑作用的配电网。

主动配电网的作用就是变被动控制方式为主动控制方式，依靠主动式的电网管理对这些资源进行整合。因此，现代配电网已经不再等同于仅仅将电力能源从输电系统配送到中低压终端用户的传统配电网，在 2012 年的 CIGRE 年会上 C6 工作组开始考虑采用主动配电系统来代替主动配电网的概念。CIGREC6.19 工作组 2012 年在"主动配电系统规划与优化方法"的研究报告中将主动配电网的概念扩展为主动配电系统，强调一个"整体系统"的概念，认为未来配电网是可以由分布式发电、储能、可控负荷组成的分布式能源进行主动控制和优化运行的有机整体，更全面地反映由具备主动响应和主动控制能力的新型

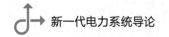

"源–网–荷"构成的未来配电系统的特征。

### 7.1.1 主动配电网的形态架构

主动配电网是具备组合控制各种分布式能源能力的配电网络,通过灵活的网络拓扑结构来管理潮流,能够对不同区域中的分布式能源进行主动控制和主动管理。通过灵活有效的协调控制技术和管理手段,主动配电网可实现对分布式能源的大规模消纳,从而提升配电网资产利用率并提高用户的用电质量和供电可靠性。其"主动"特点主要体现在以下6大方面:

(1)主动规划。相较于传统配电网,主动配电网包含了分布式能源、网络架构、可调负荷、储能元件(以下简称为"源、网、荷、储"),在规划时需要全面考虑协调主动配电网中的可调节性结构组成。在规划设计阶段,就要充分考虑配电网自动化、通信和配电管理系统对改善配电网运行性能所发挥的重大作用,强调协调统一地规划建设坚强可靠的一次电网架构、深度协同的二次自动化系统与功能强大的智能决策支持系统,实现三位一体的协同规划。

在传统配网规划中,不会考虑分布式能源和负荷出力波动性,而是将其当作一种被动的限制条件来接受;但在主动配电网规划中,要变被动为主动,重点关注可调出力的分布式能源和可响应的负荷侧,将其当作一种资源来利用,保证主动配电网能够拥有更加灵活多变的运行方式。

(2)主动感知。配电网的感知是实行主动管理的第一步,只有先了解配电网的运行状态,才能为管理决策提供先决条件。传统配电网很少具备状态测量的站点,只有变电站、开关站等特殊节点装有测量装置,如此有限的信息对于主动配电网来说是远远不够的。

主动配电网必然需要感知当前运行状态,从而保证做出最有利的调控方案。为了适应复杂配电网的运行要求,使配电网运行从被动应对逐步转向主动智能防控。主动配电网需能对配电网进行实时或近实时的态势感知,快速准确地判断出系统安全状态,并基于系统安全属性的历史状态记录,为运行控制人员提供辅助决策。

更广义上,主动感知还包括对配电网大范围、长时间运行状态的感知。对相应的大量数据信息进行搜集、分析、统计,并在各种不同类别的配电网系统内将这些数据进行合理运用。如科学有效管理相应的配电数据、搜集当地城市的地质环境数据、城市的气候规律、对能源网络系统建设、对应客服管理、当地居民的用电情况、制定电网运行战略方案、天气预测数据等。

(3)主动管理。在传统配电网中,分布式能源和负荷侧的波动一般被视为影响配网运行的不利因素,需要大量资源来配合它们的波动性,确保整个配电系统运行稳定。主动配电网的核心功能之一是对配电网资源的主动决策、管理和控制。通过"源–网–荷–储"协调控制可以主动实现源端互补和网端灵活重构。同时,让负荷和储能作为有效的调度资源主动追踪电源出力变化,实现削峰填谷,平抑可再生能源的出力波动,缓解可再生能源出力不确定性带来的影响,最终实现分布式能源的高效消纳,确保配电网安全稳定运行。

(4)主动服务。主动服务包括可以为客户提供定制电力服务,根据客户需要提供满足其需求的、可选择的高品质电能服务;为客户积极参与需求侧响应,改善能效提供技术支撑平台。例如通过提供协调控制手段和公平公正的利润分配机制，将数以百万计的广大用户组织起来，对其空调、热水器等负荷进行集群需求侧响应控制。或者充分利用主动配电网中的可控资源，为上级电网提供电能、在线备用等服务，从而实现配电网与客户、配电网与上级电网之间的全面互动互惠。

（5）主动响应。用户侧需求响应是主动配电网的重要功能之一。开展需求侧响应，可以使电动汽车、空调、电热水器等可调负荷参与电网运行控制，达到移峰填谷、改善电网负荷特性，提高电网资产利用效率的目的。用户根据电网企业制定的价格或者服务政策，可以主动地为电网提供辅助服务，同时获得一定的经济收益；从而使电网企业减少电网投资，提高电网资产利用率。

（6）主动参与。主动参与主要指分布式能源的主动参与。当前，在世界能源危机和传统能源枯竭的背景下，分布式可再生能源的发展成为必然趋势。在未来，这些可再生能源的占比将会越来越大。然而，以光伏发电和风能发电为主的分布式可再生能源发电受天气影响很大，呈现出随机性、波动性的特点。当这类分布式电源的比例较大时，这些特点不仅对配电网的控制运行造成影响，甚至会影响输电网的运行。消纳可再生能源发电不仅是电网公司的责任，可再生能源发电的厂商也应尽到自己的责任。

电网公司和监管机构需要制定相应的鼓励政策，激励分布式可再生能源发电厂商通过安装先进的电力电子控制设备和储能装置，主动地改善其机组的控制能力，使分布式电源与电网实现主动友好互动，与电网公司共同努力，提高电网对可再生能源发电的容纳能力。借助主动配电网的有关技术，推广城市能源网络系统，使其能够在短时间内实现其他类型短缺能源的弥补。

### 7.1.2　主动配电网的优化运行策略

在主动配电网中，可以利用的资源日益复杂，包括可控型分布式能源、不可控型分布式能源、可控负载、电动汽车、储能装置、无功补偿设备等。其中，在可能仍有一些分布式能源不可控的同时，另外部分的分布式能源由"不可控"变为"可调度"，与配电网的传统优化手段相互配合。储能装置的接入可以起到削峰填谷、平滑扰动的作用。未来广泛推广的电动汽车回馈电网技术可以向电网提供辅助服务，以提高电网的运行效率和安全性。

如上所述，正是因为主动配电网中的可调度资源变得如此复杂，主动配电网的优化运行研究也日益进入人们的视线，其优化调度策略逐渐向着多目标、多约束的方向发展。如何充分调动如此多的资源，满足配电网运行的多项需求，实现主动配电网的优化调度是一个规模庞大的课题，目前还处于不断研究和完善的过程中。

主动配电网全局能量管理系统是能够全面协调多个资源,进行全局调度的一种优化运行策略，是未来发展的可观方向。主动配电网的全局优化能量管理系统是最高层次的决策单元，作为实施配电网主动管理的关键技术手段，其主要功能包括潮流管理、电压协调控制、分布式能源协调控制以及快速网络重构等。

实现配电网全局能量管理具体的流程如下:通过配电网数据采集与监控系统采集的网络数据以及各分布式电源的状态信息后，在对负荷需求以及间歇式能源发电功率进行预测的基础上,根据最优化算法计算出长时间尺度下的全局优化控制策略,并得出各自治区域与网络的功率交换目标值。各区域根据该目标值和实际运行状况,通过区域自治控制策略实现在长时间尺度优化协调控制的间隔周期内各个分布式电源的实时协调控制,以修正实际运行工况与理想优化工况的偏差,使得主动配电网整体运行在全局优化与区域自治相协调的环境下,长时间尺度的全局优化控制确保网络运行的经济性,而短时间尺度的区域自治控制提升系统运行的鲁棒性。

与传统的电压/无功控制不同,主动配电网的优化运行是一个全方位、多层次的优化。需要注意的是,尽管传统的电压/无功控制也提出了分层控制策略,但与主动配电网"源-网-荷-储"的全方位优化有所区别。因为传统的电压/无功分层控制主要目的是通过分层分区从而降低控制的逻辑复杂度,简化控制策略,缩短运算时间,通过不同层次的控制配合,实现兼顾网络复杂性与调度实时性的电压控制;而主动配电网全局能量优化管理系统实现全方位优化的主要目的,是全面协调各个资源,实现整体的统筹优化,达到全局的最佳优化效果。

也就是说,传统的电压/无功控制局限于关注系统的无功平衡,其可以成为主动配电网的全局能量优化管理的一个组成部分。除此之外,主动配电网还要兼顾分布式能源和负荷的有功平衡、网络结构的调整、储能设施的调度等多个方面。

从各个方面的协调调度来看,主动配电网兼顾各个方面,实现电源、网架、负荷、储能等多方位的协调调度。"源-网-荷-储"的全面互动和协调平衡是主动配电网的发展趋势。目前,已有源源互补、源网协调、网荷互动、源荷互动等互动调度形式。

(1)源源互补。通过不同电源间的出力时序特性和频率特性进行互补来促进可再生能源的消纳。传统常规电厂协调可再生能源出力虽能较好实现可再生能源入网,但常规电厂备用容量高,成本较大,而基于出力时序特性进行的多种分布式发电出力互补,如风光互补、风光水火互补等,能有效促进可再生能源的消纳,在一定程度上缓解可再生能源出力的波动性和间歇性。

(2)源网协调。配电网相比输电网的特点之一是能够拥有较为灵活的网络拓扑,通过联络开关实现网络拓扑结构的调整。此外,网架侧还装有并联电容补偿器等无功调节装置,实现网络沿线的无功优化。分布式能源接入配电网时,通过对分布式能源接入位置、容量进行优化,同时以网络拓扑结构调整和无功优化相配合,实现分布式能源和配网网架的相互协调,从而实现不同分布式能源的高效消纳,提升配电网的运行性能。

(3)网荷互动。在需求响应机制下利用柔性负荷参与电网的辅助服务以促进电网优化运行,如参与电网无功优化进行电压调节、参与有功优化进行频率调节、参与有功优化缓解与主网交换功率的波动、减小网络损耗等。

(4)源荷互动。通过利用柔性负荷、需求响应来调节电网峰谷差和促进可再生能源消纳。目前,在源荷互动方面开展了可行性及效益分析、商业运作模式和政策机制、协同规划模型、调度算法研究、试点实施等工作。

在未来的研究中,主动配电网仍需进一步地分析参与对象时序特性、频域特性、结构特性和供需特性,建立能够全面考虑"源-网-荷-储"调度机理,并且考虑多个时间尺度下的主动配电网优化互动模型,形成全方位、多时间尺度的全局能量管理系统,完善配电网的优化运行策略。

### 7.1.3 主动配电网中的需求侧响应策略

随着电力改革的不断推进,我国的电力工业以及电力市场设计也正在从以往单一的供应侧管理向供应侧和需求侧双向管理发展,能源规划方面也从过去的供应侧规划走向综合资源规划。这意味着,长期以来人们传统意识中的负荷侧将由完全不可控变为可控,在规划阶段负荷侧将不再被视为完全的限制条件,而是有可能成为可以利用的一项资源。

其次,随着电力市场的不断发展和改革,我国的用电管理方式也逐步向着理念更为领先,更具市场特点的需求侧管理方向发展。电力市场将逐渐深入我国,可以引导用户侧行为,引导整个电力系统的用电行为,为用户侧调度创造必要条件。

最后,智能电网技术的快速发展为各国的需求侧响应规划提供了新的研究方向,为需求侧响应机制的更新换代起到技术支撑的作用,两者的结合不仅能充分利用智能电网技术,还可以尽早排除需求侧响应机制于实践应用中存在的技术障碍,包括对配电网运行状态的感知、对配电网运行资源的调控等。

在上述背景下,需求侧响应的概念应运而生。从广义上讲,需求侧响应是指电力市场中用户针对价格或者激励机制的变化做出响应从而改变其电力消费的市场参与行为。对于我国来说,如何对需求侧响应资源的价值进行评价,如何发挥需求侧响应在国家能源战略中的显著作用,是值得探讨的问题。

在国外的研究报告中,需求侧响应也被定义为:终端用户由于电价变化而改变其原来的用电模式。对于该定义有两种理解:第一是电价随着时间以及政策的更迭而改变,用户对电价的改变及时做出响应,改变其自身的用电模式。其中,用电模式的改变不仅包括用电数量的变化,还包括用电时间、用电方式方面的变化。第二是由于降低用电需求可以得到经济利益或者其他方面的好处时,终端用户就会改变原来的用电模式来追求这种经济利益或好处。以上两种情况都属于需求侧响应的概念范畴。

**1. 需求侧响应的原理**

根据经济学理论,一般商品的需求量受到价格影响,一般随着价格的上涨而缩减,随着价格的下降而增加。电力作为一种特殊的商品,同样遵循着基本的微观经济学原理。

在实际电力市场中,需求是随着时间和价格的变化而变化的。在电价信号指令下,可削减负荷可以被用来改善用户负荷形状,实现电能消耗的减少和用电的优化,达到优化系统资源配置的效果。由于电力需求往往会以一定的价格弹性呈现,市场机制可发挥重要作用,由市场价格引导需求侧的用电行为。需要指出的是,价格和需求在不同时点也是相互关联的。因此,与某一时点内价格相对应的负荷,同时也可能会对其他时点价格所对应的负荷产生影响。

需求侧响应可以带来与发电侧资源相似的资源价值,减缓发电边际成本的过快增长,稳定电价,推动电网移峰填谷,缓解拉闸限电情况的产生;减小用电负荷波动,提高电网的运行效益。

**2. 实施需求侧管理的手段**

对配电网的需求侧进行管理的主要手段包括技术手段、经济手段、诱导手段、行政手段等。这些手段以不同方式影响着用户的行为，引导用户按照既定的方案实施，满足负荷侧的用电规律，且有利于主动配电网安全稳定、经济高效的运行。

（1）技术手段。技术手段是指针对具体的管理对象，以及生产工艺和生活习惯的用电特点，采用先进节电技术和设备来提高终端用电效率或改变其用电方式。技术的发展必然是需求侧响应的基础。一般来说，主动配电网的技术围绕用户侧，其主要可以分为改变用户的用电方式、提高用电效率两个方面。

1）改变用户的用电方式。

（a）电力负荷控制装置。电力负荷控制装置是指落实用电负荷管理的技术手段。该装置可对分散在供电区内众多的用户用电进行管理，适时拉合用户中部分用电设备的供电开关或为用户提供供电信息，例如利用时间控制器和需求限制器等自控装置实现负荷的循环和间歇控制，是比较理想的电网错峰控制方式。

（b）储能技术。储能具有响应速度快和爬坡灵活特性，可以视为一种特殊的"负荷"，接入配电网关键节点后可以辅助配电网调节，促进配电网安全、高效、经济运行。面向主动配电网的需求侧应用，储能可以发挥平抑波动、削峰填谷、改善电能质量、延缓电网升级改造等功能。

2）提高终端用电效率。

（a）居民用电。如今市场上节能型电冰箱、节能型电热水器、变频空调器、热泵热水器等产品层出不穷，这些都为提供终端用电效率发挥很好的价值。选择高效节能照明器具替代传统低效的照明器具，使用先进的控制技术以提高照明用电效率和照明质量。居民用电是负荷的重要组成部分，提高居民用电效率就可以较好地为需求侧管理创造条件。

（b）工业用电。在部分工业区，工业用电占据了主导地位。而在工业用电中，又以感应电动机和加热装置居多。因此，选用合适电动机，应用调速技术，降低电动机空载率，实现节电运行；选择高效电加热技术远红外加热，微波加热，中、高频感应加热等技术。

（2）经济手段。经济手段是指根据微观经济学原理，发挥价格杠杆调节电力供求关系，刺激和鼓励用户改变消费行为和用电方式，减少电量消耗，主动引导用户的一种有效手段。

经济手段的主要措施包括灵活的电价结构、直接经济激励和需求侧竞价，特点是重视需求方的选择权，用户可以根据激励性的经济手段主动响应，根据自身情况灵活选择用电方式、用电设备和用电时间，在为社会做出增益贡献的同时，也降低了自己的生产和生活成本。

1）调整电价结构。调整电价结构是一种很有效、便于操作的经济激励手段。国内外实施通行的电价结构有容量电价、峰谷电价、季节性电价、可中断负荷电价等。调整电价结构不等于提高电价水平，而是通过价格体现电能的市场质量差别，电价形成机制多元化，既能激发电网公司实施需求侧管理的积极性，又能激励用户主动参与需求侧管理活动，同时通过电价调整程序也可以回收需求侧管理相关的各项投资和费用。

2）需求侧竞价。需求侧竞价是在电力市场环境下出现的一种竞争性更强的激励性措施。电力终端用户采取节电措施消减负荷相当于向系统提供了电力资源，从而被形象地称为"负瓦数"。用户获得的可减电力和电量可以在电力交易所采用招标、拍卖、期货等市场交易手段卖出，获得一定的经济回报，并保证了电力系统运行的稳定性和电力市场运营的高效性。

3）直接激励措施。

（a）折让鼓励。折让鼓励是指为了克服高效节电产品价格偏高、销量小、生产积极性低的市场障碍，给予购置削峰效果明显的优质节电产品的用户、推销商或生产商适当比例的折让，吸引更多的参与者参与需求侧管理活动，形成节电的规模效应。折让鼓励是市场竞争环境下最直接、最易于操作的市场工具。

（b）节电奖励。节电奖励是在对多个节电竞选方案进行可行性和实施效果的审计和评估后，对优秀节电方案给予"用户节电奖励"，借以树立节电榜样，以激发更多用户提高用电效率的热情。

（c）借贷优惠鼓励。借贷优惠鼓励是向购置高效节电设备，尤其是初始投资较高的那些用户提供低息或零息贷款，以减少他们参加需求侧管理项目在资金短缺方面存在的障碍。

（d）免费安装或节电设备租赁。为了更好地推行节点设备，实行免费安装鼓励是对收入较低或对需求侧管理反映不太强烈的用户，全部或部分免费安装节电设备。节电设备租赁是为鼓励用户节电，把节电设备租借给用户，以节电效益逐步偿还租金的办法。

（3）宣传诱导手段。事实上，用电侧的行为并不完全按照经济学原理进行。用户作为消费者，在决定用电行为时除了依据经济最优的原则外，心理上还会受到社会上各种宣传诱导手段的影响。

宣传诱导手段是通过节能知识宣传、信息发布、技术推广示范、政府示范等手段，引导用户知道如何用最少的资金获得最大的节能效果，提高对节电的接受和响应能力，并在使用电能的全过程中自觉挖掘节能的潜力。宣传诱导手段时效长、成本低、活力强，是一种有效的市场手段。

（4）行政手段。行政手段是指政府及有关职能部门，通过出台行政法规、制定经济政策、扶持节能新技术、推行强制能源效率标准等措施规范电力消费和市场行为，推动全社会开展节能增效，实现资源节约、保护环境目标所进行的管理活动。行政手段不是单纯的拉限电，政府大多数时候也不直接参与具有商业利益的运营活动，而是发挥策划、监督、调控能力和权威性、指导性、强制性优势，增强市场导入能力，保障市场健康运转。

需要指出的是，上述各种手段并不是互相割裂、独立作用于需求侧的，而是相互联系、彼此制约，形成综合协调的需求侧管理。在大多数情况下，需要多种手段联合运用，才能达到主动管理需求侧，主动调整配电网运行状态的目的。

# 7.2　柔性多状态开关技术

## 7.2.1　柔性多状态开关的功能与拓扑

**1. 柔性多状态开关的基本概念**

传统配电网处于电力系统的末端，直接面向电力用户，承担着分配电能、服务客户的重任。现有配电网正面临用电需求定制化和多样化、分布式电源接入规模化、潮流协调控制复杂化等多方面的巨大挑战。这些问题采用常规开关等传统调控手段难以同时得到有效解决。

柔性多状态开关（soft nomarlly open point，SNOP）采用电力电子新技术，与常规开关相比，不仅具备闭合和/断开两种状态，而且增加了功率连续可控状态，兼具运行模式柔性切换、控制方式灵活多样等特点，可避免常规开关倒闸操作引起的供电中断、合环冲击等问题，还能缓解电压骤降、三相不平衡现象，促进馈线负载分配的均衡化和电能质量改善，为未来智能配电网的实施提供关键技术与设备支撑。

柔性多状态开关主要安装在传统联络开关处，可以对两条馈线之间传输的有功功率进行控制，并提供一定的电压无功支持，如图 7-1 所示。柔性多状态开关代替传统联络开关后形成的混合供电方式结合了放射状和环网状供电方式的特点，给配电网运行带来的好处主要包括：① 平衡两条馈线上的负载，改善系统整体的潮流分布；② 进行电压无功控制，改善馈线电压水平；③ 降低损耗，提高经济性；④ 提高配电网对分布式电源的消纳能力；⑤ 故障情况下保障负荷的不间断供电。

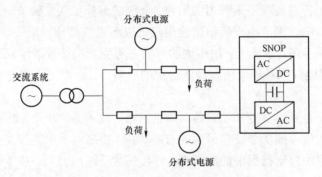

图 7-1 柔性多状态开关的接入位置

柔性多状态开关的具体装置主要有背靠背电压源型变流器（B2B voltage source converter，B2B VSC）和统一潮流控制器（unified power flow cntroller，UPFC）两种，这两种装置都是基于全控型电力电子器件实现的。B2B VSC 的拓扑结构是由两个变流器经过一个直流电容器连接实现，如图 7-2 所示。

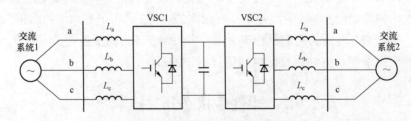

图 7-2 B2B VSC 拓扑结构

表 7-1 列出了 B2B VSC 的典型控制模式。在正常运行情况下，一个变流器实现对直流电压的稳定控制，另一个变流器实现对传输功率的控制。由于每个变流器都可以同时控制两个状态量，因此，还可以对变流器的无功功率或者交流侧电压进行控制。在故障发生时，通过切换控制模式，变流器提供系统电压和频率的支撑，实现非故障区域不间断供电。

| 控制模式 | VSC1 控制方式 | VSC2 控制方式 | 适用场景 |
|---|---|---|---|
| 1 | $PQ/PV_{ac}$ 控制 | $V_{dc}Q/V_{dc}V_{ac}$ 控制 | 正常运行 |
| 2 | $V_{dc}Q/V_{dc}V_{ac}$ 控制 | $PQ/PV_{ac}$ 控制 | 正常运行 |
| 3 | $V_f$/下垂控制 | $V_{dc}Q/V_{dc}V_{ac}$ 控制 | VSC1 侧交流系统发生故障 |
| 4 | $V_{dc}Q/V_{dc}V_{ac}$ 控制 | $V_f$/下垂控制 | VSC2 侧交流系统发生故障 |

表 7-1    **B2B VSC 的控制模式**

**2. 柔性多状态开关的数学模型**

$PQ - V_{dc}Q$ 控制模式下，柔性多状态开关的可控制变量包括 3 个，分别为 VSC1 的有功功率输出 $P_1$、两个变流器各自的无功功率输出 $Q_1$ 和 $Q_2$，如图 7-3 所示。图中 $S_{1max}$ 和 $S_{2max}$ 分别为柔性多状态开关的两个变流器的接入容量。虽然柔性多状态开关本身存在一定的有功损耗，但在进行整个配电系统尤其是面向大规模配电系统的运行优化时，单个或少数装置的有功损耗相对系统损耗而言非常小，因此这里暂不考虑柔性多状态开关的有功损耗。因此可假定两个变流器的有功功率相等，即 VSC2 的有功功率输出为 $-P_1$。两个变流器的无功输出因直流的隔离而互不影响，仅需满足各自的容量约束即可。

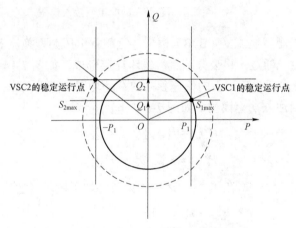

图 7-3    B2B VSC 运行范围

如图 7-4（a）所示，柔性多状态开关安装在配电网中的传统联络开关处。这些位置允许设备控制相邻馈线或母线之间的有功功率，或者通过外接端口吸收无功功率。图 7-4（b）为柔性多状态开关的模型示意图。$P^I_{S\_inj}$，$P^J_{S\_inj}$ 和 $Q^J_{S\_inj}$ 分别为注入到节点 $I$ 和 $J$ 的有功功率和无功功率。将这些注入功率作为决策变量，考虑柔性多状态开关的节点 $I$ 的潮流可以通过一系列的递推公式计算。

$$P_i = P_{i-1} - P_{loss(i-1,i)} - P_{L,i} \tag{7-1}$$

$$Q_i = Q_{i-1} - Q_{loss(i-1,1)} - Q_{L,i} \tag{7-2}$$

$$|V_i|^2 = |V_{i-1}|^2 - 2 \cdot (r_{i-1}P_{i-1} + x_iQ_i) \tag{7-3}$$

边界条件为

$$P_n = P_{loss(n,sI)} - P_{S\_inj}^I \tag{7-4}$$

$$Q_n = Q_{loss(n,sI)} - Q_{S\_inj}^I \tag{7-5}$$

其中，$P_{i-1}$、$P_i$、$P_n$、$Q_{i-1}$、$Q_i$ 和 $Q_n$ 代表从节点 $i-1$、节点 $i$ 和馈线末端节点 $n$ 流出的有功功率和无功功率；$P_{loss(i-1,i)}$ 和 $P_{loss(n,sI)}$ 代表了节点 $i-1$ 和节点 $i$，节点 $n$ 和柔性多状态开关外接端口 I 之间的线损；$P_{L,i}$ 和 $Q_{L,i}$ 是节点 $i$ 的有功功率和无功功率负荷；$r_{i-1}$ 和 $x_{i-1}$ 是节点 $i-1$ 和 $i$ 之间的电阻和电抗；$V_i$ 是节点 $i$ 的电压。节点 $J$ 具有类似的带有边界条件的递推潮流方程。

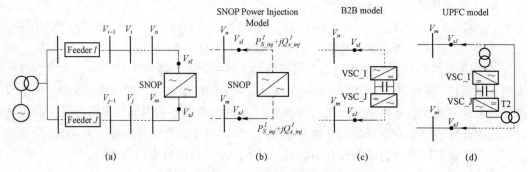

图 7-4  柔性多状态开关的配电网接入模型

（1）背靠背电压源型换流器（B2B）模型。背靠背电压源型换流器（B2B）由两个电压源型换流器（VSC）通过一根公共的直流线路连接形成，如图 7-4（c）所示。两个换流器提供了在 PQ 平面四个象限上的快速独立的有功功率和无功功率控制。B2B 模型被用于柔性多状态开关的注入功率模型，如图 7-4（b）所示。

$$P_{S\_inj}^I = P_{VSC}^I, \quad Q_{S\_inj}^I = Q_{VSC}^I \tag{7-6}$$

$$P_{S\_inj}^J = P_{VSC}^J, \quad Q_{S\_inj}^J = Q_{VSC}^J \tag{7-7}$$

功率平衡、VSC 容量和端口电压的运行约束条件如下所示（忽略设备损耗）：

$$
\begin{aligned}
&P_{VSC}^I + P_{VSC}^J = 0 \\
&S_{VSC}^I = \sqrt{P_{VSC}^{I\,2} + Q_{VSC}^{I\,2}} \leqslant S_{VSC,rate}^I \\
&V_{sI} \leqslant V_{VSC,rate}^I
\end{aligned} \tag{7-8}
$$

式中：$P_{VSC}^I$、$P_{VSC}^J$、$Q_{VSC}^I$ 和 $Q_{VSC}^J$ 分别为 VSC 提供给馈线 I 和 J 的有功功率和无功功率；$S_{VSC,rate}^I$ 为连接到馈线 I 上的 VSC 的额定功率；$V_{sI}$ 和 $V_{VSC,rate}^I$ 为交流断面的实际电压与最大电压值。

另一个连接到馈线 J 上的 VSC 具有类似的限制条件。

（2）统一潮流控制（UPFC）模型。UPFC 的结构与 B2B 不同。在 UPFC 中，其中一个 VSC 与交流网络通过变压器（T2）串联，如图 7-4（d）所示。UPFC 的潮流控制策略通过注入串联的幅值 $V_{pq}$ 和相角 $\rho$ 可控的电压实现。UPFC 模型被用于柔性多状态开关的注入功率模型，如图 7-4（b）所示。

$$P_{S\_inj}^I = \frac{V_{sI} \cdot V_{sJ}}{X_s} \cdot \sin\theta_{sIJ} + \frac{V_{sJ} \cdot V_{pq}}{X_s} \cdot \sin(\theta_{sIJ} + \rho)$$

$$Q_{S\_inj}^I = -\frac{V_{sI} \cdot V_{sJ}}{X_s} \cdot \cos\theta_{sIJ} + \frac{V_{sI}^2}{X_s} + \frac{V_{sI} \cdot V_{pq}}{X_s} \cdot \cos\rho - Q_{VSC}^I$$

$$P_{S\_inj}^J = -P_{S\_inj}^I \tag{7-9}$$

$$Q_{S\_inj}^J = -\frac{V_{sI} \cdot V_{sJ}}{X_s} \cdot \cos\theta_{sIJ} + \frac{V_{sJ}^2}{X_s} + \frac{V_{sJ} \cdot V_{pq}}{X_s} \cdot \cos(\theta_{sIJ} + \rho)$$

式中：$\theta_{sIJ}$ 为两个柔性多状态开关输出端口的相角差；$X_s$ 为 UPFC 的等效电抗。

注入串联电压 $V_{pq}$ 为

$$V_{pq} = r \cdot V_{sI} \tag{7-10}$$

式中：$r$ 为 UPFC 运行域的半径。

功率平衡、VSC 容量和端口电压的运行限制条件与 B2B 相同。但是，串联侧的 VSC 容量为

$$S_{VSC}^J = \left| P_{VSC}^J + jQ_{VSC} \right| = \left| \overline{V_{pq}} \cdot \left( \frac{\overline{V_{sI} + V_{pq}} - \overline{V_{S_J}}}{jX_s} \right)^* \right| \leqslant S_{VSC,rate}^J \tag{7-11}$$

**3. 柔性多状态开关的工程应用**

杭州大江东示范工程的研究目标是研制柔性多状态开关装置、创新接入模式、开发试验平台、突破区域配电网的优化运行和自愈控制关键技术。为支撑柔性多状态开关示范工程建设，实现配电网优化运行，解决了以下难题：

（1）多端多电压等级柔性多状态开关拓扑构造规律及其模块化、紧凑化实现；

（2）满足多元供需互动和自愈控制要求的柔性多状态开关调控理论与技术；

（3）面向定制电力的配电网柔性多状态开关需求评估与接入模式。

柔性多状态开关装置为三端，电压等级分别为 10、10kV 和 20kV，每端容量均为 10MVA，实现杭州大江东地区配电网 20kV 供区与两个存在 30° 相角差的 10kV 供区之间的互联。柔性多状态开关装置的占地面积小于 250 m²。

在示范工程中，需要满足的指标有：柔性多状态开关的装置端数不小于 3 端，电压不小于 10kV，容量不小于 6MVA；恒功率控制模式下，开关流过功率可控，误差小于 1%；恒压控制模式下，可实现重要负荷不间断供电，电压控制误差小于 1%；馈线负载均衡度不小于 90%。

上述部分指标的具体含义如下：

（1）柔性多状态开关装置在恒功率控制模式运行时，流过开关功率可控，有功功率控制误差小于 1%，无功功率控制误差小于 1%；有功 50% 阶跃情况下阶跃响应时间在 20ms 以内，无功 50% 阶跃情况下阶跃响应时间在 20ms 以内。

（2）柔性多状态开关装置运行在恒压控制模式时，可实现重要负荷不间断供电，电压控制误差小于 1%。

（3）示范工程中馈线负载均衡度不低于 90%。负载均衡度的计算公式为

$$Z_B = 1 - \frac{\sum\limits_{j=1}^{N_T} \sqrt{\dfrac{\sum\limits_{i=1}^{N_F}(S_{ij} - \bar{S}_j)^2}{N_F}}}{N_T} \qquad (7-12)$$

式中：$N_F$ 为与柔性多状态开关相连的馈线条数；$S_{ij}$ 为第 $j$ 个采样时刻第 $i$ 条馈线的馈线负荷率；$\bar{S}_j$ 为第 $j$ 个采样时刻 $N_F$ 条馈线的平均负荷率；$N_T$ 为馈线负载均衡计算点的个数，依据日馈线负载均衡度、月馈线负载均衡度和年馈线负载均衡度的区别；$N_T$ 可依次采用式（7-13），其中 $T_S$ 为采样间隔时间，单位为小时。

$$N_T = \frac{24}{T_S}, \quad N_T = \frac{30 \times 24}{T_S}, \quad N_T = \frac{12 \times 30 \times 24}{T_S} \qquad (7-13)$$

（4）柔性多状态开关装置的强迫停运等效年可用率不低于 99%。装置强迫停运等效年可用率的计算公式为

$$装置强迫停运等效年可用率 = 1 - \frac{装置强迫停运时间(h)}{8760} \times 100\% \qquad (7-14)$$

杭州大江东柔性多状态开关示范工程示意图如图 7-5 所示。

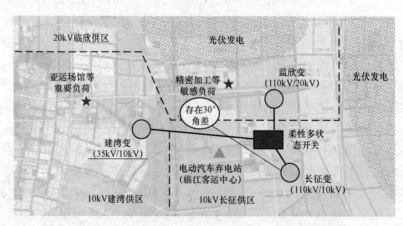

图 7-5  杭州大江东柔性多状态开关示范工程示意图

## 7.2.2  基于柔性多状态开关的配网灵活调度

柔性多状态开关能够替代传统配电网中的分段开关和联络开关，将复杂有源配电网分解为若干个子网络。正常运行情况下，配电网能够合环运行，实现稳态运行时区域网络的潮流互济。发生故障时，通过柔性多状态开关在保持物理连接的情况下实现电气上的解耦，限制分区之内的故障电流，提高配电网故障自愈能力和供电可靠性。因此，安装在主动配电网中的柔性多状态开关能够实现减小网损、改善电压质量、提高馈线负荷均衡度、提高电网自愈能力和提高 DG 消纳能力等功能。

现有研究介绍了柔性多状态开关的功能和原理，提出了含柔性多状态开关的配电网运行优化模型，并将其和网络重构进行了对比分析，从降损、电压改善和适应分布式电源突

变能力等方面验证了柔性多状态开关的有效性和可行性。

针对分布式电源和负荷随机波动的特点,已有研究提出了主动配电网中基于软动合开关的多时间尺度控制策略。考虑柔性多状态开关的运行工作特性,提出了在长时间尺度上通过配电网全局优化实现对柔性多状态开关的输出进行控制、在短时间尺度上通过引入电压波动迟滞控制实现对柔性多状态开关的输出参考值的动态调整的策略,以维持线路电压平稳,提升分布式电源的消纳能力。

针对主动配电网中分布式电源和负荷的不确定性,提出了适用于配电网的线路潮流介数的概念,并将其应用于柔性多状态开关的配置分析。将优化配置与配电网重构相结合,以网络损耗和电压偏差最小为目标,建立了配电网联合优化运行模型。该模型可以实现配电网多时间尺度上的优化,不但能保证柔性多状态开关输出功率具有一定的裕度,而且有效减少了重构动作次数。

现有研究建立了柔性多状态开关的电压无功控制问题的时序模型,该模型数学上属于大规模非线性规划问题;通过采用凸松弛技术将其转化为二阶锥模型,实现了模型的快速、准确求解。

现有研究建立了联络开关和柔性多状态开关并存时配电网运行的时序优化模型,该问题在数学上属于混合整数非线性优化问题;采用一种基于模拟退火和锥优化的混合优化算法进行求解,该算法利用 SA 实现开关状态的快速求解,利用 CP 实现柔性多状态开关传输功率的准确计算,解决了大规模混合整数非线性优化问题的快速、准确求解,并满足时序优化问题的计算需求。

在一个配电网所有可行的网络结构中,必然存在某一个结构使系统在此结构下运行指标(如网络损耗、系统电压水平和负荷平衡程度等)比其他结构要好。配电网重构的主要工作就是计算满足优化指标的最优网络结构。配电网重构的前提是重构后的网络结构仍满足拓扑约束,重构方式是通过分段开关和联络开关的开闭切换,实现配电网拓扑结构的调整,来降低配电网损耗、改善供电质量、快速隔离故障、减少停电损失,从而优化配电网运行和提高供电可靠性。对于主动配电网而言,网络重构主要具有 4 个方面的意义:① 在经济性方面,能够降低网络损耗;② 在电压方面,能够防止过电压,提高电压质量;③ 在负荷方面,能够提高负荷均衡度;④ 在分布式电源消纳方面,能够提高分布式电源的消纳量。

现有研究提出了一种多智能体协同寻优的主动配电网动态拓扑重构机制。它在系统层面对于多智能体系统架构进行了研究,提出了详细的模块设计,包含改进粒子群算法、图论避免不可行解和层次分析法多目标决策等。并且分析了系统的断面重构解集评估协调方法以及动态重构最终解的形成问题。

有研究指出,依据多目标优化理论,建立了以总网损期望最小和分布式发电量损失最小为优化目标的主动配电网重构模型,并通过求解 Pareto 解集的方式处理多目标优化问题。多目标重构模型中,除了考虑分布式电源接入以外,还考虑了潮流约束、DG 功率约束、支路功率约束、电压约束和网络结构约束等条件。

现有研究提出了以提高 DG 能力为目标函数的配电网动态重构方法。它构建了相应的数学模型,模型以一天为周期,考虑风电和光伏两种 DG 的时段特性,提出了随时段变化的配电网动态重构模型，并采用遗传算法对其进行了优化。

现有研究利用免疫算法进行分层优化，第1层以网损最小为优化目标，采用传统静态重构优化方法，不考虑开关动作次数限制及操作费用，确定各时段内的开关动作方案，并将该开关动作方案作为第2层优化的搜索空间，在第2层优化中考虑开关动作次数限制及操作费用约束，根据运行费用最低原则确定最优网络重构方案。

现有研究建立了含分布式发电的配电网网架双层规划模型，上层规划以年综合费用最小为优化目标，下层规划以分布式电源出力切除量最小优化为目标，并在约束条件中考虑了分布式发电接入对配电网可靠性的影响。考虑风电、光伏发电出力及负荷的不确定性，分别利用单亲遗传算法和原对偶内点法来求解上下层规划模型。

### 7.2.3　基于柔性多状态开关的配网协调控制

考虑到未来配电网控制方式的复杂化和数据信息的海量化，在配电网调控中必须考虑通信的延迟和计算时间的需求，采用集中式控制的全局优化无法满足具有较强随机性和快速变化性的配电网需求。因此，采用低硬件需求和能够快速响应的分布式控制成为一个合理的选择。为了实现未来配电网的主动优化控制，需要同时兼顾全局优化和局部自治。由于全局优化通常基于历史数据或预测数据，无法和实际运行状态完全一致，且全局优化与实时控制相比响应时间较长。因此需要在全局优化基础上实现局部协调自治。

为了实现基于柔性多状态开关的配电网协调控制，可以将配电网视作一个多智能体系统。受到社会性昆虫的启发，研究者们提出了多智能体系统一的概念。多智能体系统是由分布配置的大量自治或半自治的子系统智能体通过网络互联所构成的系统，是一种复杂的大规模"系统的系统"。它的特点在于：

（1）包含很大数量的弱耦合子系统，每个子系统处理信息和执行信息的能力又较为有限而不足以单独完成整个复杂任务；

（2）系统中的每个个体均具有一定程度的自主能力，但是却仅具有有限的、局部的传感和通信能力；

（3）系统没有中心的控制与数据，这样系统更具有鲁棒性，不会由于某一个或者几个个体的故障而影响整个系统的运行；

（4）可以不通过个体之间直接通信而是通过非直接通信进行合作，这样系统具有更好的可扩充性；

（5）具有大规模的分布式，这样能更好地适应网络环境下的工作状态。大规模的移动式机器人群，具有可机动节点的传感器网络等都是典型的多智能体系统。多智能体系统是近年来发展起来的一门新兴的复杂系统科学，同时它也是一门涉及生物、数学、物理、控制、计算机、通信以及人工智能的综合性交叉学科。目前多智能体系统的协调控制问题已经得到来自这些领域的科研工作者的广泛关注。

在多智能体系统的协调控制问题中，协作所需要的信息通过一系列的方式在系统个体之间共享。例如相对位置传感器可以使智能体建立关于其他个体的状态信息，智能体之间的信息通过无线网络进行共享，这些信息包括相同的控制算法，共同的目标，或者相对位置信息。对于一个有效的协调控制策略来说，在一组智能体执行任务的过程中，应具有仍然能够应付环境的改变或者突发状况的能力。而且，随着环境的变化，需要根据个体之间的局部信息设计出针对个体的协作策略控制律，使个体能够在某些关键信息关键量上达到一致或共享。所谓一致性问题，就是多智能体系统中的个体按照某种控制规律，通过之间的相互作用、相互影响，每个个体的状态达到一致或共享。一致性问题作为智能体之间合作协调的基础，在多智能体系统的研究中长期占有重要的地位，并且到目前为止已经形成了比较系统的理论体系。

在引入多智能体系统的基础上，可以采用一致性算法实现含柔性多状态开关的配电网进行分布式控制。下面为一阶系统一致性算法的简要介绍。

智能体的动态模型为

$$\dot{x}_i(t) = u_i(t) \tag{7-15}$$

式中：$\dot{x}_i(t)$ 为智能体 $i$ 在 $t$ 时刻的状态；$u_i(t)$ 为智能体 $i$ 在 $t$ 时刻的输入。

为了保证所有智能体的状态趋于一致，采用的控制律为

$$\dot{x}_i(t) = \sum_{j \in N_i(t)} a_{ij}(t)[x_j(t) - x_i(t)] \tag{7-16}$$

式中：$N_i(t)$ 为 $t$ 时刻能够和智能体 $i$ 进行通信的邻居集；$a_{ij}$ 为网络拓扑的邻接矩阵中的元素。

控制律也可以用网络 Laplacian 矩阵描述：

$$\dot{x}(t) = -\boldsymbol{L}x(t) \tag{7-17}$$

其中，$\boldsymbol{L} = [l_{ij}]$，$l_{ij} = -a_{ij}$，$i \neq j$ 且 $l_{ii} = -\sum_j a_{ij}$。

离散一阶系统的控制律为

$$x_i(k+1) = x_i(k) + \varepsilon \sum_{j \in N} a_{ij}(k)[x_j(k) - x_i(k)] \tag{7-18}$$

其中 $0 < \varepsilon < \dfrac{1}{\Delta}$ 为步长，$\Delta = \max_i \left( \sum_{j \neq i} a_{ij} \right)$。将式（7-18）写成矩阵形式有

$$x(k+1) = \boldsymbol{D}(k)x(k)，\quad \boldsymbol{D}(k) = I - \varepsilon \boldsymbol{L}(k) \tag{7-19}$$

其中，$\boldsymbol{D}(k)$ 矩阵中每个元素都为非负实数，且所有行的和均为 1。由 $\varepsilon$ 的定义可知，$\boldsymbol{D}(k)$ 为随机矩阵。

## 7.3　直流配电网技术

20 世纪末，功率半导体技术得到飞速发展，先进的电力电子设备将灵活的交直流转化和直流变压变成现实，为直流配电技术提供了技术上的可行性。与此同时，随着能源结构的变化和用户对电能质量要求的不断提高，直流配电网日益显现出比传统交流配电网更为优越的性能。尤其是在变频技术日益普及和分布式电源大量接入的背景下，直流配电网更能适应源、荷两侧的变化，发挥传统交流配电网不可替代的优势。因此，近几年

来国内外对直流配电网的规划和运行开展了深入的研究，极大地推动了直流配电网的建设和发展。

目前国外对于直流配电网的发展已经做出大量的研究和工程实践。美国北卡罗来纳大学在 2003 年从舰船直流配电领域起步，并最终在 2011 年提出直流配电网的 FREEDM 系统结构。弗吉尼亚理工大学在 2007～2010 年提出"可持续建筑项目"计划，最终建立了 DC 380V 和 DC 48V 的两级直流配电网络，并提出了交直流混合配电系统结构；韩国明知大学于 2007～2012 年建立了与弗吉尼亚理工大学相似的直流配电系统，并对功率变换技术、控制技术和通信技术等方面展开深入研究；意大利米兰理工大学和日本大阪大学分别于 2004 年和 2006 年提出了较为相似的双级结构的直流微电网系统；德国亚琛大学建设了 10、5、1kV 3 个电压等级序列的中压配电网，采用点对点和环状接线两种拓扑结构，是具有代表性意义的中压直流配电系统。

相比于国外先进水平，我国的直流配电网仍处于起步阶段。清华大学对新一代功率器件和高频隔离变换技术等方面展开了研究，提出了基于公共直流母线的电池储能接入系统。台湾国立中正大学在 2010 年对直流配电系统的 5kW 双向换流器的设计和安装进行了相关研究。深圳市供电局联合清华大学、浙江大学等建立柔性直流配电技术实验室，在建设深圳市柔性直流配电网示范工程上取得一定进展。国内多位学者对柔性直流配电网的各个方面做出相关研究。

相比于传统交流配网，直流配网不仅能减少设备的投资和运行的损耗，更能提供友好的分布式能源和变频负荷的接入平台，适应未来能源结构转型的需要。鉴于直流配网的优越性，世界各国纷纷开展相关研究，并且在网络架构、接地方式、优化调度等关键技术上取得一定进展。但是由于换流站等必要设施成本造价的高昂和直流断路器等一些关键技术尚未成熟，现阶段在实际工程中建设全新的直流配电网还没有具备足够优越的可行性和经济性。然而可以预见的是，随着电力电子技术的发展，随着能源结构的转型和供配电智能化的到来，直流配电网必然拥有着巨大的发展前景，并终将在各个应用领域发挥比传统交流配电网更为优越的性能。

### 7.3.1 直流配电网的技术优势

**1. 供电容量**

直流配网比交流配网具有更充足的供电容量。在不考虑电压损耗的限制时，对于绝缘水平相同和电流密度相同的直流和传统交流配电线路而言，线电压 $U_{AC}$、$U_{DC}$ 和线电流 $I_{AC}$、$I_{DC}$ 分别满足 $U_{DC} = 2\sqrt{2/3}U_{AC}$，$I_{DC} = I_{AC}$，则由式（7-20）可知两者的传输容量几乎相等，而双线制直流配网比三线制交流配网节省一条电缆线路的供电走廊。

$$\frac{P_{DC}}{P_{AC}} = \frac{2U_{DC}I_{DC}}{\sqrt{3}U_{AC}I_{AC}\cos\varphi} = \frac{2\left(\frac{\sqrt{2}}{\sqrt{3}}U_{AC}\right)I_{AC}}{\sqrt{3}U_{AC}I_{AC}\times 0.9} = 1.05 \tag{7-20}$$

**2. 传输容量**

不仅如此，考虑到传输距离过远时传输容量从线路绝缘水平和电流密度决定转向由线路末端的电压损耗决定。中压供电容量和距离的关系如图 7-6 所示，直流供电容量平均可以达到交流供电的 10 倍左右。

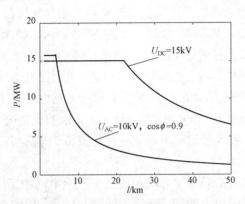

图 7-6　交直流配网最大供电能力与距离的关系

**3. 运行损耗**

在系统运行损耗方面，已有研究综合考虑配电网线路损耗和换流器损耗，给出了系统中不同交直流负荷占比时直流配网和交流配网的损耗对比，见表 7-2。两者在运行损耗上的优劣主要取决于系统中交直流负荷占比和换流器效率，因此可以预见在直流负荷比例日益增多的未来，直流配网将比交流配网有着更好的发展前景。构成直流配网主要损耗的换流器随着电力电子技术的发展存在着巨大的可提升的空间。如果目前工程中使用的换流器的损耗可以减半，则直流配网的损耗将变得低于交流配网。

表 7-2　　　　　　　　　　　　交直流配网网损对比

| AC/DC 负荷比 | 交流配网（kW） | 不同换流器效率下的直流配网（kW） | | |
|---|---|---|---|---|
| | | 95% | 97% | 99.5% |
| 100/0 | 412 | 2317 | 1811 | 1119 |
| 50/50 | 1679 | 1982 | 1313 | 583 |
| 0/100 | 2872 | 1653 | 1008 | 329 |

**4. 电源友好型**

对电源侧而言，随着能源结构的调整，寻求新能源出力并入电网已经成为不可遏止的趋势。光伏发电、风能发电、微型燃气轮机、小型水力发电等大量分布式能源越来越多的并入配电网。面对传统交流配网，如光伏、风电、燃料电池等大部分分布式电源均需要增设 DC/AC 环节。而在直流配网下，则可以节省大量换流环节中设备的投入和运行的损耗。例如，一般风力发电在接入传统交流配电网时需要经过 AC/DC 和 DC/AC 两次整流过程，并且在并网时需要满足相位和频率等的安全约束。而在直流配网下只需经过交流转直流的一次换流过程，并易于新型能源的最大功率点跟踪（maximum power point tracking，MPPT），以提高新能源的能量转换效率，在减少投运成本的同时有效提高配电网分布式电源接纳能力，减少投运成本并且有效提高利用效率。

**5. 负荷友好型**

对负荷侧而言，随着电力电子技术的进步，家用电器向智能化变频电器发展。2012年全美楼宇30%的总用电量需要经过换流器转化为直流，并且在10～15年内将有望上升到80%。大功率家用电器（如空调、冰箱、洗衣机等）由 AC/DC 再经过 DC/AC 实现变频，在直流供电下则可以直接进行 DC/AC 逆变的变频转换。绝大部分的住宅楼宇负荷都可以在直流配网下正常工作，甚至更能减少损耗。另外，在电动汽车产业日益兴起的背景下，文献在仿真分析之后指出直流配电网对于电动汽车充电具有更高的利用效率和更好的经济性，更能适应未来电动汽车的大规模普及。在其余的城市公共设施中（例如 LED 照明灯等）则也同样可以直接或经过简单转化后使用直流供电，与交流配网相比节省了大量整流环节。

除此之外，直流配电网的弱电磁环境相较于交流配电网的工频辐射环境，几乎不具备任何的电磁辐射污染，因此也更能被当代社会理解和接受，适应于人工密集的城市配电网建设。

直流配电网存在着供电能力强、运行损耗小、电能质量高等方面的直接效益，但是其更大的意义在于相比传统交流配电网而言，直流配电网对分布式电源的大量接入和变频技术的日益普及具有更好的适应能力和友好性。未来能源结构的转变是促进直流配电网研究和建设的最重要的推动力，可以预见采用直流化的供电模式将给实现未来能源结构的转变和实现配电智能化带来巨大的效益。

由于高额的投资建设成本，在现阶段建设全新的直流配电网的形势并不乐观。在综合考虑换流器投资、电缆架设和运行损耗等方面的基础上，目前直流配网的造价将远高于交流配网。因此，采用交直流同线馈送技术或者在现有交流网架的基础上改造成直流配电网等方式，成为在过渡时期值得考虑和采用的可行思路。尽管如此，在未来依然可以预见的是：一方面随着电力电子技术的发展，直流配网存在着极为可观的降价空间；另一方面考虑到未来配网负荷的增长和直流负荷比例的提升，直流配网相比交流配网在日常运行费用上的优势将更加明显。

### 7.3.2　直流配电网的形态结构

随着社会的进步和经济的发展，随之升高的负荷密度和用户需求对配电网网架、电能质量及供电可靠性提出了更高的要求。因此，直流配电网的建设与规划要与电力发展、城市规划紧密结合，然而直流配网刚刚处于建设的起步阶段，缺乏成熟的经验，目前国内外众多学者主要围绕拓扑结构、电压等级、接地设计等方面展开研究，并已取得一定成果。

**1. 拓扑结构**

相比于传统交流配电网"闭环设计，开环运行"的结构方式，直流配电网的拓扑结构一般有放射状、两端配电、环状、网状、中心负荷型等几种，可以依据不同的经济条件和可靠性需求，选用不同的拓扑结构。

放射状配电网如图 7-7 所示，结构简单，建设和运行投入少，故障整定和保护技术较为容易，但是供电可靠性较差，适用于住宅楼宇等直接入户的低压用电场合；两端配电和环状配电分别如图 7-8 和图 7-9 所示,适用于可靠性要求高的场合,但是投资建设成本较高,并且故障整定和运行维护都更为困难。环状配电是海上风电等新型能源汇集送出的典型结构,一般作为直流配电系统的骨干层;另外,还有网状配电和中心负荷型配电等特殊形式。中心负荷型配电一般用于重要的孤立负荷,保证不间断供电,适用于岛礁、海上平台等负荷集中区域的供电。

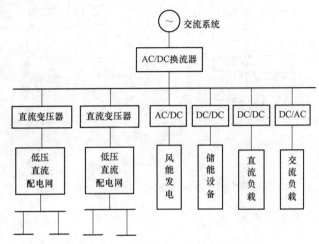

图 7-7　放射状配电网拓扑结构示意图

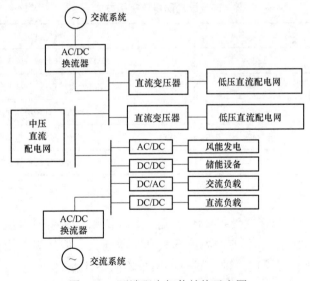

图 7-8　两端配电拓扑结构示意图

## 2. 电压等级

CIGRE 国际大电网会议给出的中压直流配电网定义一般是指 1.5kV(±750V)到 100kV(±50kV)的等级范围,低于或高于该范围的直流配电网均已有较为成熟的研究与应用。

在现阶段建设全新的直流配电线路需要巨大的经济投资,而在已有的交流线路上进行直流输电成了更具备可行性的一种方法。直流电缆允许电压为交流额定电压的峰值,因此可选择现有中压 AC 配电网的峰值作为 DC 配电网的额定电压。

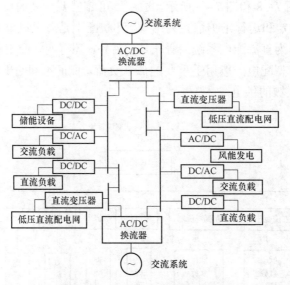

图 7-9　环状配电网络结构示意图

在论证分析经济型和可行性的基础上，已有研究提出了适合国内发展的电压等级方案，见表 7-3。

表 7-3　　　　　　　　　　　　直流配电网电压等级方式

| 配电等级 | 电压等级 | 供电目标 |
|---|---|---|
| 高压 I | ±320kV | 40MW/km² 以上城市或工业园区 |
| 高压 II | ±150kV | 一般城市或工业园区 |
| 中压 I | ±30kV | 地区配电站和中压负荷 |
| 中压 II | ±10kV | 终端配电站或大型负荷 |
| 低压 | ±750V、400V | 轨道交通、小型分布式能源、家用负荷等 |

**3. 接地方式**

直流配电系统的故障特性受到接地方式的显著影响，当前针对电压源型直流输电技术（VSC-HVDC）的接地方式已有成熟的研究和工程建设，但是尚不能直接应用于直流配电系统。如何系统地探讨不同接地方式对不同故障的特性影响，以便科学地选择和设计直流配电系统的接地方式，仍然需要进一步的深入研究。

一般来说，换流站的联结变压器采用网侧绕组 Yn、阀侧绕组△的接法，交流侧的滤波器中性点连接于电容中点，如图 7-10 所示。而对于直流侧的电容中点接地方式，在系统分析稳态性能和暂态故障的基础上，认为全部换流站端宜采用直流侧电容中点高阻接地的方式，以抑制不对称故障下正负极电容电压的不平衡，利于故障后的电压恢复，而接地电阻的取值则需要结合故障后的恢复时间来进行综合的考虑。

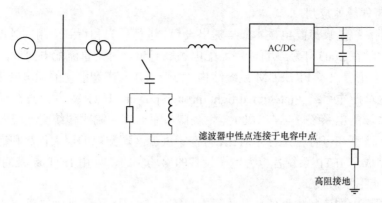

图 7-10　直流配电网接地方式

### 7.3.3　直流配用电技术

大量分布式能源接入配电网的未来，配电网的运行工况将随着分布式电源出力的波动性、储能单元的充放电、负荷侧的波动性等而存在着极大的不确定性。一方面，直流配电网需要有效应对源荷两侧不确定性带来的运行风险，采用充足的灵活性控制策略，保证系统的安全可靠；另一方面，如何协调各种分布式能源，优化能量之间的流动和平衡，在系统的层面实现有限资源的高效利用，是直流配电网能量优化管理有待解决的核心问题。

为了保证直流配电网的安全可靠运行，在综合考虑包含不确定性风电出力、储能单元充放电、负荷波动等的基础上，以保持直流电压稳定为目标，在 3 种情况下讨论了系统的不同控制策略：① 正常波动下采用换流器控制能量平衡；② 交流侧故障或换流器容量受限时，采用换流器和储能单元共同参与调控；③ 脱网重负荷状态下进行必要的切负荷以保证对重要负荷的供电。维持母线电压稳定的换流器间的控制模式主要有下垂控制和主从控制两种。电压下垂控制不需要上层控制器进行整定值协调，对通信可靠性要求不高，但是直流电压质量较差，适用于大规模网络多换流器控制；主从控制可以达到精确的实时控制，达到较高的电压质量，但是必须由上层控制器协调，且对通信可靠性的要求也较高。

在保证直流母线电压稳定，保证系统安全可靠运行的基础上，如何进行分布式能源之间的能量协调管理是直流配电网所必须面临的一个更高层次的问题。近年来，为了追求各个接入单元的最优能量调控，单一时间尺度下的优化策略已经不足以满足，给予多时间尺度的管理研究越来越受人们的关注。已有研究从并网和脱网两种状态下，着重考虑了目前计划和实时调度两个时间层面的能量优化过程。在目前计划层面，通过预测未来的配网能量波动继而在储能单元中储存足够的能量，以应对实时调度层面中可能出现的 DG 或负荷波动，平衡能量供需。在分布式能源尤其是储能设施大量接入的配电网，如何充分利用储能等设施进行高层次的能量优化管理是值得研究的一大问题。

下面以直流配电系统在舰船领域和在住宅楼宇领域中的应用为例，具体介绍直流配电系统的不同应用：

**1.** 在舰船领域的应用

现代舰船系统是直流配电技术最早提出设想、进行研究和得到应用的领域之一。美国北卡罗来纳大学在 2003 年就从直流舰船配电领域起步，讨论直流配电的效益和可行性，并继而在 2011 年提出了 FREEDM 系统结构，用于构建未来智能化的配电网络。美国海军将舰船直流区域配电系统（integrated fight through power，IFTP），并一直在逐步探讨和实践新型直流区域配电系统。早在 2000 年，美国海军研究生院对传统交流配电和直流配电在舰船中的经济型和可行性进行了对比，肯定了直流区域配电的巨大优势和潜力。在 2003 年美国海军完成了 IFTP 系统各电力电子设备的出场实验，采用 IFTP 系统的 DDG-1000 首舰于 2013 年下水服役。

直流区域配电在舰船领域的优势主要有以下 3 点：① 换流器本身具有监测电流和故障保护的能力。当某一区域内出现短路故障时，会在短时间内完成备用电源自动投切，切除故障区域，保证对重要负荷的供电；② 大量的武器系统需要 400Hz 的供电，而直流配电可以节省换流器和变压器环节，节省大量舰艇空间和经济投资；③ 发电机的交流频率与用电侧解耦，所以发电机可以设计并工作在其最佳的条件下，节省空间占用和燃料的消耗。

舰船直流配电较早的应用设想如图 7-11 所示，并在 PSCAD/EMTDC 上加以仿真论证了采用合适的滤波器、换流器的控制方式以及接地方式建立舰船直流配电系统的可行性。在美国海军 DDG1000 军舰中，通过 4 个功率变换模块组成直流系统，分别将发电机输出的 4160V、60Hz 交流电整流为 100V 直流电，将 1000V 直流电降为 800V 直流电，将 800V 直流电逆变为 450V、60Hz 交流电供给交流设备，将 800V 直流电降压为 270V 直流电。

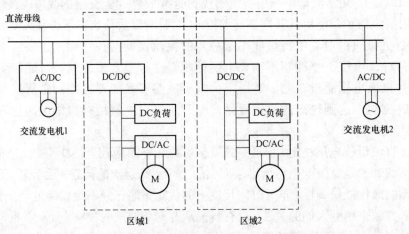

图 7-11　舰船区域直流配电网络架构

然而，如今的 IGBT 等电力电子器件在应用于中高压的舰船配电的各个功能系统时（如 15 000V 供电的大功率电热化学炮等武器系统）依然存在着容量不足、接地方式和绝缘保护等技术问题。例如在电动机启动时给逆变器带来大电流的冲击可能造成舰船内部切负荷的问题，并针对这个问题进行了建模仿真，分析了舰船直流配电的最大供电能力。尽管如此，随着电力电子器件的发展，直流区域配电仍然具有良好的前景，仍然是现代舰船电力系统的首选配电方式。

**2. 在住宅楼宇中的应用**

在如今的住宅楼宇中，一方面家用电器正在进入智能化变频时代，另一方面建筑光伏等住在楼宇中可能采用的新型能源也在积极地推广普及。这些源、荷两侧在未来都可以预见的大规模变革，是促成直流配网建设最重要的推动力之一。

自从 1997 年荷兰能源研究中心提出"建筑直流配电技术"以来，欧洲已经进行了 350V直流住在供电项目，日本早在 2009 年推出了"直流生态住宅"项目，我国台湾地区也启动了 360V 住宅直流供电项目，世界各国之所以都不断进行着建筑配电直流化的研究，是因为直流配电带来的是城市住宅楼宇配电的更高效、更智能化的利用，推动着高普及率直流负荷和高渗透率可再生能源引起的能源结构的改变

研究表明相比于传统的交流供电方式，住宅楼宇采用直流供电方式后的损耗将减少15%以上，且随着电力电子技术的发展在将来有望减损更多。不仅如此，在直流系统中，变频家用电器可以直接实现逆变，减少换流器的成本和运行损耗；以建筑光伏为代表的各式新型能源在接入时相比交流系统所受限制更少，并且更容易在最大功率点运行从而实现最高效的利用。住宅楼宇直流配电网络架构如图 7-12 所示。

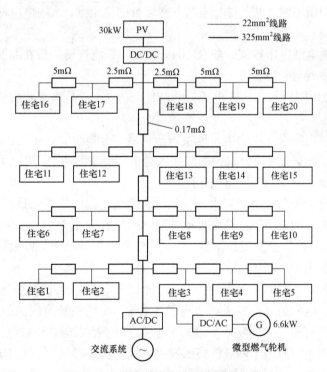

图 7-12　住宅楼宇直流配电网络架构

# 7.4　微电网能量管理与灵活并网技术

微电网是一种将分布式电源、负荷、储能装置、变流器以及监控保护装置有机整合在一起的小型发配电系统。凭借微电网的能量管理等关键技术和运行控制技术，可以实现其并网或孤岛运行、降低间歇性分布式电源给配电网带来的不利影响，最大限度地利用分布式电源出力，提高供电可靠性和电能质量。将分布式电源以微电网的形式接入配电网，被普遍认为是利用分布式电源有效的方式之一。

微电网作为配电网和分布式电源的纽带，使得配电网不必直接面对种类不同、归属不同、数量庞大、分散接入的（甚至是间歇性的）分布式电源。国际电工委员会（IEC）在《2010—2030 应对能源挑战白皮书》中明确将微电网技术列为未来能源链的关键技术之一。

## 7.4.1　微电网的应用场景与优化配置

**1. 微电网的应用场景**

微电网在我国处于实验、示范阶段，目前已开展多项微电网试点工程。其中既有安装在海岛孤网运行的微电网，也有与配电网并网运行的微电网。这些微电网示范工程普遍具备 4 个基本特征：

（1）微型。微电网电压等级一般在 10kV 以下，系统规模一般在兆瓦级及以下，与终端用户相连，电能就地利用。

（2）清洁。微电网内部分布式电源以清洁能源为主，或是以能源综合利用为目标的发电形式。

（3）自治。微电网内部电力电量能实现全部或部分自平衡。

（4）友好。可减少大规模分布式电源接入对电网造成的冲击，可以为用户提供优质可靠的电力，能实现并网/离网模式的平滑切换。

下面以温州南麂岛和舟山摘箬山岛为例来介绍微电网的应用场景。

（1）温州南麂岛微电网。随着渔业和旅游业的发展，南麂岛岛内用电量大幅增加。岛内太阳能、风能等可再生能源资源丰富，通过建立新能源微电网可以很好地利用海岛资源优势，保证海岛的正常生产生活。

南麂岛独立型海岛电网是包含风力发电、光伏发电、柴油机发电、储能系统等多种分布式电能源互补发电的独立型双子网结构供电系统，电网系统结构如图 7-13 所示。

由以上系统结构图 7-13 可见，南麂岛电网是一个独立型海岛供电网，在其内部部署了 631 子网和 632 子网两个子网。将柴油发电机经升压变接至相应的 10kV 母线，经送电线路接至 3 号汇集母线，再经两台快速开关分别接至 1 号汇集母线和 2 号汇集母线。其中，1 号汇集母线和 2 号汇集母线之间设分段开关。

运行模式可分为储能为主电源、柴油发电机为主电源两种模式，双子网的电气结构十分灵活，大大提高了整个微电网运行的可控性、灵活性和可靠性。

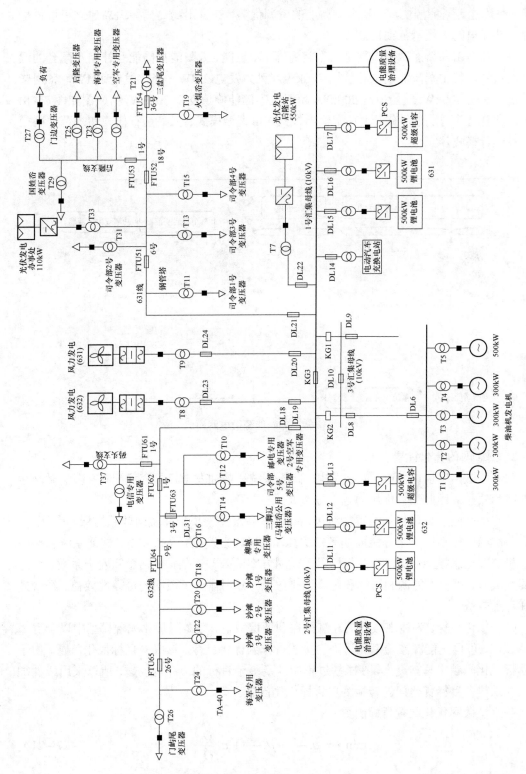

图7-13　南麂岛独立型海岛电网系统结构图

（2）舟山摘箬山岛微电网。舟山市定海区摘箬山岛全岛面积 2.749km²，具有丰富的风能、海流能等新能源资源，利用海岛上的资源优势，在舟山离岛摘箬山岛建立了可再生能源互补发电的工程示范项目。

舟山摘箬山岛新能源微电网是一个将海流能、风能、太阳能与储能互补相互配合的混合供电系统，其中潮流能发电总装机 200kW，风力发电 2MW，光伏发电 1MW，备用柴油机发电装机 300kW，储能电池 500kW，超级电容储能峰值功率 200kW，构成图如图 7-14 所示。目前已并网发电，有最大功率输出模式、可调度模式、孤岛运行模式和规范并网模式 4 种运行模式。

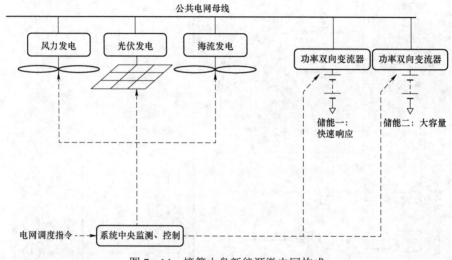

图 7-14　摘箬山岛新能源微电网构成

**2. 微电网的优化配置**

独立型微网中风电发电、光伏发电、储能系统和柴油发电机的容量配置，影响微网运行性能和效益，因此配置优化问题十分重要。

独立型微网多目标优化配置模型包括微网设备准稳态模型和微网效益指标。其中，微网设备准稳态模型用于全寿命周期运行仿真，包括风力发电、光伏发电、储能系统和柴油发电机的准稳态模型；微网效益指标用于微网方案的效益评估，包括微网安全系数、全寿命周期成本、可再生能源利用率和污染物排放量，分别体现了微网的可靠性效益、经济效益和环保效益。

（1）优化目标。为体现微网的经济效益和环保效益，在微网优化配置模型中以全寿命周期成本、可再生能源渗透率和污染物排放量作为优化目标，形成多目标优化问题。由于多目标优化问题求解难度大，在求解过程中涉及多个目标的排序等问题，所以采用线性加权求和法将多目标优化问题转换为单目标优化问题。

独立型微网优化配置目标函数为

$$\min f = \mu_1 \frac{C_0}{C_{st}} + \mu_2 \frac{1}{\lambda_{re}} + \mu_3 \frac{Q_0}{Q_{st}} \tag{7-21}$$

式中：$C_0$ 为微网单位发电成本；$C_{st}$ 为主网单位发电成本；$Q_0$ 为微网污染物单位排放量；

$Q_{st}$ 为主网污染物单位排放量，$\lambda_{re}$ 为微网可再生能源能量渗透率；$\mu_1$、$\mu_2$、$\mu_3$ 为优化目标权系数。

（2）约束条件。微网优化配置问题中包含两类约束：一类是微网设备安装容量约束条件，用来保证微网系统安全稳定运行和微网能量平衡，称为微网安全约束；另一类是微网设备输出功率约束条件，考虑微网设备的技术特性和微网运行策略，保证微网功率平衡，称为微网运行约束。

（3）优化流程。独立型微网配置优化流程分为两步：首先通过全寿命周期运行仿真进行微网效益评估，并获得微网配置方案的 Pareto 解集；最后通过优化目标敏感性分析获得微网配置方案的最优解空间，结合实际运行要求，采用枚举法确定最优配置方案。

### 7.4.2　微电网能量管理技术

**1. 管理对象**

微电网的能量管理主要包括发电侧和需求侧的管理。发电侧管理包括分布式电源、储能系统、配网侧的管理，需求侧管理主要为分级负荷的管理。

（1）分布式电源。分布式电源包括燃料电池、微型燃气轮机、柴油发电机、热电联产系统、风电、光伏等。不同类型的电源通过整流器和逆变器等电力电子设备将不同频率的电能平滑地转换为相同频率的交流或直流电能。通过控制逆变器可以控制分布式电源的输出，让分布式电源按指定的电压和频率或有功功率和无功功率输出。

分布式电源按可控性分为不可调度机组和可调度机组。风电、光伏发电具有随机性和波动性，属于不可调度机组，而燃料机组属于可调度机组。微电网能量管理系统需要预测风电、光伏发电的出力，并根据预测出力、燃料机组油耗、热电需求等制定可调度机组的调度计划。

（2）储能系统。微电网中的储能技术主要有蓄电池、飞轮、超级电容。由于具有较低的惯性，储能系统在微电网中可以平抑可再生能源和负荷的功率波动，维护系统的实时功率平衡，同时能在微电网并网与孤网状态切换时提供瞬时的功率支撑，维持系统稳定。

储能系统的管理目标取决于微电网的工作方式。在并网模式下，其主要是确保分布式电源的稳定出力，容量充足时可以起削峰填谷和能量调度的辅助作用；在孤网模式下，储能系统主要是维护系统稳定，减少终端用户的电能波动。

（3）负荷系统。为了使微电网在紧急情况下仍能运行，微电网的负荷一般分级管理，主要分为关键负荷和可控负荷。关键负荷为需要重点保护电力供应的负荷；而可控负荷在紧急情况下可以适当切除，在正常情况下也可以通过需求侧管理或者需求侧响应达到优化负荷使用、节能省电的目的。

微电网负荷侧的管理是微电网能量管理中的重要部分。随着电动汽车的普及，充电电动汽车和混合充电电动汽车既可以随时随地从电网中充电，又可以向电网输电，具有可控负荷和电源的双重身份，这类负荷的大规模接入将给微电网能量管理系统增加难度。

**2. 基本功能**

微网能量管理系统中包括经济调度、频率和电压控制、保护协调、启动等多种功能。

经济调度根据预测数据和系统信息，考虑微网长期运行的经济效益、环保效益等综合效益的情况下，制定微网的运行计划，包括设备运行的功率参考曲线、系统备用和设备检修计划等。经济调度由发供电预测、需求侧管理、辅助性服务管理、发电侧管理、备用需求管理组成，发供电预测提供不同时间尺度下的负荷预测和发电预测，需求侧管理根据负荷重要性提供差异化服务，辅助性服务管理根据电网需求参与削峰填谷等辅助性服务，发电侧管理提供设备运行的功率参考曲线和启停计划，备用需求管理提供系统备用计划。

频率和电压控制，也称为有功功率和无功功率控制，是微网的实时控制策略，通过实时调整分布式电源和储能的输出功率，维持微网稳定运行。实时控制由 PQ 控制、VF 控制等微源控制，主从控制、下垂控制、联络线功率控制等协调控制和模式切换 3 种控制模式组成。

保护协调是设备保护、微网保护和配电网保护的组合，进行故障快速隔离，保证系统稳定运行，以及运行模式切换，如非计划孤岛。保护协调负责微网运行模式切换过程中保护装置动作配合，实时控制负责微网运行模式切换过程中功率调节（如控制策略切换和负荷切除）。

黑启动是指在微网失电后，逐步恢复供电的流程。在理论方法上提供微网设备运行的启停指令和功率指令，并不断根据实时信息修正功率指令，确保微网运行的经济性、稳定性和可靠性。

**3. 控制结构**

从微电网能量管理系统的控制结构来看，微电网可以分为集中式控制和分散控制。

（1）集中控制。集中控制是指通过微网中央控制器汇总微网所有信息，然后进行决策分析，制定微网运行计划，并下发给本地控制器。本地控制器接收中央控制器的控制指令并执行，只具备有限的控制功能。

在集中控制方式下，中央控制器十分重要，需要建立微网中央控制器与所有本地控制器之间的双向通信，获取微网所有信息，例如负荷信息、发电信息、电网电价信息、设备运行情况、微网电压和频率等。在考虑微网整体效益和运行安全的情况下，制定设备运行的功率参考曲线。

集中控制方式有明确的分工，较容易执行和维护，具有较低的设备成本，能控制整个系统。但是过度依赖中央控制器，系统可靠性差，需要考虑中央控制器故障的应急措施及数据同步性问题。

（2）分散控制。相对于经济效益，分散控制更关注于微网性能的提升，如电压和频率的改善、对功率波动的快速响应等。分散控制方式下，所有设备是对等的，通过本地控制器进行自主控制，而多代理系统能够满足这种控制需求。每个设备通过代理进行管理，每个代理只与附近的代理进行信息交互，根据本地信息进行管理决策，提升微网局部性能，进而实现微网整体效益。所以，分散控制下微网由代理共同组织和管理，实现设备的即插即用。

分散控制方式的中央控制器计算量得到了大幅的削减,保证了分布式电源即插即用的功能,适用于大规模、复杂的分布式系统。但是由于局部控制器有较大的自主权,较难及时检测和维修。同时分布式电源的平滑控制依赖于局部控制器之间的交流,需要设计一种有效的通信拓扑结构,这就加大了设备投资和通信要求。

**4. 多时间尺度优化技术**

微网运行需要优化调度策略提供运行的有功功率和无功功率参考点,通过分布式电源、储能系统、可控负荷等协调配合,实现微网内功率平衡和经济稳定运行。因此,需要一种统一的微网优化调度方法,满足并网运行和离网运行两种模式下的调度需求,包括分布式电源的功率分配模型、考虑电压问题的微网经济调度模型、微网最优潮流模型等。

上述模型都属于单时段优化调度。但是可再生能源(如光伏发电和风力发电)具有间歇性和波动性,因此微网更需要多时段的优化调度,实现分布式电源和储能系统的长时间运行的协调配合。例如在可再生能源发电功率提升之前,将储能系统逐步转入充电状态,吸收过剩的可再生能源功率,避免功率突变对系统的影响,同时提高可再生能源利用率。但是,现有光伏发电和风力发电的预测误差较大,这种预测误差会随着时间积累导致调度计划与实际运行情况存在较大偏差,失去调度优化的意义。比如由于功率预测误差,储能系统可能先于调度计划达到充放电能量限制,失去应有的功率调节能力。因此,应该采用滚动优化和分层控制来消除预测误差对多时段优化调度的影响。

滚动优化技术基于是当前的预测数据进行多时段优化,输出当前时段调度计划,每个时段都会根据最新的预测数据更新调度计划,因此功率偏差较小。但是多时段优化调度体现的是长时间运行效益,当前时段调度计划的效益与后续时段相关,如果调度计划更新较大,会影响整体运行效益。

分层控制是将协调控制和实时控制划分为不同时间尺度的调度任务,然后分别进行建模和优化。多时间尺度协调的优化调度模型由调度层和控制层组成,调度层是多时段优化问题,基于预测数据进行发电功率和备用功率优化,实现分布电源和储能系统的协调配合,使微网运行效益最大化;控制层是单时段优化问题,基于实时数据进行发电功率调整、电压和潮流优化,确保微网实时运行的安全和稳定,减小对电网或者内部负荷的影响。

如图 7-15(a)中所示,调度层根据 $N$ 个时段预测数据制定了 $t+i$ 时刻运行计划;由于预测数据存在误差,在 $t+i$ 时刻到来时调度层根据实时数据对运行计划进行调整,调整结果作为功率参考值下发给分布式电源和储能系统。因此,调度层在 $t$ 时刻给出$(t+1)\sim$$(t+N)$的调度时段内的运行计划后,控制层一个时段接一个时段的滚动向前修正,直至累积的预测误差导致调度计划与实际情况偏差过大,控制层修正失败。如图 7-15(b)所示,$t+m$ 时刻控制层修正失败,调度层 $y>t+m$ 时刻的系统状态为初始状态,基于$(t+m+1)\sim(t+m+N)$时段内的预测数据,重新进行分布式电源和储能系统的协调控制优化,并更新$(t+m+1)\sim(t+N)$时段内的运行计划;然后,控制层根据更新后的运行计划滚动向前修正,以 $t+N$ 为节点,标志着一个调度时段结束。

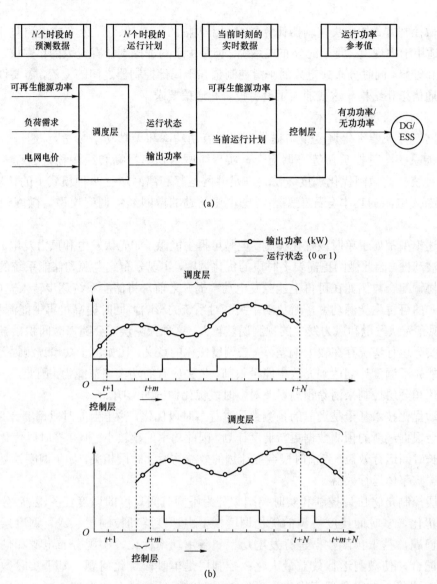

图 7-15 多时间尺度协调示意图

（a）当前时刻数据流；（b）时间流

### 7.4.3 微电网自适应控制策略

微电网运行中要求在孤岛运行和并网两种运行模式之间能够进行平滑切换，以充分发挥分布式发电的效能，持续不断地为当地负载供电，所以对微网的运行控制研究有着重要意义。

控制策略目标主要包括：

（1）调节微网内的馈线潮流，对有功功率和无功功率进行独立解耦控制；

（2）调节每个微型电源接口处的电压，保证电压的稳定性；

（3）孤岛运行时，确保每个微电源能快速响应，并分担用户负荷；

（4）根据故障情况或系统需要，平滑自主地与主网分离、并列，或实现两者的过渡转化运行。

微网并网运行和孤岛运行模式的平滑切换是控制的重点和难点。平滑切换是指切换过程中保证微网的电压、频率在允许范围内波动。国际通用微网运行标准规定，为保证微网的安全稳定运行，运行模式切换后微网各个交流母线电压偏差 $\Delta U$ 不大于 $\pm 7\% U_\mathrm{N}$（$U_\mathrm{N}$ 为额定电压），频率偏差 $\Delta f$ 不大于 0.1Hz。实现平滑切换的关键在于在微网整体以及各微电源层面上选择恰当的控制策略。

**1. 分布式能源（DG）的控制策略**

一般情况下，可再生能源通过逆变器接入电网，其基本控制方法有 $P-Q$ 控制、下垂控制和 V/f 控制。

$P-Q$ 控制是指为实现间歇性电源的最大利用率，有功功率和无功功率的输出分别设置为参考值 $P_\mathrm{ref}$ 和 $Q_\mathrm{ref}$。$P-Q$ 控制的控制策略简单，但不能保证微网电压和频率稳定。其控制原理为：功率给定值与实测值相减，经过比例积分控制器后得到电流参考信号 $i_\mathrm{dref}$、$i_\mathrm{qref}$，从而控制 DG 恒定功率出力。

$$\begin{cases} i_\mathrm{dref} = K'_\mathrm{P}(1+\dfrac{1}{sT'_\mathrm{P}})(P_\mathrm{ref} - P_\mathrm{m}) \\ i_\mathrm{qref} = K'_\mathrm{Q}\left(1+\dfrac{1}{sT'_\mathrm{Q}}\right)(Q_\mathrm{ref} - Q_\mathrm{m}) \end{cases} \tag{7-22}$$

式中：$K'_\mathrm{P}$、$T'_\mathrm{P}$、$K'_\mathrm{Q}$、$T'_\mathrm{Q}$ 分别为 $P-Q$ 控制参数。

$$\begin{cases} P_\mathrm{ref} = k_\mathrm{P/f}(f_\mathrm{ref} - f_\mathrm{m}) \\ Q_\mathrm{ref} = k_\mathrm{Q/V}(U_\mathrm{ref} - U_\mathrm{m}) \end{cases} \tag{7-23}$$

式中：$f_\mathrm{ref}$、$U_\mathrm{ref}$ 分别为频率、电压幅值的参考值；$f_\mathrm{m}$、$U_\mathrm{m}$ 分别为频率、电压幅值的测量值；$k_\mathrm{P/f}$，$k_\mathrm{Q/V}$ 为下垂系数。

下垂控制主要应用在实现多 DG 出力的协调控制中，但下垂控制是一种有差控制，无法使微网频率或电压恢复至原来的并网水平。DG 有功输出和频率、无功、电压幅值呈线性关系。

$$\begin{cases} P_\mathrm{ref} = k_\mathrm{P/f}(f_\mathrm{ref} - f_\mathrm{m}) \\ Q_\mathrm{ref} = k_\mathrm{Q/V}(U_\mathrm{ref} - U_\mathrm{m}) \end{cases} \tag{7-24}$$

式中：$f_\mathrm{ref}$、$U_\mathrm{ref}$ 分别为频率、电压幅值的参考值；$f_\mathrm{m}$、$U_\mathrm{m}$ 分别为频率、电压幅值的测量值；$k_\mathrm{P/f}$、$k_\mathrm{Q/V}$ 为下垂系数。

V/f 控制由下垂控制发展而来，一般用在可控电源上，保证微网输出电压的幅值和频率恒定。通过频率偏差和电压偏差计算出孤岛后的微电网功率差额，从而确定 DG 需要增发的出力，采用 PI 控制器实现频率和电压的无差控制。

$$\begin{cases} P_\mathrm{ref} = K_\mathrm{P}\left(1+\dfrac{1}{sT_\mathrm{P}}\right)(f_\mathrm{ref} - f_\mathrm{m}) \\ Q_\mathrm{ref} = K_\mathrm{Q}\left(1+\dfrac{1}{sT_\mathrm{Q}}\right)(U_\mathrm{ref} - U_\mathrm{m}) \end{cases} \tag{7-25}$$

式中：$K_P$、$T_P$、$K_Q$、$T_Q$ 为 $V/f$ 控制参数。

**2. 储能系统的综合控制策略**

储能控制器的下垂控制与 V/f 控制都是基于 αβ/dq 帕克坐标变换（电力系统常用的一种坐标变换，将正交直角坐标系变换成帕克 dq 坐标系）和功率解耦控制的思想，由功率外环和电流内环控制构成。区别仅在于由电压和频率偏差得到的有功和无功参考值的控制器部分，储能装置逆变器综合控制策略如图 7－16 所示。

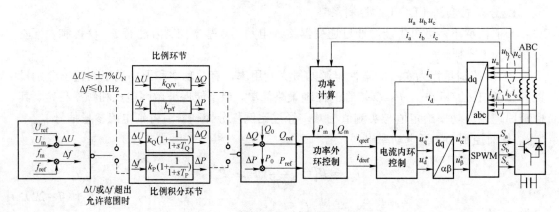

图 7－16　储能装置综合控制结构框图

储能系统采用下垂控制时，电压参考值 $U_{ref}$ 和电压测量值 $U_m$ 的差值经过比例环节，输出无功偏差 $\Delta Q$；频率参考值 $f_{ref}$ 和频率测量值 $f_m$ 的差值经过比例环节，输出有功偏差 $\Delta P$。当微网 $\Delta U$ 或 $\Delta f$ 超出运行范围，控制方式切换为 $V/f$ 控制，电压参考值 $U_{ref}$ 和电压测量值 $U_m$ 的差值经过比例积分环节，输出无功偏差 $\Delta Q$；频率参考值 $f_{ref}$ 和频率测量值 $f_m$ 的差值经过比例积分环节，输出有功偏差 $\Delta P$。

$\Delta P$ 和 $\Delta Q$ 分别与有功和无功初值 $P_0$、$Q_0$ 相加得到功率参考值 $P_{ref}$ 和 $Q_{ref}$；输入到功率外环控制器与有功和无功测量值 $P_m$、$Q_m$ 进行比较，通过 PI 控制器得到 dq 坐标系下电流参考值 $i_{dref}$、$i_{qref}$；输入到电流内环控制器与电流测量值 $i_d$、$i_q$ 进行比较，并通过相应的 PI 调节器控制分别实现对 $i_d$、$i_q$ 的无静差控制。电流内环 PI 调节器的输出信号经过 dq/αβ 变换后，即可通过正弦脉宽调制得到并网逆变器相应的开关驱动信号 $S_a$、$S_b$、$S_c$，从而实现逆变器的并网控制。$u_a$、$u_b$、$u_c$ 为逆变器交流侧母线三相电压的瞬时值，$i_a$、$i_b$、$i_c$ 为逆变器交流侧母线电流的瞬时值。

**3. 综合控制策略**

对于含多种 DG 的微网系统，主要采取对等控制和主从控制两种整体控制策略。对等控制简单、可靠、易于实现，但牺牲了频率和电压的稳定性；主从控制可以支撑微网电压和频率，但对主控单元有较强的依赖性。

综合控制策略则是将主从控制与对等控制相结合的控制策略，具体控制策略如下：

为实现风能和太阳能的最大利用率，风力和光伏发电系统始终采用 $P-Q$ 控制策略，由储能装置调节出力维持微网稳定运行。在并网运行模式下，储能装置采用下垂控制，当储能装置接入或断开时，不需要改变微网中其他 DG 的设置。在孤岛运行模式下，当电压偏差和频率偏差在允许范围内，即 $\Delta U \leqslant \pm 7\% U_N$，$\Delta f \leqslant 0.1\text{Hz}$ 时，储能装置仍保持下垂控制，根据微网频率偏差和电压偏差调节出力。如果电压偏差或频率偏差超出允许范围，储能装置逆变器快速切换为 V/f 控制，以保持微网电压和频率稳定，如图 7－17 所示。

综合控制策略可以减少储能装置控制方式切换的次数，降低了切换失败的可能性，从而提高了微网运行的可靠性。

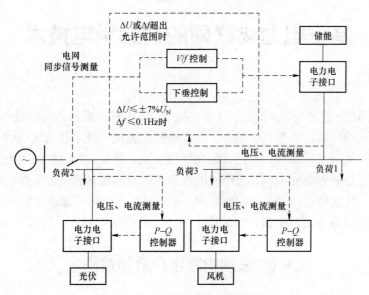

图 7－17　微网综合控制策略示意图

# 第8章

# 基于电力物联网的智慧用电技术

物联网是通信、信息、传感和控制技术的融合，以大量丰富的传感终端作为末梢神经，以强大可靠的通信网络作为健壮的身体，以智能处理和控制技术作为发达的大脑。电力物联网是一个实现电网基础设施、人员及所在环境识别、感知、互联和控制的网络系统。其实质是各种信息传感设备和电网、通信网的融合，从而形成具有全面感知、可靠传输和智能处理的系统。智慧用电技术是利用物联网、云计算、大数据、移动互联网等新兴信息技术，最大限度挖掘电力信息价值，保障用电安全、增强用电管理、提高能效优化的技术。

## 8.1 云端物联用户采集系统

### 8.1.1 云端用采数据集成

**1. 数据仓库**

数据仓库是存储数据的一种组织形式，通常建立在传统的事务型数据库基础之上，为数据挖掘体系提供数据源。

对数据的处理包括操作型和分析型：操作型指的是对存储的数据进行查询修改，以实现某些功能；分析型指的是工作人员通过对数据进行提取分析，获得某些指导性意见。传统的数据库处理是对本身存储的数据信息进行操作，当需要对多个数据库的信息进行处理和分析的时候，传统的数据处理方法就不适用了。数据仓库是对操作型数据进行处理，使其能够提供完善的分析功能，通过对数据库的数据进行一系列处理分析，实现了海量数据中价值信息的挖掘。数据仓库的特征包括以下几点：

（1）目标明确。根据目标需要提取对目标有影响的数据。

（2）系统性。将不同的数据库中的数据提取出来进行统一存储。

（3）过程一致。对数据的处理流程都是提取、转换、加载。

（4）不变性。已经存储到数据仓库里面的数据不能更改。

数据仓库通过对多种数据的提取，整合成用于分析的数据。从数据仓库出来的数据提供给系统，用于分析和决策。从数据的提取、转换、加载，到数据仓库的处理、分析等过程来看，将数据仓库分为操作型数据、转换－提取－加载层、数据仓库基础层和联机分析处理层4层。层次化结构如图8－1所示。

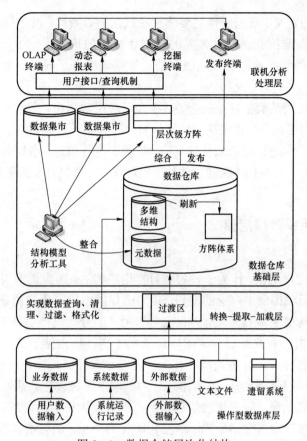

图 8-1　数据仓储层次化结构

数据仓库的层次化建设特点如下：

（1）各层内部也是按层划分，需要逐级向上开发；

（2）每层起着承上启下的作用，既接收下层数据，又向上传输数据；

（3）下一层为上一层的开发提供了理论基础；

（4）上层通过对下层数据的提取、分析和处理，形成上一层的数据源。

传统的数据库只能处理单一方面的数据，而数据仓库不但能够将数据进行提取，而且还能获得用于分析用的数据，其优点在于：① 有对分析目标有用的数据进行了整合，质量得到了提升；② 由于数据完整性较好，所以在做预测分析时，具有更高的准确度；③ 数据仓库实现了数据的一致性处理，在进行数据预测的时候，节省了预测时间，提高了效率。

从图 8-1 中可以看出，操作型数据库作为整个数据仓库的最底层，用于实现数据的提取，并且将提取的数据传递给提取-转换-加载层，对数据进行抽取、转换和计算等处理。然后再将数据上传到数据仓库基础层，再根据数据的具体应用，进行进一步的提取，上传到分析处理层，实现数据的综合分析处理，将处理结果提供给工作人员。

**2. 数据质量管理与数据清理**

数据质量是数据分析结论有效性和准确性的首要前提和基本保障。数据质量保证是数据仓库架构中的重要环节，数据质量评估就是要确定数据的哪些性质会最终影响模型的质量。根据数据质量的定义，数据质量主要体现在数据的有效性、准确性、一致性、完整性、整合性 5 个方面。数据挖掘过程中常见的数据质量问题均与上述 5 个方面有关，例如：数据录入错误导致的数据的准确性问题，同类数据采用了不同度量单位而倒追的不一致问题。

数据清洗和预处理是数据挖掘的起点。在实际应用数据中，通常包含了大量的数据质量问题，例如：数据错误、数据缺失、数据失效、数据不一致等数据清洗操作就是对原始数据中存在的错误数据进行改正或移除、对缺失数据进行填充；数据预处理操作就是将原始数据局格式转换为适合数据挖掘的算法处理的形式，主要包括变换数据类型、属性合并/约减、增加新变量等。

### 8.1.2 云端用采数据挖掘

**1. 用户画像**

用户画像又称用户角色，作为一种勾画目标用户、联系用户诉求与设计方向的有效工具，用户画像在各领域得到了广泛的应用。用户画像的本质是用户特征的标签化，包括用户画像标签体系和标签生成技术。电力行业对于用户的分析主要是基于行为的，而行为数据大多为数值型数据，需要经过一定的转化规则才能转化为便于业务人员理解的语义标签。且电力行业的各种业务行为是商业行为，遵循客观经济规律，可进行较精细的预测。

（1）电力用户标签体系构成。电力用户行为画像主要包含电力用户静态属性信息和动态行为信息两类重要信息。静态属性信息为电力用户较为稳定的信息，如电压等级、用电规模和行业等。动态行为属性即用户不断变化的行为信息，例如增容行为、违约行为及缴费行为等，这些行为的发生时间和行为变化量是不断改变的。要将电力用户数据转为商业价值，电力企业需要识别电力用户某一行为的发生、描述该行为的时间特征及发现各个行为之间的相关性，进而根据行为对电力用户进行分类和行为预测。因此，提出由用户基本属性标签、行为标签、行为描述标签、行为预测标签和分类标签组成的电力用户画像的用户标签体系，标签之间的关系如图 8-2 所示。

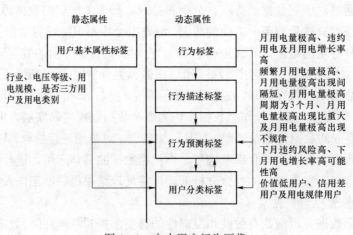

图 8-2 电力用户行为画像

（2）行为标签。电力企业的数据多为数值型数据，无法直接体现用户行为语义特征；领域专家可依据一定的规则和已有多种聚类算法将数值属性数据进行离散化，划分成几个易于理解的语义标签层级，把定量数据转化为定性行为语义标签 $T$；$T$ 是一个三元组，定义如下

$$T = <t, N, n>\tag{8-1}$$

式中：$t$ 为标签形成时间；$N$ 为标签名；$n$ 为行为状态。

行为语义标签 $T$ 表示了用户某个时刻发生了什么业务行为以及行为状态。

（3）行为描述标签。行为描述标签体现用户行为的时间特征、行为偏好。每个行为标签代表的行为特征可以用频次、平均值、覆盖率、偏离度、平均时间间隔、周期特征及时段偏好特征来表示。

1）覆盖率表示某个时间段内该业务行为出现的次数占同类业务行为出现次数总和的比重；

2）行为出现平均时间间隔即行为标签出现时间间隔的平均值；

3）偏离度即行为标签出现的时间间隔的标准差，体现用户产生某种行为的时间均匀程度，偏离度越低，则该行为有可能是一种周期性行为；

4）周期性用来衡量用户某行为是否具有周期性；

5）时段偏好特征表示用户行为产生的时间段偏好。

上述特征均从历史态和近态来描述，突出某行为的时间特征。这些特征共同描述了用户行为的统计特征，有效刻画用户的某个行为，并作为使用机器学习模型预测用户行为发生和对用户进行分类的输入。

（4）行为预测标签与分类标签。

1）行为预测标签用于描述电力行业某业务行为在未来发生的可能性。电力业务行为的随机性较小，与其他业务行为和用户基本属性具有强关联关系，可以实现较准确的预测。对于业务行为的预测可以让电力企业合理安排生产计划以及提供个性化服务，如预测电力用户转化为"费控"用户的可能性。

2）分类标签是从多个角度根据电力用户的行为，使用聚类或者专家经验法将电力用户划分为多个种类，如价值高、中和低的用户，信用高、中和低的用户，从而描述电力用户的价值画像和信用画像。

**2. 负荷预测**

电力系统负荷预测是指以准确的调查资料和统计数据为依据，从历史用电情况及现状出发，将社会需求、电网后期规划、自然环境及电力系统特征等诸多因素考虑在内，在保证一定精度的前提下，对未来某时段的负荷用量进行一个相对比较完美和科学的预测。

（1）负荷预测的分类。

1）长期负荷预测。长期负荷预测用于对未来较长一段时间后的用电量进行预测，以年为单位，一般可达3～5年，甚至更长，主要用于电网增容改建等中大型电网规划，其中包括新能源并网、新站投运、高一级电压等级发展等。由于涉及当地人口数量变化、城市经济发展、自然环境变迁等众多不确定因素的影响，因此长期负荷预测的难度较大。

2）中期负荷预测。中期负荷预测相比长期负荷预测周期较短，但也短则数月，长则

一年，主要用于机组的检修、燃料计划和交换计划、水库的调度、安排制定长期的运行方式和电网改造扩建计划，另外精确的中期负荷预测对于变电设备的大修计划、发电机组的检修计划、燃料的供应计划、水库的优化调度计划、电力市场交易等环节同样十分必要。工程人员利用数个月乃至一年的历史负荷值，将设备停电检修计划、环境影响、气候条件等诸多影响因素考虑在内进行中期负荷预测，从而做出长期电网运行计划。

3）短期负荷预测。短期负荷预测周期一般较短，通常是电力调度人员利用近期负荷趋势变化以及往年同期负荷情况对未来一天或一周内的负荷值进行预测。短期负荷预测在确定最优机组组合、减少旋转备用容量、避免安全事故中起着至关重要的作用。由于短期负荷预测具有周期性和连续性的特点，因此呈现出一定的规律性，且波动范围一般不大，主要受气候因素的影响。

（2）负荷预测特点。电力系统负荷预测是通过对其历史负荷数据及现状进行分析总结来对它未来某段时间的发展趋势做出一定程度的推理和猜测，从概率学上来讲负荷预测的结果是一个不确定事件。同时也只有不确定事件才需要人们使用现代的技术手段（如数学方法和人工智能算法等）对未来的用电量进行预测。负荷预测的特征主要有以下几点：

1）不准确性。事物的发展往往受到多种多样其他因素的影响，而不是简单的重复，因此其真实结果和预测值不会完全重合，总会出现一定程度的偏差，这是由事物的随机性引起的。负荷预测作为一个不确定事件同样也具有随机性的特点，尤其是中长期负荷预测，其影响因素多种多样，比如地区发展、人口增量、环境变迁、气候变化等不确定性因素众多且十分复杂，人们无法精确地推测所有的变化趋势，而像设备年度检修计划、电网工程扩建等却在人们的掌控范围之内。因此诸多不确定性因素和某些确定性因素的组合使得负荷预测的结果在一定程度上呈现出不确定性或不准确性。

一般来说，影响负荷预测的不确定性因素越多越复杂，其预测精度必然越低。因此，人们对于不同类型负荷预测的精度要求也各不相同。其中短期负荷预测的精度要求为小于3%，中期负荷预测的精度误差则一般不超过5%，而长期负荷预测由于自身所受的影响因素较多，其允许误差在15%以内。

2）条件性。为了尽量减少不确定性因素对事件结果的影响从而提高预测精度，工程人员往往需要针对其中的某些因素做出假设，比如地区人口以某一固定的速率增长，每年同期的环境温湿度保持一致等。这些假设必须建立在研究分析上，再结合各种情况来确定，而不能是毫无依据的凭空捏造。只有经过充分的调查和大量的研究，再加上一定的前提条件才能使预测结果尽可能地接近实际值，并应用于电力调度当中。

3）时间性。不同类型的负荷预测对其预测速度要求各不相同，且在一定的区间范围内，比如超短期负荷预测中的安全监视，其预测速度一般不超过 5min，而短期负荷预测的预测速度则要求在 10min 以内，另外日负荷预测时差通常小于 15min，日负荷谷荷预测时差最多为 30min。

4）多方案性。短期负荷预测具有一定的连续性和波动性，而中长期负荷预测由于受到各种不确定性因素的影响呈现出不准确性和条件性，因此需要根据各种不同条件对负荷值未来发展趋势的影响进行分别预测，从而得到各种不同情况下的负荷预测方案。

**3. 窃漏电诊断**

电力工业是国民经济的基础性产业,保证电网企业及时收回电费是确保电力发展的必要条件。但是由于各种原因,窃电现象还普遍存在,部分地区甚至还很猖獗,给供电企业也造成巨大损失。据不完全统计,我国每年窃电损失达200亿元。常见的窃电方法可分为与计量装置有关的窃电和与计量装置无关的窃电两大类。其中与计量装置有关的窃电主要包括欠压窃电法、欠流窃电法、移相窃电法、扩差窃电法等;而与计量装置无关的窃电包括绕越计量装置窃电、私自增加用电设备容量窃电等。

近年来,大数据技术在各个行业逐渐得到广泛的应用。智能电网被看作是大数据应用的重要技术领域之一,用电信息采集系统是国家电网有限公司信息化建设的重要基础,是提升服务能力、延伸电力市场、创新交易平台的重要依托。国家电网有限公司的用电信息采集已经基本实现"全采集、全覆盖",能够及时、完整、准确掌控广大电力用户的用电数据和信息根据用电信息采集系统的数据,建立各种数据与各类异常事件与窃电行为之间的关联关系,据此,建立基于大数据的防窃电结构化模型,进而解决大数据条件下的窃电行为监控问题。

(1)常见窃电方法与相关特征参量。针对形式多种多样的窃电手法,通过用电信息采集系统采集的数据,实时监测用户的用电状态参量。随着大数据技术的发展,选取电压、电流、功率、电量等作为窃电判据中的电气参考量,通过当前数据与历史数据相结合分析用电行为,发现窃电可疑用户,实现利用大数据技术进行反窃电。采用大数据技术辨识窃电方法的关键是分析不同窃电方法的窃电特征,进而给出监测的相关特征电气参量。根据功率测量与电能计量的基本原理,用户负荷功率与电流、电压以及电流和电压间的相位关系这3个参量相关,用户负荷消耗电能与负荷运行功率和时间相关,通过用电信息采集系统监测电流、电压、功率因数、电量、线损等电气特征参量和各种事件的状态特征参量,建立该特征参量与用户用电行为的关联关系,为建立大数据防窃电的结构化模型奠定基础。

(2)基于用电信息采集大数据防窃电方法。尽管窃电手法多种多样,然而这些窃电行为都会在窃电用户用电量统计数据上反映出来,特定时期内用户用电统计数据与用户的用电习惯与特征相关联,通过对海量的用电统计数据分析,提取出对决策者决策有价值的信息,可发现其背后隐藏的客观规律,进而实现防窃电目的。基于用电信息采集系统大数据的防窃电方法如图8-3所示,以下对3部分分别分析说明:

1)用电信息采集系统的数据采集。用电信息采集系统表示三层简化物理结构,如

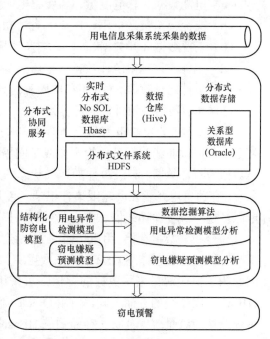

图8-3 基于用电信息采集大数据的防窃电方法

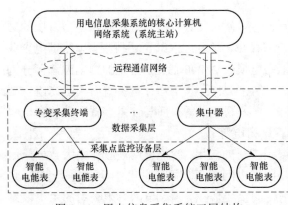

图 8-4 用电信息采集系统三层结构

图 8-4 所示。顶层系统主站负责整个系统的用电信息采集、数据管理与应用，以及与其他系统的数据交换等功能，是用电信息采集系统的核心计算机网络系统；第二层是数据采集层，其主体为电能信息采集终端与集中器，主要负责对各采集点电参量信息的采集和监控；第三层是采集点监控设备层，包括智能电能表等，是电参量信息采集源和监控对象。通过用电信息采集系统可以实现对电力用户的"全采集、全覆盖"，及时、完整、准确掌控电力用户的当前数据和历史数据等用电信息，为分析窃电行为提供稳固的数据基础。

用电信息采集系统的主站，根据监测用户的电参量数据和用电异常监测模型，对相同的计量点通过不同方式采集的电参量数据进行比对，或者对同一计量点的实时数据与历史电参量数据进行比对，依据对比曲线数值差距和趋势差异，判断用户用电是否正常，如果发现异常，启动异常处理流程，对此用户其他的参数进行持续监测，并根据窃电嫌疑预测模型，将监测的数据进行综合分析判断给出"窃电概率系数"。

2）用电信息采集系统的数据类型。用电信息采集系统监测的数据按照时间属性可分为 1 类数据（实时和当前数据）、2 类数据（历史日数据和历史月数据）和 3 类数据（事件数据）。按照数据的物理属性，分类如下：

（a）电能数据（总电能量、各费率电能量、最大需量等）；

（b）交流模拟量（电压、电流、有功功率、无功功率、功率因数等）；

（c）工况数据（开关 状态、终端及计量设备工况信息）；

（d）电能质量越限统计数据（电压、功率因数、谐波等越限统计数据）；

（e）事件记录数据 （终端和电能表的事件记录数据）；

（f）其他数据（预付费信息等）。

1 类数据主要反映电力用户当前的实时用电信息；2 类数据具有时间序列属性。1、2 类数据可提供曲线数据，并给出曲线时间周期，此类数据是分析窃电现象的基础数据。3 类数据为事件数据，记录事件的详细状态信息。其中电流回路异常、电压回路异常、相序异常、有功总电能量差动越限事件记录、电压越限记录、电流越限记录、电能表示度下降、电能量超差等事件详细信息可为分析窃电提供综合判断依据。

3）分布式数据存储。用电信息采集系统主机架构采用基于传统的 IOE 架构，采用 IBM 系列主机及配套存储与 Oracle 关系数据库。但这种结构越来越不适合于海量数据的存储，因此为了适应海量采集数据的存储，可采用关系型数据库（Oracle）和 NoSQL 数据库（HBase）相结合的存储方式，使用 Oracle 存储全部参量关系数据，而采用具有高可靠性、可伸缩性的海量数据分布式存储系统 HBase，保存系统的海量监测数据，经过数据处理后转存到 Oracle。采用 HBase 技术可搭建起大规模、结构化的存储集群，同时采用 Hadoop

的 Map Reduce 技术，可对 HBase 分布式存储系统中的海量数据进行高效的计算和分析。通过上述方法解决使用 Oracle 数据库进行海量数据分析的性能问题。

**4. 负荷聚合**

负荷聚合指的是根据外界环境或运行目的，通过一定的数学技术手段将大量需求侧资源整合为一个可调容量大、控制简单的聚合体。从系统调度来看，负荷聚合是实施需求响应、调用负荷侧资源的必然要求，负荷聚合的目的主要体现在以下 3 个方面：

（1）单个可控负荷功率较小，在系统中分散存在，各自工作具有随机性，无法直接被系统调用。因此，客观上需通过负荷聚合技术将数量庞大的用户侧可控负荷整合为一个或多个调度方式灵活、参与系统调度潜力巨大的聚合体，参与电网调度。

（2）在电力市场改革的背景下，合理高效的负荷聚合技术已成为售电商及负荷聚合商的核心竞争力之一，挑选合适的用户及负荷作为聚合对象并与之签订合同，通过负荷聚合技术充分挖掘负荷侧响应潜力的同时为电力市场提供多种辅助服务，可最大化负荷资源的经济价值。

（3）基于需求响应技术，用户侧可控负荷已在电力系统运行的各个方面得到了广泛的应用。针对调频、调峰等不同场景，需采取相应的负荷聚合技术以适应不同的系统需求。

传统的负荷聚合往往是对负荷的综合，得出负荷的外部特性，便于电力系统建模分析。本节负荷聚合建模是将大量散布的负荷集中建模，建立相应的数学模型，形成一个能够被系统调用的聚合体，根据聚合过程中是否存在优化遴选，又将负荷聚合分为被动聚合和主动聚合两种。本节分别介绍了被动聚合和主动聚合的聚合方法，并着重阐述主动负荷聚合对象及应用场景的研究成果。

（1）被动聚合。将某区域中所有的负荷资源进行聚合表达，获得代表该区域负荷资源的单一聚合模型，这种聚合模型称为被动聚合模型，不存在主动优化的问题。经过国内外学者多年的研究，被动聚合方法已得到了极大的丰富，本节根据现有研究内容，将针对所有负荷的聚合方法分为以下 3 类：

1）基于参数辨识的聚合方法。空调、冰箱、热水器等温控负荷的主要功率消耗来自感应电动机，具有与电动机负荷相似的负荷特性，因此可通过基于参数辨识的聚合方法，利用电动机的聚合模型来表征这类负荷的聚合模型。基于参数辨识的负荷聚合方法是一种被动的聚合，主要是针对空调、冰箱、热水器等温控负荷在参与系统调压时的聚合方法，本质上是对电网中大量空调类（热水器、冰箱等）负荷等效电路的求取，其等值电路如图 8-5 所示。

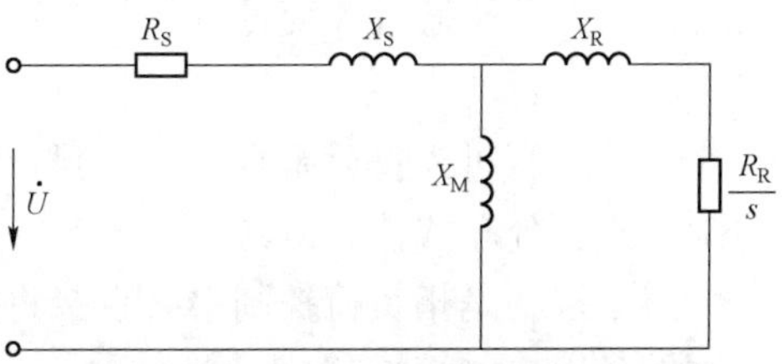

图 8-5　电动机等值电路图

2）基于蒙特卡洛模拟的聚合方法。蒙特卡洛模拟方法主要应用于负荷物理模型参数的抽样，传统的基于蒙特卡洛模拟的聚合方法步骤为：首先对负荷物理模型参数进行抽样，一般取正态分布、均匀分布等，然后建立负荷聚合模型。传统的基于蒙特卡洛模拟的聚合方法不考虑参数分布对聚合负荷动态特性的影响，仅限于单一地区的负荷聚合。在此基础上，有研究提出了基于考虑参数差异性的蒙特卡洛模拟负荷聚合方法,还有研究提出根据不同地理位置下参数分布的差异性提出分区负荷聚合方法,建立了多区域空调负荷的聚合模型。首先根据大数定律聚合参数分布特性相似的同一区域的负荷;再在各区域聚合结果的基础上进行二次聚合,得到多个区域聚合负荷的平均运行状态及总的功率需求。前者在后者的负荷聚合方法的基础上,根据温度、湿度、风向、风速等气象条件的空间差异性对负荷进行分组,然后再进行分组聚合和二次聚合。

基于蒙特卡洛模拟的负荷聚合方法适用于负荷数量极多的场景,负荷越多,所得到的聚合模型越精确。但这种聚合方法通常只能得到聚合负荷的温度、工作状态的概率分布及总的功率需求,却无法明确表示出聚合负荷参与系统运行可提供的容量。

3)基于马尔可夫链的聚合方法。马尔可夫链是指具有马尔可夫性质的离散时间随机过程,该过程中事件未来状态与历史状态无关,可以根据当前信息预测未来的发展过程,目前已广泛应用于电力系统多个方面。温控负荷具备马尔可夫性,即负荷下一时刻的工作状态只与当前工作状态有关,因此基于马尔可夫链的聚合方法在温控负荷的聚合中比较多见。基于马尔可夫链的聚合方法能够对负荷聚合模型的状态进行预测,提高计算聚合负荷的功率需求的精确度。

(2)主动聚合。由于被动负荷聚合不存在优化的概念,在某些场景中无法满足电力系统经济运行的要求,因此主动负荷聚合将是未来负荷聚合发展的重要方向,也是本节的主要阐述对象。主动负荷聚合是指在一定范围内,根据经济指标、性能参数等方面的特殊考虑,选取部分符合要求的负荷进行优化聚合,获得表征该区域负荷资源的一个或多个聚合模型。

1)主动负荷聚合对象。主动负荷聚合主要针对的是具有一定调节能力的电力负荷,如空调、冰箱、电动汽车等,短时间投切或改变控制参数,不会对用电设备造成明显负面影响,且能够保证用户对舒适度的要求。

(a)主动负荷聚合对象分类。主动负荷聚合的对象主要可分为可转移负荷、可中断负荷、可平移负荷。

(b)主动负荷聚合对象控制方式。聚合负荷参与系统运行的控制方式可分为刚性负荷控制和柔性负荷控制两种,其中刚性负荷控制指的是直接全部或部分关停负荷;柔性负荷控制指的是通过改变设备运行参数、运行模式等调整负荷的出力,达到部分削减负荷的目的。

将用户侧可控负荷整合为一个聚合体后,其参与系统运行的控制方式主要可分为集中控制方式和分布式控制方式。

集中控制是指负荷控制中心直接将控制指令进行分解,并直接将控制信息发送至聚合体中的各用户侧可控负荷。这种控制方式对信息的实时性、保密性、安全性的要求都较高,需要在负荷控制中心及用户侧可控负荷之间铺设专用的电力信息传送通道。

分布式控制是指在用户侧可控负荷上安装智能控制设备,该控制设备结合负荷控制中心发送的信号及负荷自身状态,生成自己的控制信号。分布式控制方式不涉及负荷控制中心及用户侧的双向通信机制,避免了通信过程中的复杂性、不可靠性等不利因素。但这种控制方式无法准确提供当前时刻所需的容量,易导致响应容量不足或过量响应的情况。

2）主动负荷聚合建模。依托于负荷聚合商，国内外已经对主动聚合模型进行了大量研究。主动负荷聚合首先对负荷进行数学建模，在此基础上借助一系列的优化算法及数学仿真工具，从用户侧负荷中选取需要的负荷进行聚合，从而使得某项指标最优。目前主动负荷聚合模型的优化目标主要分为经济指标最优化、实际出力偏差最小、用户满意度最优化 3 个方面。

### 8.1.3　智能配电台区

智能化配电台区的建设应以实现集配电变压器计量、保护、动态无功补偿、谐波抑制和治理三相不平衡为目标；同时具有通信网络，能实现远方设备的遥控和信息采集。通过对智能配电网的功能要求进行研究分析，可以得出其具备的主要功能如下：

（1）变压器基本监测、通信、保护功能。对配电台区变压器的运行数据和状态数据进行实时监测，并通过智能配电变压器终端和主站功能，实现变压器在线检测和故障诊断，实现变压器全寿命周期管理。

（2）电能质量监测控制。智能配电台区电能质量管理主要内容包括电压合格率、功率因数、谐波以及三相不平衡率几个方面的管理和调控。电能质量监测控制能实现电能质量在线评估和在线治理。

（3）用户用电信息监测。通过智能表计对台区的用户的用电情况进行监测，将用电量、电压合格率等用电信息进行汇总和分析，供管理人员决策。

（4）台区经济运行分析与线损分析。根据智能终端采集的实时监测数据，分析台区变压器运行状态，根据要求，通过主站向配电变压器终端下达设备退出或投入的命令，实现电压和三相不平衡负荷的调整，保证台区的经济高效运行。

（5）台区设备状态监控与故障时自动保护、报警及隔离、恢复。当智能配电变压器终端运行异常时，终端能够发送缺陷异常报告至主站，由运行人员进行消缺。当配电台区设备发生异常时，相应保护动作，实现故障的隔离和非故障区域的恢复送电。满足低压转供条件时，由联络低压线路或台区恢复故障区域的供电。采用高压双电源供电方式，当其某台变压器故障时，可自动切换另一台变压器供电，提高供电可靠性。

（6）台区用户信息互动。利用智能配电台区提供的多种通信接口，上、下行通信功能。通过显示屏、按键及灯光指示等方式实现人机交互。通过通信接口，利用短信平台等手段实现主站与运行维护人员、主站与用户、运行维护人员与用户之间双向数据、信息的交流互动，从而指导运维人员对设备进行针对性的状态检修；将运维人员现场行为反馈到主站系统；实时更新电价策略等引导用户更加合理的用电，提高电能的利用效率。

（7）环境监测与视频监控。台区根据需要配置环境监测和视频监控功能，增加环境信息采集器、传感器，视频监控设备，采集环境温度、湿度、视频信息，由智能配电变压器终端通过专用通信通道传至主站，以此提高运行人员对设备的监管水平，同时防范窃电。

## 8.2 用电安全、用电管理与能效优化

### 8.2.1 用电安全监控技术

2017 年一季度全国因电气故障等原因所引发的火灾就有 2.4 万起,占起火原因比例最高。以杭州为例, 2018 年一季度全市发生火灾 767 起,从已查明的火灾原因分析来看,电气引起的火灾有 333 起。可见电气火灾已成为威胁人民群众生命和财产安全的重大隐患,用电安全已成为国内外城市公共安全领域的重要研究内容。电气火灾的产生,通常由于电气线路、用电设备、器具以及供配电设备,出现短路、接触不良等故障性过热,引燃本体或其他易燃物引起。因此,在现有技术的基础上,将物联网、大数据、云计算等先进的技术应用于灾害应急响应领域,实现远程数据监控的精细化管理,可以提高电气火灾隐患排查的预防及监管能力。

基于电力物联网的用电安全监控系统具有以下功能:

(1)实时监测功能。用电安全监控系统的智能传感器安装在低配电柜和配电箱里,该系统全天候 24h 不间断地采集剩余电流、电流、温度等参数,并通过无线方式把数据上传到网络基站,由网络基站进行综合研判分析,把数据传送到安全服务平台,用户通过账户和密码用电脑和手机登录就可以对单位用电数据监测情况一目了然。

(2)隐患预警功能。参数达到报警值时,立即通过无线传输方式发出报警信号,发送到用户的电脑和手机,使用户第一时间掌握异常情况,及时检查、排解隐患,避免电气火灾的发生,如果情况紧急,监管服务中心还会通过电话通知用户,用户无论身在何处,预警信号都可以迅速送达。

(3)分级管理功能。全面储存了电气线路的剩余电流、电流和温度的运算数据,这些历史数据对于用电安全隐患的专业分析起到了极大的作用,同时还定期提供远程体检报告,服务于用户对电气隐患的分析和整改。企业级剩余电流式电气火灾探测器如图 8-6 所示。

电气火灾监控系统用于监控容易引发电气火灾的电气故障,如剩余电流、异常温升、电弧故障、过电流、过电压等,预警电气火灾隐患,可以为防火工作带来很好的时效性和目的性。

### 8.2.2 智能用电管理技术

随着通信技术、互联网技术、物联网技术的成熟与广泛应用,智能用电已经逐渐渗透到人们的生活之中。

图 8-7 为物联网空气开关,可通过手机 APP 实行监控。用户可以通过手机号、微信号、QQ 登录远程设置、查询、遥控或定时开关自动完成漏电保护功能自检。其还有分线路用电计量、故障实时报警灯、实时分析统计用电与电压波动的功能。

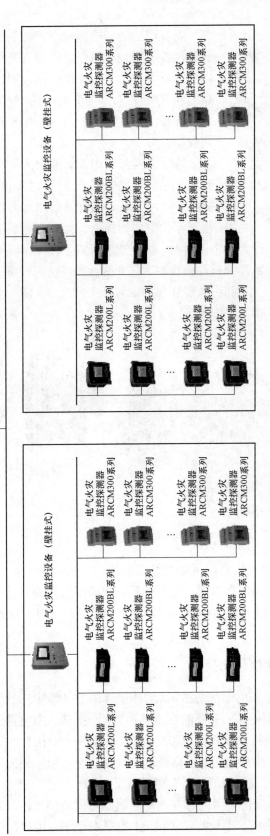

图 8-6　企业级电气火灾监控系统

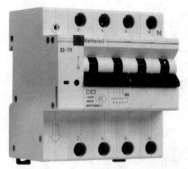

图8-7 物联网空气开关

企业级的智能用电安全管理系统，可以无须布线通过智能硬件将空调、照明、饮水机等用电设备的配电箱、配电柜等终端的运行状态快速接入智慧用电安全管理系统客户端统一管理，用户可根据账户权限预设电气安全监控、电能管理、历史数据分析等设备实时运行状态的数据及预判分析。

除了企业级应用，智能家居用电生态也在逐渐展开。智能插座是智能家居产品的典型，图8-8是市面上一款智能插座。用户通过APP，可以远程控制智能插座，从而实现对家中电器的控制。此外智能插座还可以与其他传感器互联。例如，当用户经过人体感应器时，智能插座开启，打开插座智能插座上的灯或者其他设备；当智能摄像机监测到移动报警时，打开智能插座上的设备等。通过智能插座还可以科学管理电器使用时间，利用节能环保的定时开关功能，可以让家里的一些普通小电器在延长使用寿命的同时让它们变智能。

图8-8 智能插座

在未来数年面临的挑战是尽可能高效地使用生产的电力——无论是来自屋顶的太阳能电池板，还是后院中的风车或者大型发电厂。智能用电技术可以更加高效、负责地使用能源，节约成本，最大限度地减小对环境的影响，同时让用户和企业更好地控制其建筑基础设施。

### 8.2.3 用户侧能效优化技术

近年来浙江省能源和电力消费总量均加快增长，快于"十三五"规划预期，既为推动能源电力清洁高效转型提供了有利的增量发展空间，提高了发电设施利用率，但也给综合能效的提高，实现能源消费革命目标和"十三五"能源"双控"目标带来挑战。在智能电网相关技术的支撑下，用户侧能效优化技术可以有效整合用户侧需求响应能力，对满足电网调峰需求、促进分布式电源消纳具有重要意义。

与传统电网不同，智能电网同时存在双向的能量流和信息流，这为具有多样性负荷的用户侧能效优化管理系统的出现提供了机遇。在其帮助下，用户积极参与需求响应，对电力公司发布的电价信号、控制信号等进行响应,利用多种用电信息(如电价、用户偏好等)安排用电顺序,对家庭环境内的用电设备进行调度、控制找到一个最优的家庭负载调度方案,从而实现节省电能、减少电费开支和协助电网运行。

基于非侵入式负载监测技术对用户用电设备的监测数据,可分析出用户的用电习惯、设备能耗状况,将这些信息反馈给用户,用户就可采取针对性的节能措施。若再结合其他用户的用电信息,还可为用户提供有效节能的建议。由于工商业用户的能耗较高,故用能策略优化有望能为其带来显著的经济效益,特别是相对成熟的商业用户楼宇自动管理系统已经为非侵入式负载监测技术的实用化奠定了坚实的基础。

用户侧能效优化技术可针对办公楼宇、商业物业、文体场所和教育设施等应用场景,提供室内外照明、空调、动力系统和特殊用电区域及设备等,实时进行能耗监测和用电行为分析,实现能耗和能效管理的目的。以非侵入式负载监测技术为基础,通过谐波分析和用电模型,成熟地采用边缘计算和数据挖掘等新一代信息技术,实现能源的智慧管理。

## 8.3　综　合　能　源　服　务

综合能源服务是一种新型的为满足终端客户多元化能源生产与消费的能源服务方式,涵盖能源规划设计、工程投资建设、多能源运营服务及投融资服务等多个方面。综合能源服务主要包含两个方面的内容:一是涵盖电力、燃气和冷/热等系统的多种能源系统的规划、建设和运行,为用户提供"一站式、全方位、定制化"的能源解决方案;二是综合能源服务的商业模式,涵盖用能设计规划、能源系统建设、用户侧用能系统托管维护、能源审计、节能减排建设等综合能源项目全过程。综合能源服务注重能源使用的合理性和科学性及系统的集成性,对能源使用的协同性及能源效率的提升大有裨益。

目前,随着能源互联网技术,能源系统监视、控制和管理技术,以及新的能源交易方式的快速发展和广泛应用,综合能源服务正不断引起能源系统的深刻变革,已成为各能源企业新的战略竞争和合作的焦点。

### 8.3.1　分布式能源服务

分布式能源服务包括设计和建设运行分布式光伏、天然气三联供、生物质锅炉、储能、热泵等基础服务,以及运维运营多能互补区域热站、融资租赁、资产证券化等深度服务。

**1. 构建综合能源系统**

形成横向"电、热、冷、气、水"能源多品种之间的互联互通、协同供应,纵向"源-网-荷-储-控"能源多供应环节之间的协调发展、集成互补,建成能源与信息高度融合的新型生态化综合能源系统。其中,"源"是指煤炭、天然气、太阳能、地热能、风能、生物质能等各种一次能源以及电力等二次能源;"网"涵盖电网、气网、热网、冷网等能源传输网络;"荷"与"储"则代表了各种能源需求以及存储设施;"控"是采用智能数据采集分析系统,实现多能耦合、综合调控。

**2. 发展分布式能源**

分布式能源是大气污染治理的有效途径,通过热、电、冷、气多联供方式实现能源的梯级利用，大幅提升能源综合利用效率，将成为大型能源系统的有效补充，是能源高效清洁利用的重要方式。目前，在分布式能源工作开展方面，有以燃气为主导，同时往燃气的深度加工即发电、冷热供应方向发展，由能源网、物联网与互联网组成泛能网模式；还有以热电联产、光伏为主导，形成屋顶光伏、天然气分布式、风能、低位热能、LED 照明、储能"六位一体"微能网模式。国内还有以煤基或天然气分布为主导，以屋顶光伏、地热、风电、生物质等能源为补充，提供多能互补、能源互联网的综合能源一体化解决方案，构建"源、网、荷、储、控"协调发展、集成互补的综合能源系统，形成综合能源供应商业模式。

**3. 推进多能互补**

多能互补集成优化按照不同资源和用能对象，实现煤基、天然气、风、光等各类分布式能源互相补充、协同供应，满足用户用能需求。推进多能互补集成优化系统建设，就是要面向终端用户电、热、冷、气等多种用能需求，因地制宜、统筹开发、互补利用传统能源和新能源，优化布局建设一体化集成供能基础设施，通过煤基、天然气热电冷三联供、可再生能源分布式和能源智能微网等方式，实现多能协同供应和能源综合梯级利用，如温州南麂岛微网示范工程，就是一个含有风能、太阳能、柴油发电和蓄电池储能的风光柴储综合供电系统，使南麂岛成为一个利用绿色能源生产生活的海岛。

**4. 促进能源互联网发展**

能源互联网是以电力系统为核心和纽带，多种能源互联互通的能源网络，通过多能协同互补大幅提高能源综合利用效率；深度融合能源系统与信息物理系统，助力能源转型；以用户为中心，创新能源电力运营的商业模式和服务业态，向用户提供便捷的能源、信息综合服务。

**5. 以客户为中心提供综合能源一体化解决方案**

综合能源一体化解决方案分为两种模式：一种是煤基或天然气分布式能源＋新能源系统（包括太阳能、地热能、风能、生物质能等）＋"源、网、荷、储、控"的能源互联网的多能融合、多业态服务的区域式综合能源一体化解决方案，推荐应用在城市工业园区、产业园区、大型社区等处；另一种是天然气分布式能源＋新能源系统（包括屋顶光伏、地热能、风能、生物质能等）的多能互补、集成优化的综合能源一体化解决方案。如浙江嘉兴在城市能源互联网综合试点示范项目中，充分利用分布式光伏发展迅速的优势，同时结合资源丰富的风能、生物质能等可再生能源，大力推进城市能源互联网建设。

### 8.3.2 能源销售服务与商业模式

**1. 能源销售服务**

综合能源服务的能源销售服务，包括售电、售气、售热冷、售油等基础服务，以及用户侧管网运维、绿色能源采购、利用低谷能源价格的智慧用能管理（如在低谷时段蓄热、给电动汽车充电）、信贷金融服务等深度服务。

综合能源服务的商业模式可从供能侧和用能侧出发，通过能源输送网络、信息物理系统、综合能源管理平台以及信息和增值服务，实现能源流、信息流、价值流的交换与互动。理想盈利模式中，除产业链和业务链的构建之外，其盈利主要来源于 4 个方面：

（1）潜在的收益来源，包括土地增值和能源采购，这种模式主要应用于园区。土地增值方面，主要体现在入驻率上升、开工率上升和环境改善。能源采购方面，主要体现在园区用能增加，电力、燃气以及液化天然气的议价能力提高。

（2）核心服务，包括能源服务和套餐设计，能源服务方面主要体现在集中售电、热、水、气等能源，节约成本。而套餐设计方面主要体现在综合包、单项包、应急包和响应包。

（3）基础服务，即能源生产，包括发电和虚拟电厂，发电方面主要体现在清洁能源发电和可再生能源发电，若自用电比例越高，收益越好，而虚拟电厂方面主要体现在储能、节能、跨用户交易和需求侧响应。

（4）增值服务，包括工程服务和资产服务，工程服务方面主要体现在实施平台化和运营本地化，而资产服务体现在设备租赁、合同能源管理（energy management contracting，EMC）和碳资产。整个综合能源服务可看作是一种能源托管模式。

**2. 能源销售商业模式**

在电力市场放开后，未来相关电力企业比拼的不仅仅是发配售输电，更应该比拼全方位、综合性的能源服务。总结主要有以下 6 种商业模式：

（1）配售一体化模式。配售一体化，即同时提供配电和售电业务，该模式使公司不仅可以从售电业务中获得收益，同时还可以从配电网业务中获得配电收益。

配售一体化售电公司在其配电网运营的范围内，用电客户如果直接与配售电公司签订用电合同，公司除了需要向输电网运营商支付输电费，剩下的收入都将归公司所有，去除购电成本与配网投资及运营成本外，公司将同时获得配电利润以及售电利润；如果用电客户与其他售电公司签订用电合同，那么公司只能收取配电费，也就只能获得配电利润。无论是哪种情况，配售一体化售电公司都能保证有利润来源，这是公司能持续经营以及发展的保障，并且一般作为配售电公司，由于拥有配电资源，更容易在售电市场上占据先机，成为保底售电公司，也就为公司获得更多用电客户打下了坚实的基础，同时还可以积极利用配网资源开展售电增值服务，如合同能源管理、需求侧响应，并且还可利用客户资源参与电力辅助市场。目前国内的县供电公司一直都是采用的这种配售一体化模式。

但是这种模式的售电公司同时也承担着更大的付出和风险，首先需要投入更多的资金建设或改造配电网，日常的运行和维护工作也需要专业人员和先进的管理技术。例如可再生能源的发展将势必给配电网的规划方案带来很大的影响，特别是分布式可再生能源发电设备绝大多数都接入配电网，配电网面临着扩建和改造，此时配售电公司不得不投入更多的资金。其次是政策风险，如输配电价的核定办法存在变动的可能，例如德国政府就正在积极讨论修改输配电价的核定办法，这使得配售一体化公司的收入不确定性增加，从而可能提高公司投资项目再融资的难度。

（2）供销合作社模式。供销合作社模式的售电公司是将发电与售电相结合，合作社社员拥有发电资源，通过供销合作的方式将电力直接销售给其他社员，同时售电公司获得的售电收入中的一部分将继续投入建设发电厂，以此达成发售双方共赢的局面。

采取供销合作社模式的售电公司最大的优势在于可以获得优质的发电资源，特别针对那些分布式可再生发电站，通过集合分布式发电站，组建一个销售纯绿色电力的售电公司，一方面吸引具有环保意识的人士或是有碳排放限额的公司购电，另一方面由于售电公司取得的一部分收益将投资或是分配给发电站,发电站运营商也就更愿意加入这种供销合作社模式的售电公司,售电公司的购电成本也就能相对减少。2002 年国内厂网分离前,国家电力公司同时管理发电和电网配售资源,就是一种供销合作社模式,可调配全国范围内的发电资源和售电市场资源,但由于仍处于电网的垂直一体化垄断模式,资源优化配置优势不明显。

供销合作社模式的售电公司也存在相应的风险,选择投资哪些发电站将在很大程度上影响公司的效益,售电公司必须有相应的风险管控及合适的投资策略。例如德国一家地区性售电公司选择投资联合循环热电联产厂,然而由于电力批发市场电价持续走低,此类型的发电厂发电成本相对较高,无法降低售电公司的购电成本,公司也就无法从中获利。

(3)售电折扣模式。为了更好地吸引客户,售电折扣商不仅提供较低的基本电费,还针对新用户提供诱人的折扣。许多新加入的工商业用户能够通过这类套餐在初期显著地降低用电成本,而居民用户更是通过返现和折扣有可能在第一年减少 20%的电费支出。对于部分用户甚至可以采取预交电费提供更低折扣的方式。

售电折扣商的主要风险是流动性风险。售电公司是电力大规模生产和小规模销售之间的纽带,必须同时参与电力批发和零售市场。然而这两种市场的电力结算方式与结算时间相差巨大,如果售电公司没有处理好这些时间差,很有可能因为缺乏流动性而对自身的经营造成巨大的影响。

售电折扣商在初期的低价策略之后,必须要通过转型来获得长久的发展。在通过低价电力获取市场份额,站稳脚跟之后,多样化的定价方式与服务才是这类售电公司成功的关键。

(4)虚拟电厂包月售电模式。大范围虚拟电厂建立的基础在于拥有众多分布式可再生能源发电设备的控制权,分布式储能设备等一系列灵活性设备,可再生能源的市场化销售机制和一套精准的软件算法。基于此类虚拟电厂的电力共享池系统提供了更加新型的售电模式。

在该模式下,加入电力共享池的终端用户能够便捷地互相交易电力,通过各自的分布式储能设备最大化地使用分布式可再生能源的电力,减少外购电,从而显著减低用电成本。

总体来说,基于虚拟电厂的共享电力模式对设备、通信、计量、算法的要求十分的高,而且必须建立在一定的用户基础上。目前电力大数据分析、机器学习算法等技术都在其中有着很好的应用。在该模式下一旦形成电力共享的闭环,新增用户将会给系统带来更多的稳定性和安全性,这种模式也有着巨大的生命力和发展空间。

浙江省电力公司针对区域或建筑群的节能改造成果,实现负荷资源化管理,通过需求响应系统、负荷调峰系统或有序削峰系统等,将区域或建筑群的可降负荷进行整合,作为一个整体的"虚拟电厂",负荷区域资源化管理系统将根据电网运行计划或电网负荷预测表,兼顾供电方、用电方双方利益,整合用电侧资源参与电网需求响应计划。与用户侧能源管理系统或直接与关键用电设备通信,降低高峰负荷,提高设备效率,并帮助用户获得补偿收益。

(5)互联网售电服务模式。为了降低交易成本,提升竞争力,成熟的电力市场都有比价网站,供用户选择套餐及更换售电商服务。采用这种模式的前提是要有很多家售电公司,并且每家公司售电价格有所不同。这些比价网站向用户提供的所有服务都是免费的,盈利主要来自有商业合作的售电公司/商家所支付的佣金(合作模式:用户通过比价网更换售电公司/商家,若该售电公司/商家是与网站有合作关系的,则按照协议支付一定佣金),目标客户群为互联网用户。

(6)"配售一体化+能源综合服务"模式。"配售一体化+能源综合服务"模式,除了提供传统意义上的配电和售电业务,还提供能效监控、能耗分析等能源综合服务。公司负责园区售电业务可以直接从市场化的协议购电或集中竞价交易中获取发电侧和购电侧之间的价差利润,同时还可获得园区内各电力用户的电力需求数据,是用户数据的第一入口。更为重要的是,以用电数据为基础,为用户提供能效监控、运维托管、抢修检修和节能改造等综合用电服务,可以有效提高用户的用电质量,并增强客户黏性,同时从盈利能力更强的服务类业务中获得更多利润。

目前浙江电网建设提出"一体两翼",即构建以"提供专业输配售电服务"为主体,以"积极开展市场化售电服务""创新开拓电网延伸业务"为两翼的布局理念,围绕能源供应链和综合能源服务全产业链,创新提出能源数据增值服务、能源金融服务等产业方向进行综合能源服务。浙江电网将通过即将上线运营的智慧能源管理系统,为客户提供用能负荷监测、设备运行状态监测、电能质量监测、节能减排状态监测、能耗分析报告、能效对比、光伏效益计算器等功能,同时根据状态监测结果生成告警,由工作人员根据告警等级不同,分别派发巡视、检修、抢修、安全用电等工单及时处理。同时为客户提供能源评估、用能咨询、能源数据服务等多种增值服务,挖掘客户能源大数据价值,研究客户能源消费行为特征,为工商业客户经营发展、能源交易提供有效的决策支撑服务。

此外,浙江电网还积极创新开展能源供应领域的金融服务、融资租赁、经营性租赁、电力商务、第三方碳核查等业务,坚持市场导向,加强用能市场研究,深入挖掘终端用能需求。

### 8.3.3 节能减排及需求响应服务

节能减排服务及需求响应服务包括改造用能设备、建设余热回收、建设监控平台、代理签订需求响应协议等基础服务,运维、设备租赁、调控空调、电动汽车、蓄热电锅炉等柔性负荷参与容量市场、辅助服务市场、可中断负荷项目等深度服务。售电公司可以根据用户的需求,积极响应用户不断变化的服务升级,开发更便宜、更清洁的能源供给和整体节能方案,并在用户综合用能成本的下降中与用户共享收益。

2012 年起,浙江电网以合同能源管理模式陆续对浙江省内联华超市室内灯具进行绿色照明节能改造,并负责绿色照明灯具的运行维护管理,年节电量 1568 万 kWh 左右,年节电效益 182 万元,是浙江省超市绿色照明节能改造示范项目。同时,为助推绿色港口建设,在宁波舟山港承建 5 套高压大容量岸电工程,年用电量可达 500 万 kWh,节约燃油1250t,减少二氧化碳以及硫氧化物等各类污染物排放 150t。

2017 年,浙江省重点推进区域能评改革试点工作,台州路桥区沃尔沃小镇区域启动能评示范项目,浙江电网承担起小镇未来的节能减排、区域能源"双控"任务,依法开展能评事中事后监管,建立企业用能承诺信用制度。节能评估结果显示,沃尔沃小镇在设计过程中充分体现节能理念,建设生产过程中合理选择生产工艺和设备,实际综合能耗为

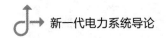 

219 000t 标准煤，折合节电量达 7604.17 万 kWh，节能效益突出。

# 8.4 智慧用电实践

智慧用电，首先要提供智慧能源。智慧能源，即应用互联网、物联网等新一代信息技术对能源的生产、存储、输送和使用状况进行实时监控、分析，并在大数据、云计算的基础上进行实时检测、报告和优化处理，以形成最佳状态的、开放的、透明的、去中心化和广泛自愿参与的综合管理系统，并利用这个综合管理系统获得的一种新的能源生产及利用形式。智慧能源的发展为智慧楼宇、智慧园区，以及智慧城市等智慧用电实践奠定了基础。

## 8.4.1 智慧楼宇

智慧楼宇是普通楼宇与物联网的结合，在智慧能源的基础上，将各类楼宇系统、运维管理体系、人的行为综合、有序地结合在一起，打造成为集数字化、智能化于一体的智慧楼宇，从而达到有效保障楼宇内的舒适工作环境，实现节能和高效管理。

智慧楼宇建设将楼宇自动化系统、通信自动化系统、办公自动化系统、安防自动化系统以及其他辅助系统集成为一个有机整体，重点推进物联网技术的应用，实现管理综合化和多元化。

2012 年浙江嘉兴公司在智慧楼宇的综合能效管理实践中，以大数据和云计算为基础，建立综合能耗监测管理平台，如图 8-9 所示。该平台应用具有通信功能的计量表计和各类采集器进行布点，对有关能源数据实现采集、存储、分析，建立客观的能源消耗评价体系，并打通楼宇设备自控系统（Building Automation System，BAS）与能耗监测管理平台之间连接，加快能源系统的故障和异常处理，提高对能源事故的反应能力，节约能源和改善环境。

该项目将嘉兴公司所属的明洲大厦、滨海大厦、调度综合楼、各县公司等建筑物通过物联网技术和信息网络，将各个大楼的所有智能化子系统接入平台，进行设备监测和控制。最终实现年节电量在 177.9 万 kWh 左右，年节电效益约计 161.53 万元，年节省标煤 556.827t，每年可减排二氧化碳 1423.2t，节能效益及社会效益非常明显。

## 8.4.2 智慧园区

智慧园区是指融合新一代信息与通信技术，具备迅捷信息采集、高速信息传输、高度集中计算、智能事务处理和无所不在的服务提供能力，实现园区内及时、互动、整合的信息感知、传递和处理，以提高园区产业集聚能力、企业经济竞争力、园区可持续发展为目标的先进园区发展理念。

在智慧园区建设的过程中，要满足不同人群的需求。从运营者的角度出发，需要高效智能的管理、绿色节能的设施；从企业的角度看，其长远发展更是需要各类企业服务资源，如工商注册、财务税收、融资担保等；从员工的角度出发，良好的办公环境以及完善的生活服务是首要需求。围绕企业的发展要求和人才的精神需要，建设智慧型园区，必须协调政府、企业等各方资源，实现管理、工作、生活智慧化，三位一体打造智慧园区。

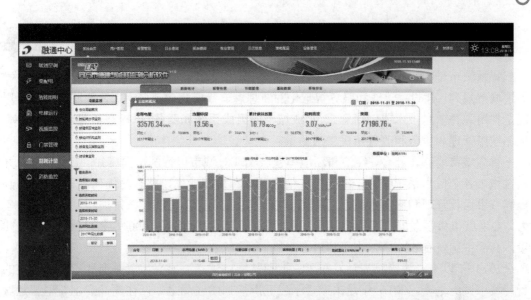

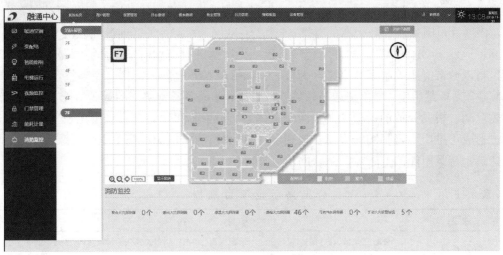

图 8-9　大楼能耗监测与控制平台展示图

　　上海迪士尼乐园由一家分布式天然气能源站实现"三联供"，即供热、供冷、供电。该能源站由华电福新能源部分有限公司、上海申迪（集团）有限公司及上海益流能源（集团）有限公司共同投资建设，以第三方的形式通过管网系统和电缆，以电力、蒸汽和空调用冷的形式向迪士尼园区供能。能源站主要产品为电能、冷能、热能和压缩空气 4 类，其中电能通过升压并入 35kV 系统电网（全额上网），冷能、热能和压缩空气全部供给上海迪士尼乐园。

　　该项目建成后综合能源利用率达到 83%，年上网电量约为 1.7 万 kWh，每年可节约标准煤约 2.15 万 t。但由于地处上海郊区，所处供气商为下游供气商，中间环节较多，天然气价格较高，达 3 元/$m^3$。该项目单独核算的经济效益一般，项目回收期在 8 年以上，但能源综合利用效率较高，示范意义较大。

### 8.4.3 智慧城市

智慧城市是指运用物联网、云计算、大数据、空间地理信息集成等新一代信息技术，促进城市规划、建设、管理和服务智慧化的新理念、新模式和新形态。智慧城市的运行原理是利用各种信息技术或创新意念，集成城市的组成系统和服务，以提升资源运用的效率、优化城市管理和服务和改善市民生活质量。

智慧城市能够在社会、经济和环境等领域实现对城市运行的全面感知、智能决策，并通过城市各个信息系统间的广泛连接、信息共享和协同运作，整合与优化各种城市资源，提高城市运行管理和服务水平，改善市民生活和生态环境，提高经济发展质量和产业竞争力，实现城市科学发展、可持续发展。截至 2018 年，全世界有 1000 多个智慧城市正在建设，其中中国就有 500 个，占了将近一半。

2013 年以来，我国已先后发布了三批智慧城市试点，嘉兴市就是浙江省政府确定的智慧城市试点之一。2016 年是国家"十三五"规划的开局之年，住建部启动新型智慧城市建设"十三五"规划。2018 年 1 月，嘉兴城市能源互联网综合试点示范项目在海宁启动，该项目是国家能源局公布的首批 55 个"互联网＋智慧能源（能源互联网）示范项目"之一，计划于 2019 年底建成。示范项目包括完善基础设施和研发综合能源服务平台两大类，将以城市能源大数据共享平台为核心，以智能高效电网为支撑，完善整合清洁能源、低碳建筑、智慧用电、绿色交通等领域基础设施，建成多资源协同的低碳节能、信息共享、供需互动、模式开放的新型能源供需平衡体系。目前嘉兴示范项目规模见表 8-1。该项目已形成可推广、可复制的"海宁模式"，建设普及清洁能源、高效电网、绿色交通、低碳建筑、智慧用能的低碳能源互联网示范城市。

表 8-1 嘉 兴 示 范 项 目 规 模

| 类型 | 规 模 |
|------|------|
| 清洁能源 | 分布式光伏电站 465MW，新建：示范区内 30MW 分布式光伏＋示范区内 2500 户家庭户用光伏＋示范区外 100MW 分布式光伏 |
| 低碳建筑 | 座大中型楼宇 |
| 智慧用能 | 3 个智慧社区＋100 户居民＋50 户工商业用户 |
| 绿色交通 | 500 辆标准电动汽车＋1000 座充电桩 |
| 高效电网 | 开展主动配电网、新型运维技术、尖山终端通信接入网等重点示范工程，实现示范区内可再生能源 100%就地接入与消纳 |
| 综合平台 | 构建城市能源综合服务平台，提供清洁能源、建筑能效、绿色交通、智慧用能、供需互动等五种综合服务 |

2025 年，在嘉兴将建成全业务泛在物联网示范工程，基于覆盖电力系统各环节，形成支撑能源互联网的信息通信基础设施，并向其他地市及网省推广建设。将项目综合应用"大云物移智"和 5G 等信通新技术，打造与新一代电力系统深度融合的公司"第二张网"（全业务泛在电力物联网）。

# 第9章

# 新一代电力调度控制系统

广泛互联、智能互动、灵活柔性、安全可控为特征的新一代电力系统正在形成,其结构形态和系统特性发生重大变化,相应运行控制和管理模式将产生根本性变革,对电网调度控制技术支撑能力提出了新的要求。新一代电力调度系统应具备高精度源荷预测、全时空优化调度、全过程控制决策的特点,全面支撑大电网安全运行、清洁能源消纳和电力市场化运作。

## 9.1 高精度源荷预测

随着未来以风能和太阳能为主的可再生能源在供应侧电源结构中的比例持续增长,具有时空分布双重不确定性的新型负荷不断增加,电力系统供需双侧呈现出的随机性特征将更加明显,势必给电力系统的安全稳定和经济运行带来新的挑战。考虑新能源的随机性、波动性、时序相关性,建立新能源及负荷时序概率模型,实现新能源及负荷概率预测,能够有效解决新能源及负荷预测精度不足的问题。

### 9.1.1 概率预测的建模方法

功率预测主要有点预测、区间预测及密度预测。点预测是最常见的功率预测形式,它只能提供未来功率可能出现的一个值。区间预测是指预测未来某个时间点,在某一置信度 $\alpha$ 下,功率的置信区间。区间预测能给出功率可能出现波动的大致范围。密度预测是指预测未来某一个时间点功率的所有概率信息,即需要预测在某一时间段、某一预测尺度下,新能源功率这一随机变量的累积分布函数或概率密度函数。密度预测能定量描述功率取某个值的可能性大小。区间预测和密度预测合称概率预测。概率预测是根据气象数据、历史功率实测数据和预测数据,针对功率的不确定性建立预测模型,提供未来时刻功率的波动区间或分布(密度)函数的一种功率预测类型。概率预测的建模方法复杂多样,根据是否假设新能源功率/点预测误差(以下简称功率/误差)服从已知分布,可将新能源功率概率预测分为参数化建模和非参数化建模两种模式。根据是否假设功率/误差的概率分布与其他输入变量相关,又可以将其分为条件建模和非条件建模。

**1. 参数化建模与参数化建模方式**

参数化建模用一个已知分布(如高斯分布、指数分布、贝塔分布、柯西分布以及拉普拉斯分布等）或其分段组合来描述概率密度函数。该方法使得新能源功率的概率预测问题转化成了一个参数估计问题，通常采用经验法、最大似然估计或最小二乘估计出假设分布的参数。该方法计算复杂程度低，但是若点预测误差满足某一特定分布的假设不成立，则预测效果并不好，无法满足新能源和负荷高精度预测的需求。

非参数化建模不预先假设点预测误差分布的表现形式，而通过数据驱动方法（如分位点回归、核密度估计等），直接计算出误差分布函数或分位点。该方法不存在分布假设不合理问题，但其缺点在于需要数据量大，计算复杂。

**2. 非条件建模与条件建模方式**

非条件建模假设概率预测结果的分布函数的形状（或区间宽度）是不会随着外界条件变化而变化。该方法优点在于操作简单，只需获取一个分布函数。

已有研究表明不同预测手段、预测尺度和气象条件（风速等）都会对点预测误差的分布产生较大的影响。依靠条件概率和多元概率论的分析方法，对新能源功率预测误差进行更为精细化的建模，可以在不同的条件下得到差异化的新能源功率预测误差的预测区间或分布函数。

相比非条件建模，条件建模方式最后形成的概率预测的结果精度更高，计算复杂程度也将提高。

在对新能源功率不确定性进行建模的历程中，大致呈现出这样的趋势：从条件和非条件建模角度来看，就是从非条件建模走向条件建模，从单条件建模走向多条件建模。新能源功率的时间序列是一个非平稳、异方差的序列，有必要采用多样化的分布函数来适应这一特性。从参数化和非参数化建模角度来看，分布的参数数目呈现增长趋势，以期对新能源功率的不确定性进行更精确的描述，而更多的非参数化的数学方法也被提出，以克服参数化建模方式的固有缺陷。

### 9.1.2 概率预测的算法

概率预测中涉及的数学领域很广，使用的算法也复杂多样。以下对新能源功率概率预测涉及的数学理论或算法进行介绍。

**1. 数据采样和提取环节算法**

部分概率预测选取了条件建模方式，对误差的分类和对于小样本的充分利用变得越来越重要。

聚类分析是一种可以将样本数据集合划分为若干个不相交的子集的方法，它是"无监督学习"的一种，聚类过程能自动形成簇结构，不同簇之间即形成不同的分类。聚类分析在点预测误差的提取中通常用来对点预测误差的条件集合进行分类，这样有助于形成差异化的误差分布函数，某基于聚类样本的光伏发电预测框架如图 9-1 所示，其将历史数据按照季节聚类，然后进行光伏发电功率预测。

Boostrap 抽样方法又称自助采样法，这种方法数据集样本量较小时比较有效。这一方法每次随机从数据集中挑选一个样本放入样本集中再放回，这个过程重复执行多次，则可形成一个新的样本集。对同一个数据集可以形成多个样本集，自助法可以充分利用误差集合中的统计信息。

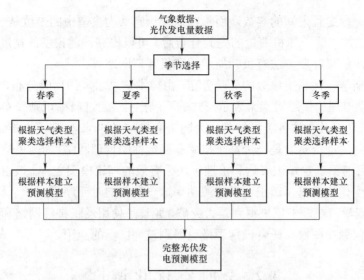

图9-1 某基于聚类样本的光伏发电预测框架

**2. 不确定性建模环节算法**

不确定性建模算法是新能源功率概率预测的核心,对概率预测的效果有着决定性的影响,建模环节中的算法包括统计学方法和机器学习方法。

统计学方法主要有以下4种:

(1)分位点回归方法可以计算得到新能源功率在未来时刻的一组分位点。只要分位点间隔设置恰当,这一组分位点即可完整地描述预测对象波动区间的概率分布,可有效把握不确定性信息的变化情况。

(2)核密度估计是概率论中用来估计未知参数的概率密度函数,属于非参数方法之一。输入新能源场相关历史数据,通过核密度估计可以形成分布。

(3)多元随机变量的分析方法也常被应用于概率预测,估计多个不同新能源电站输出功率误差分布之间的相关矩阵可以有效地对多个新能源电站的新能源功率不确定性进行建模。其中,Copula函数是连接边缘分布函数与联合分布函数的"桥梁"函数。它体现着联合概率分布和边缘概率分布的相依关系。

(4)向量自回归(VAR)将单变量自回归模型推广到由多元时间序列变量组成的"向量"自回归模型。常用来对多新能源电站之间的误差时间序列进行建模,是一种参数化的建模方式。

机器学习方法近年来也被广泛应用于新能源功率预测,点预测使用的机器学习方法有反向传播(BP)神经网络、径向基函数(RBF)神经网络、支持向量机(SVM)等。概率预测领域引入了一些新型的机器学习方法,具体如下:

(1)极限学习机(ELM)是依据广义逆矩阵理论提出的一类性能优良的新型单隐层前向型网络。与传统神经网络相比,大幅提高了网络的泛化能力和学习速度,具有较强的非线性拟合能力。利用该极限学习机通过非线性映射直接生成新能源功率预测区间,有较好的效果。

(2)贝叶斯方法也常见于新能源功率概率预测中。统计学中传统的频率学派认为模型中的参数是一个固定且未知的实数，而贝叶斯理论则认为模型中的参数是一个随机变量，而非一个定值。加入这一随机变量的先验分布后，可以提高预测模型的精度。新能源功率概率预测中使用的贝叶斯方法有贝叶斯学习和贝叶斯网络等。

（3）贝叶斯学习是利用参数的先验分布，由样本信息求来的后验分布，直接求出总体分布。贝叶斯学习理论使用概率来表示形式的不确定性，通过概率规则来实现学习和推理过程。将新能源功率分布的各类参数都视为随机变量，在贝叶斯框架下来推断误差的分布。

贝叶斯网络的理论实质是一种基于概率不确定性的推理网络，为因果信息表达提供了有效方法，是目前不确定知识表达和推理领域最有效的理论模型之一。该模型可恰当地描述变量随时间变化的情况，适用于新能源功率这一典型的时变序列。

另外，深度学习在近十年来得到重大突破，尤其是使用卷积神经网络和递归神经网络处理时序预测问题在图像、语音识别领域已得到较为广泛的应用。

# 9.2 全时空优化调度

通过高精准源荷功率预测，充分发挥风光水火全时空互补特性，全面感知分布式电源、储能、电动汽车等可调节负荷的时空特性、响应特性，构建全周期滚动、跨区域统筹、源网荷协调的电力电量平衡体系，挖掘系统整体调节能力，实现全时空优化调度。

## 9.2.1 源荷协同经济调度

大规模集中式接入电网已经成为新能源利用的主要方式，这将对电力系统的调度运行产生显著的影响。通过调动更为广泛的柔性负荷资源，促进发用电协同调度技术发展，是智能电网的重要发展方向。通过源荷互动等多种交互形式，以利用全网的可调节资源来经济高效地提升电力系统功率动态平衡能力和间歇式能源的接纳能力。

**1. 柔性负荷建模**

通常，许多用电负荷需求必须随时满足，这是一种"刚性"特征。但相对来说，有些负荷可以根据需要在一定的范围内进行调整，称之为"柔性负荷"。柔性负荷既包括电力用户中的工业负荷、商业负荷以及居民生活负荷中的空调、冰箱等传统负荷，又包括储能、电动汽车等双向可控负荷，这些需求侧资源均可实时响应电网需求并参与电力供需平衡。

（1）于用户自主响应的建模方法。从用户自主响应特性的角度，可将柔性负荷分为3类：① 可转移负荷，即在一个调度周期内（如1天）总用电量不变，但用电特性灵活，各时段用电量可灵活调节，如电动汽车换电站、冰蓄冷、储能以及工商业用户的部分负荷等；② 可平移负荷，受生产流程约束，只能将用电曲线在不同时间段平移，如工业大用户；③ 可削减负荷，可根据需要对用电量进行一定削减，如空调、照明等。基于用户用电特性的方法能够计及各种因素对用户响应行为的影响，方便获取响应行为的时序特征，计及消费者心理和用户满意度。

以响应电价为例，$t$ 时段可转移负荷可表示 $t$ 时段的基荷、$t$ 时段与其他时段电价差向量、$t$ 时段相对其他时段的互弹性向量及转移速率的函数：

$$\begin{cases} \Delta P_{\text{shift}}(t) = f_1[P_0(t), \Delta p_{\text{shift}}(t), k_{\text{shift}}(t), v_{\text{shift}}(t)] \\ \sum_{i=1}^{T} \Delta P_{\text{shift}}(t) = 0 \end{cases} \qquad (9-1)$$

式中：$\Delta P_{\text{shift}}(t)$ 为 $t$ 时段可转移负荷的响应量；$P_0(t)$ 为 $t$ 时段的基荷；$\Delta p_{\text{shift}}(t)$ 为 $t$ 时段与其他时段电价差向量；$k_{\text{shift}}(t)$ 为 $t$ 时段相对其他时段的互弹性向量；$v_{\text{shift}}(t)$ 为转移速率；$T$ 为调度周期。

可平移负荷可表示为由于电价变化 $\Delta p$ 引起的负荷平移时段的负荷减去起始用电负荷：

$$\Delta P_{\text{shape}}(t) = f_2[t + \Delta t(\Delta p)] - f_2(t) \qquad (9-2)$$

式中：$\Delta P_{\text{shape}}(t)$ 为 $t$ 时段可平移负荷的响应量；$f_2(t)$ 为其初始用电曲线；$\Delta t(\Delta p)$ 为由电价变化 $\Delta p$ 引起的负荷平移时段。

可削减负荷为 $t$ 时段电价的变化量、负荷的自弹性系数及削减速率的函数为

$$\Delta P_{\text{re}}(t) = f_3[P_0(t), \Delta p_{\text{re}}(t), k_{\text{re}}(t), v_{\text{re}}(t)] \qquad (9-3)$$

式中：$\Delta P_{\text{re}}(t)$ 为 $t$ 时段可削减负荷的响应量；$\Delta p_{\text{re}}(t)$ 为 $t$ 时段电价的变化量；$k_{\text{re}}(t)$ 为 $t$ 时段负荷的自弹性系数；$v_{\text{re}}(t)$ 为削减速率。

（2）基于电网优化调度的建模方法。一方面电网公司需要根据合同约定的激励费率或电力市场的出清价格对参与调度的柔性负荷（容量和电量）进行补偿，这涉及电网发用电统一优化决策的调度成本；另一方面电网公司需计及电网的安全性以及用户参与的满意度，因而通常在优化模型中将柔性负荷响应量作为决策变量，调度目标可为电网公司调度成本最小或调度收益最大、系统峰荷最小或峰谷差最小、用户负荷削减量最小或用户平均受控时间最小或用户满意度最大等，也有将上述多个目标综合起来进行多目标优化建模。

正常情况下，用户在接到电力公司经过优化计算得到的调节指令后，依据约定的控制周期和控制时序响应调度要求。值得注意的是，有些用户在响应电网调度削减用电量后还存在用电量反弹的现象。由于受到用户生产经营状况、经营者素质和具体合同内容等方面因素的影响，也存在不能响应或部分响应的可能性。

（3）基于综合负荷整体响应的建模方法。电力系统分析计算常用综合负荷表示一定数量的各类用电设备及相关变配电设备的组合，可进行综合负荷的整体等效建模，主要描述其响应聚合后的外特性。从电网调度的角度，一方面要计及不同柔性负荷元件响应行为的多样性、不确定性甚至移动性；另一方面还需适当简化模型的复杂性，因而在综合负荷的整体响应建模方法方面还需进一步研究。

**2. 分层多周期协同调度策略**

（1）分层调度策略。对于大型工商业用户，可直接参与电网调度运行；而对于大量中小规模商业和居民用户，则需要先通过负荷代理聚合后才能参与电网调度运行。负荷代理对外只表现出负荷群的综合外特性；而对内则协调系统侧调度信息和负荷群内部响应资源，做出针对某一优化目标的最优决策，并向用户发送调度或控制指令。基于负荷代理的柔性负荷调度一般分为调度控制层、代理协调层和响应本地层。美国、澳大利亚和一些欧洲国家市场上都有负荷聚合商，但其数量仍然是相当小的。美国的负荷聚合商参与系统运

营商的需求响应项目，以减少高峰负荷，并增加系统的安全性，但是涉及用户的不同：大多数负荷聚合商侧重于大用户，也有些负荷聚合商侧重于居民用户的空调或热水器的直接负荷控制。例如北美的一家需求响应解决方案的供应商管理超过1850家商业、工业和机构终端用户，提供可调度的需求响应能力超过750MW。此供应商的业务有需求响应项目的设计和实现、设备安装、实时调度和响应确认，其网络运营中心在数以千计的终端用户点（商业，公共设施、工业企业和政府机构）整合需求响应资源，负荷高峰时提供负荷削减，维持电网的稳定运行，其作用相当于一个虚拟的调峰电厂。

（2）多周期"源–荷"协同调度。通过采用日前–日内滚动–实时多周期调度优化模型，能够使得在不同时间尺度上响应的"源""荷"资源均参与到电网调度中来。部分响应速度较慢的"慢"发电资源和需要较长提前通知时间的"慢"负荷资源可参与日前调度，而响应较快的"快"发电资源和"快"负荷资源则可参与日内滚动/实时调度。

日前调度决策模型：日前调度计划一天执行一次（分辨率为15min），参与日前调度的资源主要包括"慢"发电资源、可平移负荷、可转移负荷及提前1天通知的可调节负荷。调度中心通过对发电机和负荷的协同调度，实现电力系统的发用电有功功率平衡。

日内滚动/实时调度决策模型：考虑日前新能源预测误差、负荷预测误差等因素影响，日内滚动计划是对日前计划不断修正的过程，在日前计划的基础滚动制订各机组计划出力和柔性负荷的调整量。日内调度计划每2h执行一次（分辨率为15min），参与日内调度的负荷资源包括提前2h告知的可调节负荷。

实时计划是在日内滚动计划的基础上的再次修正。实时调度计划每15min执行一次（分辨率为5min）。参与实时调度的需求响应资源包括提前5～15min通知的可调节负荷，一般这种负荷的数量是非常有限的。

**3. 源荷协同调度架构**

（1）集中式架构。集中式负荷控制类似于目前发电机组的控制模式，由输电网调度中心集中调度和控制，电力系统运行人员直接给每个负荷发布调控命令。对于集中优化调度而言，通常的做法是先建立目标函数，比如网损最小、成本最低、电压合格率高等；然后，建立各个受控环节的经济调度模型，再依据所建立调度模型的复杂度，选取合适的求解算法。优化目标函数可分为单目标优化和多目标优化两类，而求解算法中常见的有遗传算法、粒子群算法、模拟退火算法及相应的改进算法等。集中式调度架构适合于规模适中的应用场。当协调对象规模较大时，其对通信需求、计算能力和存储空间的需求都会急剧增加。

（2）分散式架构。分散控制中，整个控制架构不包含集中控制中心，各个参与单元都具有同等执行权限。通过建设好的通信网络，参与单元将获得必要的信息，达到统一的目标。比如在微网协调控制中，基于均一协议的分散式控制，可以保证在微网内部供需平衡的情况下，达到经济运行的目标。目前的分散式控制算法中，由于各控制器只监测本地量，分散式架构可能出现欠控制或过控制，同时各控制器之间可能出现冲突，难以达到电网调度的系统级控制目标。基于不同地理位置或负荷类型的分布式架构具有投资小、通信和控制灵活等优点，但完全分散的分布式架构也面临着如下挑战：① 由于只反馈本地可观测量，可能出现过度控制或控制量不足的情况，难以实现电网调度的系统级控制目标；② 各局部控制器为达到自身的预期目标，可能使得不同控制器间相互冲突，恶化控制的整体效果。

（3）基于负荷聚合商的分层架构。负荷聚合商作为协调大量中小规模用户和电网控制中心的中间机构，可以是传统意义上的配电公司、政府实体或电网公司自身的负荷管理中心，也可是代表单一类型或多种类型负荷的第三方机构，其共同点是将大量电力终端用户聚合在一起参与电网调度，并努力实现电网公司、负荷聚合商和电力终端用户各方的既定目标。基于负荷聚合商的分层负荷控制分为控制层、协调层和本地响应层。

处于协调层的负荷聚合商从所管理的负荷群中获取单个负荷的可控性和响应控制指令的意愿。基于个体负荷提供的信息，负荷聚合商能够建立整个负荷群的响应模型，并实现自身的分散自治功能。对于控制中心而言，负荷聚合商将呈现为"虚拟电厂"的特性，运行人员通过收集来自各负荷聚合商提供的负荷群整体信息，以及电源、电网侧的综合信息制定系统调度控制的整体协调方案，此时负荷聚合商又像发电机组一样接受控制中心下发的调控指令，并将指令分解后分配给具体的负荷。

总的来说，基于负荷聚合商的分层负荷控制架构同时具备集中式架构的整体协调能力和分布式架构的分散自治灵活性，特别适合于居民负荷、商业负荷等中小负荷参与调度运行。

## 9.2.2　高性能优化调度方法

电力系统经济调度是电力系统运行中的重要环节，它是一个多目标、多变量、多约束、非线性、非凸性的混合整数优化问题。随着电网规模的不断扩大，大量新能源和柔性负荷的接入，这类问题的快速求解将面临巨大挑战。

**1. 考虑不确定性的经济调度方法**

随着新能源的大规模并网发电、电力市场化改革的推进及深化，电网中的不确定因素逐渐增多。在原有的负荷需求预测和水文预测误差等导致的不确定性、故障发生的不确定性等的基础上，进一步增加了新能源功率的不确定性、电价的不确定性等，使电网的安全稳定运行面临更大的挑战。为了更好地把握各种不确定性对发电计划制定所带来的影响、尽可能地接纳可再生能源，从而制定出更为科学合理的发电计划方案，电力系统发电计划从确定性问题向不确定性问题的转变已成为必然。

计及不确定性的发电计划制定是一个不确定数学优化问题，建模方法包括备用准则法、随机优化、机会约束规划、鲁棒优化。

（1）备用准则法在传统上包括 $N-1$ 准则、负荷百分比准则或两者的结合等，这些准则能应对简单的负荷波动和机组故障。为了应对新能源的大规模接入带来的不确定性，新的备用准则主要从两种思路进行改进：一种思路是通过对新能源功率预测误差概率分布的分析来制定备用容量约束，该方法简单易行，但由于未对新能源功率出现波动时发电计划具体的调整过程的精细建模，可能无法保证备用在需要时一定能投入，且备用容量的选定存在人为因素；另一种思路是基于离散场景或时间序列模拟来制定备用容量，其本质上是随机优化方法。

（2）随机优化依据概率分布抽取场景，将概率分布离散化，对每个场景分别求解确定性优化问题，以最小化各场景下的成本的加权平均值为决策目标。随机优化能定量分析在不确定场景下的调度过程。但电力系统不确定性因素很多，概率分布函数复杂，难以准确获得，相应地影响了随机优化技术的可靠性。由于场景数量很大，常采用场景削减技术减少场景数目加速求解。各种场景缩减方法虽然降低了计算量，但由于不能涵盖所有可能场景，决策结果仍存在风险。场景数量与求解精度之间始终是一对矛盾。

（3）机会约束规划考虑到所作决策在不利的情况下可能不满足约束条件，允许约束在以一定概率被违背，即约束条件是以某一置信水平成立的。机会约束具有明确的物理意义，容易为调度人员所接受。但除了随机变量服从正态分布等较简单的情形外，机会约束在数学上一般非凸，难以有效求解，而借助智能算法等又无法在有限时间内得到确定解；若采用抽样平均逼近法求解，则其模型与随机优化较相似，同样面临场景数量和求解精度之间的矛盾。

（4）鲁棒优化不需要事先给定不确定参数的概率分布，而是通过一个不确定集来描述参数的波动，只要参数的取值在不确定集范围之内，鲁棒优化模型的解一定可行。不确定集是一个描述不确定参数波动范围的确定性、有界集合。鲁棒优化的目的是求得使对不确定参数在不确定集内的任意实现都可行的解。鲁棒优化相对于备用准则法，能严格地保证不确定事件发生时的可靠性；相对于随机优化和机会约束规划，获得最优解的计算量大幅减少，对不确定参数的特性需求也明显降低，无须其准确的概率分布，只需其波动范围。因此其特别适用于以下情形：不确定参数的概率分布难以获得或不准确；虽能获得不确定参数的概率分布，但不确定参数的概率分布复杂，对其积分或抽样十分困难；需严格保证在不确定参数在一定范围内变化时解的可行性；对计算效率有较高要求。

备用准则法、随机优化、机会约束规划在发电计划中已经得到了不同程度的成功应用，但仍存在一些亟待解决的问题，这一领域目前仍在积极研究当中。

**2. 大规模电力系统优化调度方法**

大规模电力系统经济调度模型高维数、多约束、非线性、多时段的特点，随着数目的增多，以及为求更高精度解而增加各时段状态变量离散数，计算时间会以指数形式增加，"维数灾"问题愈发严重。大规模电力系统经济调度问题的求解，采用传统集中式优化算法求解，往往存在内存不足、计算速度慢和数据传输存在瓶颈等问题。虽然计算机技术的快速发展在一定程度上缓解了这种状况，但是对于区域互联电网等大规模计算问题，特别是对实时性要求比较严格的场合，以往的集中式计算方式已很难满足要求。对此，应从电网分区解耦或者算法分解协调的角度，采用高性能计算技术提升大电网不确定性潮流及优化算法的计算效率。

（1）分解协调算法。分解协调算法可以充分发挥机群或多核的优势，以较小的成本和较快的速度完成大型计算机的任务，在电力系统最优潮流领域得到了良好的应用。采用分解协调算法求解最优潮流的一般步骤可以概括为：按区域划分的方式，将原始最优潮流问题分解为若干个规模较小的子分区问题，子问题之间相互独立可实现并行处理，所得到的解再通过拉格朗日乘子进行协调，最终实现整体控制目标。近年来，智能电网的快速发展，使分解协调理论在最优潮流中的应用出现了新的变化，这其中最突出的特点是"分布式"向"分散式"计算的转变。出现这种变化的原因主要有两点：

1）控制对象的多样性。电力工业正经历着前所未有的变革，尤其是以智能电网为代表的包括可再生能源、电动汽车、存储设备以及需求响应在内的一系列技术逐步应用于电力系统。电力系统的发、输、配、用等各环节均呈现出多样性特征，其直接结果是控制对象和控制范围大大增加。同时，分布在不同区域的控制对象之间以及控制对象和控制中心之间的交互十分频繁而复杂，这使得具有单一控制中心的分布式计算变得异常困难。

2）计算的复杂性。除了时间和空间的复杂性，还包括多控制对象引起的计算模型的复杂性、数据资源异构和实时收集困难、数据通信量和存储量大及重要信息泄露的风险。这些因素也决定了对现有分布式计算方式必须做出改变。与分布式计算不同的是，分散式计算没有控制中心，而是由众多分布在各区域的控制节点（智能电网中的智能设备，例如车载芯片）共同承担信息交换和计算任务，极大限度地避免了控制中心所引起的带宽瓶颈和网络延时。

（2）基于高性能计算的经济调度。采用并行计算、GPU－CPU 混合计算和云计算等技术，提升大电网调度系统的运行效率。

1）用普通多核个人电脑组建集群计算系统，结构灵活易于扩展，具有并行机的高计算性能，且实现容易投资省，成为并行计算机体系发展趋势之一，为研究大规模电力系统优化调度提供便捷、高效的技术支撑。

2）GPU 得到飞速发展，特别是 GPU 通用计算被应用到诸多计算密集的领域中。GPU－CPU 异构协同的计算体系是实际工程应用中常用的一种框架，充分利用 CPU 与 GPU 在工作原理及特点上的各自优势，使得整个架构具有强大的并行计算能力、较高的性价比和性能能耗比。在交流潮流法中，在交流潮流法中，稀疏线性方程组求解占据了大部分计算时间，GPU 通用计算特别是 GPU－CPU 异构运算框架通过并行加速稀疏线性方程组的求解，为经济调度模型的加速计算提供实现平台，利用 GPU 加速已取得初步成果。

3）云计算在电网调度技术支持系统中的应用，是通过依靠云计算平台更好地提升电网调度技术支持系统运行效率，从而更好地发挥功能优势。云计算本身系统比较强大，通过集中处理和分析数据，能够及时提供安全校核计算，进而更好地提高数据资源计算的准确性。对于电网调度技术支持系统而言，日常数据变化速度快，始终处于动态变化过程中，所以需要对数据进行精准计算、安全校验与分析等。这些可以依靠云计算平台技术，电网技术人员根据指定的操作流程和设定的服务器，更好地实现资源数据快速计算分配，提高云计算平台的资源调度管理水平，实现数据的高度集成和快速处理。

# 9.3　全过程控制决策

构建安全可靠的电力系统综合防御体系，是现代电力系统发展面临的基础性、关键性和迫切性问题，主要包括电力系统扰动前的预防控制、电力系统扰动后的紧急控制和系统崩溃后的恢复控制。

## 9.3.1　预防控制技术

传统预防控制是为了避免预想故障引发输电设备过载或断面功率越稳定限额，主动调整电网运行方式，使得不论故障是否发生，输电设备和断面的安全稳定性都能够满足。控制措施包括发电机功率调整、并联电容器和电抗器投切、直流功率调整、负荷调整等。预防控制辅助决策针对的安全稳定问题包括静态安全、暂态稳定、动态稳定、静态电压稳定、频率稳定等，系统的安全运行点在上述各种安全域的交集中。

随着我国特高压交直流混联电力系统的逐步形成，电网形态日趋复杂，这对新一代电力系统预防控制提出了更高的要求。

**1. 坚强的特高压网架结构**

坚强的电网结构是电力系统安全的物质基础，是电力系统安全保障体系的第一道防线。实践证明，电网规划必须考虑电力系统安全稳定运行的要求。如果电网规划缺乏安全约束条件，特别是电网结构不合理，将给电力系统的安全稳定运行带来严重后患。坚强的电网结构是指为了保证各种正常和检修运行方式下的送电和用电需要，满足《电力系统安全稳定导则》规定的承受故障扰动的能力和具有灵活的适应性，以及主干输电网应具备的结构、容量和灵活性品质。坚强的电网结构是保证电力系统安全稳定的基础。在电网规划设计中，应从全局着眼，综合分析系统特性，充分论证，统筹考虑，合理布局，加强主干网络。

**2. 自动控制系统**

在电网结构确定的情况下，进一步提高电力系统预防能力的就是自动控制系统。电力系统中最重要的动态元件是发电机组，其控制技术已得到深入研究，发电机调速控制、励磁控制以及附加控制系统（如电力系统稳定器）已在电力系统中得到了广泛应用；发电机组非线性最优控制技术和基于广域测量系统的电力系统广域阻尼控制技术有了重要进展。

随着我国特高压交直流混联电力系统的发展，电力系统的稳定问题日益突出、交流通道承受潮流转移的压力加大、输电能力受限；灵活交流输电设备的大量应用增加了电力系统控制的复杂性；大容量交直流远距离混联送电，运行方式多变，局部分散控制难以适应未来电网复杂多变的形态。电力系统面临的这些新问题和挑战，对其自动控制水平提出了更高的要求。新型自动控制系统具有考虑多种新型控制设备和多种控制方法并存的优化策略研究，充分发挥发电机及其控制系统对电力系统运行控制的优化协调作用，充分考虑直流控制策略与接入交流电网的相互影响，考虑交直流协调和多直流协调的综合控制方案。

另外，为解决电力系统建设的过渡期所面临的运行控制问题，充分利用先进控制理论和广域信息，优化电力系统自动控制系统，提升电力系统安全运行水平；加强交直流广域协调控制技术的应用研究，全面提升电网的综合控制能力和安全稳定运行水平。

**3. 安全运行方式**

电力系统运行方式的总体计划，一般由各级调度部门的年度运行方式计算分析确定。但是，在日常调度运行中，还要依靠电力系统调度自动化系统、在线安全预警和辅助决策系统，来掌握电力系统方式运行变化，并根据《电力系统安全稳定导则》规定的安全稳定三级标准的要求，及时进行预防性控制，保证电力系统运行在安全的水平。

**4. 故障快速隔离**

当交流系统发生元件故障时，对交流系统产生扰动冲击，极易诱发直流系统换相失败或闭锁，进而可能因直流功率波动、交流电网潮流大范围转移等交直流相互作用，带来进一步的恶性连锁反应。因此，需要在元件故障给交流系统带来扰动冲击的第一环节，采取诸如快速切除故障、自适应重合闸、站域保护等措施，抑制元件故障对系统的冲击，切断或抑制后续连锁反应的诱发源头。故障快速隔离目的是降低故障的严重程度，从故障发生的源头抑制故障给电网带来的扰动冲击。措施包括：

（1）应用交直流保护新技术，提升保护性能，快速可靠隔离故障。

（2）应用电力电子新技术实施大功率电气制动，或应用虚拟化同步技术模拟交流电网自愈特性，抑制扰动冲击。通过弱化交直流系统元件故障对电网的扰动冲击，可使得不发生或减弱交直流相互作用对系统安全稳定性的影响。其原理示意如图 9-2 所示。

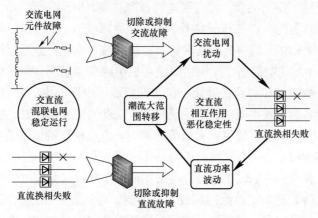

图 9-2　故障快速隔离原理

另外，初始故障为直流设备故障时（如因直流本体设备可靠性或控保整定不当），同样可能因交直流相互作用带来一系列连锁反应。为了遏制这种现象发生，同样需要在直流故障对交流系统带来扰动冲击的第一环节，采取类似交流系统继电保护、重合闸的新的技术手段，切除或抑制直流故障。

### 9.3.2　紧急控制技术

随着超/特高压直流系统的不断接入，在原交直流混联电网结构上，新一代电力系统形成了多直流馈入、多直流送出的交直流混联大系统，引起了更多的电网安全稳定控制方面的问题。紧急控制是在电力系统遭受严重扰动后，为保证系统暂态稳定性所采取的快速控制措施，主要是通过必要的切机、切负荷、直流调制等安全稳定控制措施，保证系统维持稳定运行。另外，特高压背景下，也需要新型安全稳定控制装置实施紧急控制措施。

**1. 紧急控制措施**

（1）快速切机切负荷。对于直流双极闭锁等特高压输送通道故障后，此时主要是继电保护装置或安全稳定装置动作的时间，此时电网调度系统尚未实现对故障类型、可控制容量的辨识，因此必须依赖安稳系统实现对事先分级编组的负荷进行快速切除，由安稳系统通过高速光纤通信网，实现切负荷指令的快速传递，完成末端负荷的毫秒级切除。通过对工商业用户分路负荷快速切除的意义在于可以避免系统频率的快速下降，抑制系统频率失稳，防止大规模停电事件的发生，将受影响的供电负荷限制到最小范围内。

（2）直流系统功率紧急控制。直流功率控制包括功率回降和功率提升功能。由于功率回降和功率提升控制方式的调节速度较慢,对于交直流混联系统发生故障后要求直流系统快速改变功率的情况,难以发挥作用。因而需要额外设置合理的直流控制措施,实现交直流系统之间的相互协调配合。直流系统功率紧急控制通过改变直流功率给定值实现,通常可以利用控制策略表的方式对直流系统直接下达新的功率控制指令及功率变化速率。

**2. 特高压电网紧急控制装置**

随着 1000kV 电压等级的特高压电网在我国顺利建成并投运,电网的运行特性和稳定性能发生了显著变化,对于调度运行产生了新的挑战。

（1）电网安全稳定控制装置。特高压电网投产初期,网架薄弱,稳定性能较差,因此当特高压电网潮流较重时,特高压设备发生 $N-1$ 故障或 $N-2$ 故障,系统可能无法保证安全稳定运行,必须采取送端切机或受端切负荷的措施。电网安全稳定控制装置的主要作用是:当特高压设备发生故障时,尽快切除送端机组或受端负荷,防止事故情况下系统发生暂态（或动态）稳定破坏和设备过载,以保证特高压电网的电力安全送出。其原理是:装置采集特高压设备的电流、电压、开关位置、故障跳闸信号等信息,按照装置设计的判据,当判断出特高压设备发生故障或无故障跳闸时,装置根据跳闸前的断面功率,查询对应的运行方式和控制策略表,当跳闸前断面功率大于安控装置动作定值时,装置将向对应厂站发送切机或切负荷命令。装置通过调度数据网,具有与相关调度安控装置监视系统通信的功能,能够上传装置测量的数据和装置的定值、动作报告和数据记录等内容。

（2）快速失步解列装置。特高压电网作为电压等级最高的电网,能够用作区域电网的联络线或省际电网的联络线,作用和意义重大。对于非常重要的区域电网或是省级电网,一旦发生某些严重故障,可能会导致特高压电网发生异步振荡,如果无法快速解开联络线,将导致两个区域电网或两个省级电网均发生崩溃的恶劣后果。基于以上原因,当电网因为某种非常严重的故障,可能导致系统崩溃时,希望能够尽最快速度将特高压电网解列。如果能够在异步振荡真正形成之前就将特高压电网解列,那么效果是最好的。因此,快速失步解列装置成功应用于特高压电网中。

常规的失步解列装置是当装置判断出电网发生异步振荡时,一般在 1~3 个振荡周期之后将电网解列。而快速失步解列装置能够预测电网是否会发生异步振荡,从而在第一个振荡周期内就将电网解列。从某种意义上来说,采用快速失步解列装置甚至能够防止电网异步振荡的发生,并能够很好地适应特高压电网的要求。其原理是:根据输电线路功率的变化趋势、线路两端电压相角差的变化趋势和振荡中心的位置来判断是否发生异步振荡。当线路两侧电压相角差以加速度增加,而线路有功功率不断减少,振荡中心同时落入设定范围时,即认为发生了异步振荡,装置动作解列线路。

### 9.3.3 恢复控制技术

电力系统恢复控制的目的是在停电后快速、安全、经济地恢复供电,减少停电损失并规避恢复措施引入新的失稳风险。传统恢复控制包括黑启动机组的选择、由正常运行机组启动远方停运机组、负荷的恢复、供电路径的恢复等过程。

新一代交直流互联电力系统连接关系复杂,形式多样,受端系统交流故障严重威胁着交直流电网的安全运行，主要表现在：

（1）逆变侧交流故障通常伴随着换相失败的发生，若受端系统交流故障未能及时清除，可能导致后续换相失败，并伴随直流输送功率减少、换流阀寿命缩短、换流变直流偏磁及逆变侧弱交流系统电压失稳等不良后果。

（2）交流故障发生后换流站无功功率平衡可能被打破，出现无功过剩或无功不足的情况，不利于系统的恢复，继而导致高压直流发生后续换相失败。另若换相失败没有得到有效控制，还会引发连续换相失败，最终导致单极甚至双极停运，使直流传输功率中断。

随着我国直流工程的相继投运，出现了多回直流接入同一地区的电网结构。这些电气距离较近的直流与所馈入的交流电网共同形成了多馈入直流输电系统。与单馈入直流输电相比，多馈入直流输电系统具有更大的输送容量和更灵活的运行方式。由于各直流逆变站电气距离较近，交流系统的一个扰动可能诱发多回直流发生换相失败，一旦一回或多回直流的换相失败得不到有效控制，出现单极或双极功率停运，则将导致直流传输功率大幅度下降，影响电网的频率稳定。而多回直流的相继乃至同时的功率恢复还可能诱发受端电网的电压不稳定，给电网安全稳定运行带来了新的问题。因此，高压直流输电系统的恢复策略是新一代电力系统恢复控制中的重要技术。故障发生后，需要对多馈入直流系统进行快速有序的恢复，防止出现相继换相失败的现象，保证交直流系统的安全稳定运行。

对多馈入直流输电系统的研究发现，多回直流系统间存在不良相互影响，使故障后直流功率很难快速恢复从而引发后续换相失败。而低压限流控制在系统故障或恢复过程中能缓解逆变站对交流系统的无功需求及多回直流间的不良相互影响，在维持交流电压的同时，有助于减小后续换相失败发生的可能性。多馈入直流输电系统的恢复特性与各逆变站之间的交互作用、交流系统强度、电压的稳定水平和直流输送功率密切相关。研究多馈入直流输电系统换相失败的抑制措施及换相失败后的协调恢复多从低压限流控制的角度出发，这是因为低压限流控制特性直接影响直流系统的恢复特性，并间接影响直流系统的后续换相失败。常规低压限流控制采用电压电流线性关系的恢复特性，不能灵活调整直流电压电流的变化趋势，不利于换相电压的快速恢复。当换相失败已不可避免时，采取合理的协调控制策略减少多回直流系统换相失败，或者在已经发生多回直流换相失败的情况下，目前主要有以下快速恢复策略：

（1）PI 控制器中增加前馈回路来实现协调控制，并利用最大梯度法对各直流子系统的重启动时间进行优化。该控制方法的出发点是通过设置不同的启动恢复时间使各回直流子系统不能同时进行功率恢复，从而缓解直流系统间的相互作用，抑制换相失败的发生，然而控制过程相对复杂，但为后面对低压限流控制曲线进行延迟的思想奠定了基础。

（2）逆变侧低压限流与关断角控制相结合的协调控制策略，通过在低压限流控制后增加了延时环节和最小选择单元进行优化，既实现了换相失败后各直流子系统的快速恢复，又不需要消耗成本，但并未将延时环节的设置与各回直流自身的特性关联。

（3）依赖直流电压和逆变侧交流换相电压的低压限流控制，能根据故障严重程度灵活选择低压限流控制输入量的类型，从而提高多馈入交直流系统的暂态稳定性，然而检测方法的灵敏度、开关切换的动作时间未考虑在内。

（4）动态低压限流控制，该方法通过各条线路延时装置中的时间常数 $\tau$ 将低压限流的曲线进行延时，而 $\tau$ 值的选取需要进行协调优化实现。随着相关研究更加地深入，低压限流协调控制方法在考虑的影响因素较全面、可操作性强的情况下将会在实际多馈入直流输电系统中得到广泛的应用。

# 9.4 多模式市场交易

## 9.4.1 现货市场

我国地域广阔，各省电源结构和负荷情况差别较大，因此现货市场试点采取集中式和分散式两种模式共同探索的方式。从试点省份目前已经对外公布的电力现货市场建设方案来看，广东、浙江等省份将主要采用集中式模式，甘肃将主要采用分散式模式。可以预见，我国电力现货市场在制定有关市场申报、信息发布、中长期合同管理、日前市场、日内市场、平衡机制、长周期可靠性机组组合、辅助服务市场、安全校核、市场评估分析、市场监管、系统管理、市场成员服务、电量计量、市场结算方面的有关规则时，将综合借鉴 EPEX、Nordpool、PJM 等欧美电力交易中心的规则和经验。

**1. EPEX、Nordpool 和欧洲电力市场**

英国、北欧、德国等欧洲国家普遍采用分散式电力现货市场模式，如图 9-3 所示。EPEX 是欧洲中心的电力现货交易所。它涵盖法国、德国、奥地利和瑞士，这些国家加在一起占到欧洲总能源消耗的 1/3 以上。Nordpool 主要负责运营北欧及波罗的海国家的日前及日内市场。

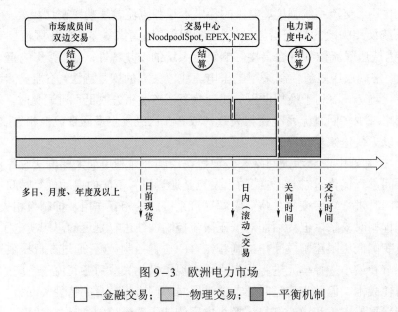

图 9-3 欧洲电力市场

□—金融交易；▨—物理交易；▇—平衡机制

分散式电力现货市场的特点是部分电量参与现货市场竞价，大部分电量通过中长期交易合同解决，中长期交易合同与现行的合同一样，为物理合同，必须递交交易中心，由电网安排执行。分散式电力现货市场中，调度和交易机构往往是分开的。

**2. PJM 和北美电力市场**

集中式电力现货市场主要应用于美国、澳大利亚和新西兰电力市场。美国 PJM 公司负责美国大西洋沿岸 13 个州及哥伦比亚特区的电力系统运行与管理，是一个非营利性的独立系统运营商，没有发电、输电、配电和用电资产，也没有任何市场成员的股份，其职能包括电力市场运营、电网调度运行和电网规划三方面。如图 9-4 所示，PJM 分为实时市场、日前市场和长期市场，市场主体包括发电方、输电方、配电方、售电方和电力用户，交易标的分为电能、辅助服务、输电权和容量。

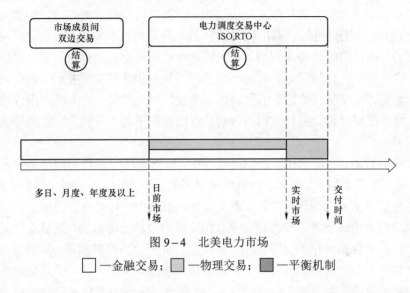

图 9-4　北美电力市场

□—金融交易；▨—物理交易；▨—平衡机制

集中式在现货市场采用全电量集中竞价，中长期交易采用双边差价合约，发电企业和消费者签订差价合约，合约中规定了参考电价和电量。如果现货市场价格低于合同规定的参考电价，不足部分由消费者支付发电企业，反之，发电企业返还超额收益。差价合约中的物理量不具有约束力，不需要强制执行。集中式电力市场中，调度和交易机构往往是同一个主体。

## 9.4.2　点对点双边/多边交易

在大用户直购电交易中，大用户与发电商之间通过签订长期合同约定未来交易的电量及价格，其中既包括了单一大用户与单一发电商之间的合同谈判，也包括了多个大用户或发电商之间对于合同的竞争。交易电量一般由大用户根据自身生产需求的电量进行确定，双方对于交易价格的谈判基于这一确定电量。

面对电力市场中越来越多市场主体的参与，无论是发电企业还是用户都必须面对市场主体之间更为复杂的交互，参与者必须及时了解市场信息，把握未来发展形势，做出科学的判断。智能体技术具有灵活、自主的特性，其在解决电力市场模拟这类复杂系统研究方面发挥着越来越重要的作用，通常被定义为具有情境性、自治性和适应性的独立个体，在一定环境中通过相互之间或与环境之间的交互完成任务的硬件环境或软件系统。多智能体系统是由多个相互交互的智能体组成的一种分布式自主系统，主要用于研究智能体之间的行为协调问题，即独立、自主的智能体，通过相互之间的交互与协作，自主协调其智能行为，从而解决智能体个体所无法解决的复杂问题。

智能体的设计包括基本特征和内部结构两个主要部分。基本特征包括智能体的身份标识、名称、位置等，保证智能体的独立性与唯一性，从而使智能体之间能够顺利进行信息的交互，确保智能体与其他智能体之间的谈判机制能够实现。

大用户直购电交易涉及大用户、发电商和电网复杂交互过程，基于智能体研究框架，分别设计智能体如下：

（1）大用户智能体。大用户在直购电过程中，首先需要确定购电量，并就此购电量与发电商展开谈判。大用户进行直购电交易的目的是降低其用电成本，因此大用户希望成交价格越低越好。在直购电交易谈判期间，大用户一般先确定一个保留价格，此价格为最高出价意愿，然后大用户会向发电商提出一个远低于保留价格的交易报价，若此报价高于发电商的报价，则达成交易，提交给电网进行安全校核以及结算；若大用户报价低于发电商报价，则大用户根据报价策略修改自身报价，再次与发电商进行谈判，直至达成交易或因限制终止交易。

（2）发电商智能体。发电商在直购电过程中，根据大用户的意向购电量确定自己的报价，并与大用户展开谈判。发电商进行直购电交易的目的是增加发电量，提高机组利用率，同时获得尽可能多的售电费用。在直购电交易谈判过程中，发电商会先根据大用户的意向购电量及自身成本曲线确定一个保留价格，此价格为最低出价意愿，然后发电商会向大用户提出一个远高于保留价格的交易报价，若此报价低于大用户的报价，则达成交易，由电网进行安全校核并与大用户进行结算；若发电商报价高于大用户报价，则发电商根据报价策略调整自己的报价，再次与大用户进行谈判，直至报价低于大用户报价达成交易或者因交易限制而终止交易。

（3）电网智能体。电网企业在直购电交易过程中为大用户与发电商之间的交易提供电力输送服务，直购电交易的电量和价格都由大用户与发电商通过谈判直接达成，不需要电网企业提供电能售卖服务，但需要电网企业提供过网服务，而且交易电量需要符合电网安全运行的要求。电网企业对大用户与发电商达成的交易电量进行安全校核，在符合电网安全运行要求的前提下为用户提供电能转运服务，并收取一定的过网费用。

假设大用户与发电商交易过程中，电网收取的输配费用固定不变，且交易电量满足电网的安全校核要求，则谈判过程可以忽略电网企业的影响。设大用户智能体的电量需求为 $q$，谈判报价为 $p_c^t$；发电商智能体的谈判报价为 $p_g^t$；$t$ 为谈判时间，离散化为谈判轮次。大用户智能体与发电商智能体之间谈判的流程图如图 9-5 所示。

大用户直购电是公认的电力市场化的一个方向，经过多年的探索与试点，虽然已经取得了一定的成绩，但仍面临着市场机制不完善、参与者存在投机心理、缺乏有效监管等问题。智能体技术为大用户直购电的建模及市场模拟提供了有力工具，进一步推进市场模拟工具的标准化建设，有助于实现不同交易平台的数据互换与信息融合，促进电力市场的深入发展，同时也有助于政府机构对市场进行有效的监管，为制定相关政策措施提供有力支撑。

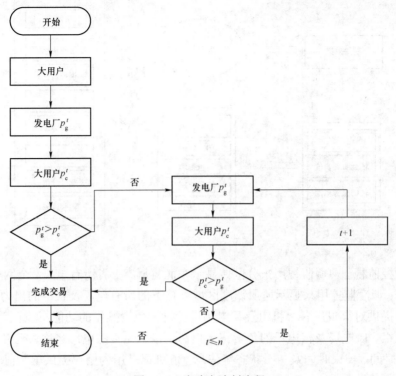

图9-5 直购电谈判流程

### 9.4.3 辅助服务市场

电力市场辅助服务是指为维持电力系统的安全稳定运行或恢复系统安全,以及为保证电能供应,满足电压、频率质量等要求所需要的一系列服务。

电力市场辅助服务交易系统架构包括硬件和软件,选择硬件平台,系统必须清楚功能、操作模式、稳定性、安全性。软件平台的选择应该从系统的先进、成熟、可靠性、易用性、可扩展性等诸多因素考虑。一般电力市场辅助服务交易系统的设计的总体架构包括数据的采集,数据库对数据的存储,电厂端对调峰竞价信息的管理,系统内部对用户、角色、权限、字典的管理,电网端对上报信息、调控监视、结算报表等业务的管理。系统总体架构如图9-6所示。

电力调峰辅助服务根据用户使用角色划分为电厂端与电网端两大体系,系统功能划分也以此为依据。电厂端用户主要上报电场机组竞价信息与有偿调峰的可调区调;电网端用户以管理的角色查看各厂上报的信息,通过制定的规则对计算出各电厂分摊与补偿等信息进行监视、核对等。主要功能模块介绍如下:

(1)上报信息。发电企业依靠信息系统自主上报交易价格和有偿辅助服务可调区间,便于及时汇总交易价格信息、及时计算调度顺序和调节空间。该模块可以用来查询电厂上报的竞价信息,电厂依据周报价的原则,每周上报下一周的有偿竞价价格,系统根据电厂上报的信息显示电厂名称、机组名称、机组容量、竞价价格、报价上限等。

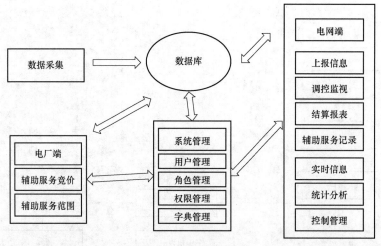

图9-6　系统架构图

（2）调控监视。网调监视用来分区域显示东北直属、三省所有电厂、全网火电及机组的出力信息；调度监控用来显示所属调度区域管辖下的所有电厂及机组的出力信息；批量免责为用户提供对火电厂各个机组及风电场进行批量免责操作的功能；免责信息用来查询火电厂各机组、风电场及核电厂的免责记录信息，包括免责的电厂名称、机组名称、免责原因、开始时间、结束时间及免责状态等信息；值班记录用为用户提供填写值班操作记录和查看的功能。

（3）结算报表。结算报表功能用来提供查询各种类型的系统报表功能，例如日单厂结算报表用来查看所有调度管辖下的所有电厂机组一天96点的补偿及分摊金额明细；日各厂统计报表用来查看所有调度管辖下的所有电厂一天96点的补偿及分摊金额汇总信息；月单厂结算报表用来查看所有调度管辖下的所有电厂一月每天的补偿及分摊金额信息；月各厂统计报表用来查看所有调度管辖下的所有电厂一月的补偿及分摊金额汇总信息。

（4）辅助服务记录。辅助服务记录明细用来查看每日各电厂机组的出力信息和补偿电量实时信息，系统提供图形展示、表格展示等功能。

（5）实时信息。用来提供辅助服务实时信息的查看功能，包括电厂实时交易信息——用来查看各调度所管辖电厂的机组实时补偿金额明细信息，联络线交易信息——用来查看联络线实时交易信息，补偿动态——用来查看每日火电补偿电量和风电发电实时曲线。

（6）统计分析。电网辅助服务系统运行过程中，需要针对全系统按时间段统计各种信息，例如调峰辅助服务简报以简报模式查看每日调峰辅助服务运行情况，包括全网电量、全网补偿金额、全网分摊金额、联络线支援情况等信息；补偿分摊统计表以表格形式查看每日各电厂补偿分摊情况。

（7）控制管理。对系统基础数据进行设置管理。例如：① 参数管理，此功能提供对系统参数进行配置管理的功能，包括有偿服务挡位设置、分摊挡位设置、竞价时间设置、日报结算时间设置、月报发布时间设置、价格参数设置等；② 新机控制，此功能提供对电厂机组进行管理的功能；③ 最小方式，此功能提供对电厂各机组的最小运行方式的管理功能；④ 风电利用小时数，此功能提供对风电场的利用小时数的管理功能；⑤ 差额资金，此功能提供对差额资金的管理功能；⑥ 通知管理，此功能提供对系统各用户发布通知的功能。

（8）系统管理。对系统用户、角色、权限、字典进行设置、管理。

（9）电厂端。用于各电厂填报上报数据及查看补偿与分摊信息。信息上报提供各火电厂填报指标的功能；出清价动态为各火电厂提供各时刻的出清价查询功能；实时信息发布为各火电厂提供实时补偿与分摊明细信息查询功能；日信息发布为各火电厂提供每日补偿与分摊明细信息查询功能；月信息发布为各火电厂提供每月补偿与分摊明细信息查询功能。

在我国电力供应总量过剩、新能源发展迅猛的新形势下，传统电力服务管理已经很难解决电力调度的新问题，调峰、调频等压力逐渐增大，因此需要有效地开展电力辅助服务市场。电力市场辅助服务交易系统以保障电力辅助服务市场的有效运行为最终目的，以信息化手段实现对各种辅助服务市场交易和行为的管理，为辅助服务市场的开展提供了技术支持。

# 缩略语表

AI    artificial intelligence（人工智能）

B2B VSC    back-to-back voltage source controller（背靠背换流器）

CA    certificate authority（证书授权中心）

CIGRE    international council on large electric systems（国际大电网会议）

CRL    certificate revocation list（证书注销列表）

CPU    central processing unit（中央处理器）

CPS    cyber physical system（物理信息系统）

CSC    convertible static compensator（可转换的静止补偿器）

CU    central unite（中心单元）

DFIG    doubly fed induction generator（双馈感应风力发电机）

DG    distributed generator（分布式能源）

DSP    digital signal processing（数字信号处理器）

DU    distributed unite（分布式单元）

EMS    energy management system（能量管理系统）

FACTS    flexible AC transmissions system（柔性交流输电系统）

FFT    fast fourier transformation（频域分解技术）

GA    genetic algorithm（遗传算法）

GFS    google file system（谷歌文件系统）

GIS    geographic information system（地理信息系统）

GPU    graphics processing unit（图形处理器）

GSC    grid side converter（网侧变流器）

GTC    gyrokinetic toroidal code（回旋环形等离子体代码）

HDFS    hadoop distribute file system（分布式文件系统）

HPC    high performance computing（高性能计算）

IaaS    infrastructure as a service（基础设施即服务）

IFPC    inter phase power flow controller（线间潮流控制器）

IFTP    integrated fight through power（特指美国海军舰船的直流区域配电系统）

KMC    key management center（密钥管理中心）

LAN    local area network（站级局域网）

LCC    life cost cycle（全寿命周期成本）

LCC－HVDC（基于电流源型换流器的高压直流输电）

LDAP    lightweight directory access protocol（轻量目录访问协议）

LVRT    low voltage ride through（低电压穿越）

MMC - HVDC（模块化多电平高压直流输电）

MPP  massive parallel processing（大规模并行处理器）

MPPT  maximum power point tracking（最大功率点跟踪）

OCSP  online certificate status protocol（在线证书状态协议）

OWS  operator workstation（运行人员工作站）

PaaS  platform as a service（平台即服务）

PCC  point of common coupling（风电场并网点）

P2P  peer to peer（点对点）

RA  register authority（证书注册中心）

RBAC  role - based access control（角色访问控制）

RFID  radio frequency identification（射频识别）

RISC  reduced instruction set computer（精简指令集计算机）

RSC  rotor side converter（转子侧变流器）

SaaS  software as a service（软件即服务）

SCADA  supervisory control and data acquisition（监控与数据采集）

SCR  semiconductor controlled rectifier（晶闸管整流器）

SMES  superconductor magnetics energy storage（超导储能系统）

SMP  symmetric multi - processor（对称多处理器）

SNOP  soft normally open point（柔性多状态开关）

SOC  state of charge（荷电状态）

SOH  state of health（健康状态）

SSSC  static synchronous series compensator（静止同步串联补偿器）

SVC  static var compensator（静止无功补偿器）

TCBR  （可控制动电阻控制器）

TCPR  thyristorcontrolled phase angle regulator（可控移相器）

TCSC  thyristor controlled series compensation（可控串联补偿）

TCPR  thyristor controlled phase angle regulator（调节可控移相器）

UPF  user port function（用户端口功能）

UPFC  unified power flow controller（统一潮流控制器）

UPQC  unified power quality conditioner（统一电能质量控制器）

UTXO  unspent transaction output（未消费的交易输出）

VSC  voltage source converter（电压源转换器）

VSC - HVDC  voltage source converter based high voltage direct current（基于电压源换流器的高压直流输电）

V2G  vehicle to grid（车辆到电网）

WAMS  wide area measurement syste（广域测量系统）

# 参 考 文 献

[1] 李欣然，黄际元，陈远扬，等. 大规模储能电源参与电网调频研究综述 [J]. 电力系统保护与控制，2016，44（7）：145-153.

[2] 巴恩斯，莱文肖曦，聂赞相. 大规模储能技术 [M]. 北京：机械工业出版社，2013.

[3] 江全元，龚裕仲. 储能技术辅助风电并网控制的应用综述 [J]. 电网技术，2015，39（12）：3360-3368.

[4] 许剑剑. 基于 NB-IoT 的物联网应用研究 [D]. 北京：北京邮电大学，2017.

[5] 祁兵，夏琰，李彬，等. 基于边缘计算的家庭能源管理系统：架构、关键技术及实现方式 [J]. 电力建设，2018.

[6] 李彬，贾滨诚，陈宋宋，等. 边缘计算在电力供需领域的应用展望 [J]. 中国电力，2018，51（11）：154-162.

[7] 李辉，吴光灿，雷鹏，等. 配电网智能台区一体化系统的研究与应用 [J]. 电气应用，2015，34（07）：29-33.

[8] 王栋，陈传鹏，颜佳，等. 新一代电力信息网络安全架构的思考 [J]. 电力系统自动化，2016，40（02）：6-11.

[9] 张宁，王毅，康重庆，等. 能源互联网中的区块链技术：研究框架与典型应用初探 [J]. 中国电机工程学报，2016，36（15）：4011-4023.

[10] 吴斌，杨超，唐华. 区块链技术在微电网中的应用初探 [J]. 电力大数据，2018，21（06）：17-22.

[11] 颜拥，赵俊华，文福拴，等. 能源系统中的区块链：概念、应用与展望 [J]. 电力建设，2017，38（02）：12-20.

[12] 赵俊华，文福拴，薛禹胜，等. 云计算：构建未来电力系统的核心计算平台 [J]. 电力系统自动化，2010，34（15）：1-8.

[13] 王继业，程志华，彭林，等. 云计算综述及电力应用展望[J]. 中国电力，2014，47（07）：108-112+127.

[14] 王德文. 基于云计算的电力数据中心基础架构及其关键技术[J]. 电力系统自动化，2012，36（11）：67-71+107.

[15] 舒印彪. 构建新一代电力系统——国家电网有限公司董事长舒印彪在"2018 国际能源变革论坛"电力系统转型分论坛上的主旨发言 [R]. 2018.

[16] 周孝信，陈树勇，鲁宗相，等. 能源转型中我国新一代电力系统的技术特征 [J]. 中国电机工程学报，2018（07）：1893-1904.

[17] 张东霞，苗新，刘丽平，等. 智能电网大数据技术发展研究 [J]. 中国电机工程学报，2015，1（35）：2-12.

[18] 马钊，周孝信，尚宇炜，等. 未来配电系统形态及发展趋势 [J]. 中国电机工程学报，2015，6（35）：1289-1298.

[19] 邓越凡，张黎浩. E 级计算之远景 [J]. 科技导报，2016（21）：85-94.

[20] 廖湘科，肖侬. 新型高性能计算系统与技术 [J]. 中国科学：信息科学，2016（09）：1175-1210.

［21］戴彦，王刘旺，李媛，等. 新一代人工智能在智能电网中的应用研究综述［J］. 电力建设，2018（10）：1－11.

［22］王继业. 人工智能重点研发方向及发展规划［EB/OL］.（2018－06－20）［2018－06－25］https：//mp.weixin.qq.com/s/tcv LW7fESdykghBIsFfwtg.

［23］樊陈，倪益民，申洪，等. 中欧智能变电站发展的对比分析［J］. 电力系统自动化，2015（16）.

［24］张斌，倪益民，马晓军，等. 变电站综合智能组件探讨［J］. 电力系统自动化，2010，34（21）.

［25］辛建波，廖志伟. 基于 Multi－agents 的智能变电站警报处理及故障诊断系统［J］. 电力系统保护与控制，2011，39（16）：83－88.

［26］汤广福. 基于电压源换流器的高压直流输电技术［M］. 北京：中国电力出版社，2010：72－76.

［27］黄柳强，卜广全. FACTS 协调控制研究进展及展望［J］. 电力系统保护与控制，2012，40（5）：138－147.

［28］郭志忠. 电网自愈控制方案［J］. 电力系统自动化，2005，29（10）：85－91.

［29］王明俊. 自愈电网与分布能源［J］. 电网技术，2007，31（6）：1－7.

［30］蔡斌，吴素农，王诗明，等. 电网在线安全稳定分析和预警系统［J］. 电网技术，2007，31（2）：36－41.

［31］张恒旭，刘玉田，张鹏飞. 极端冰雪灾害下电网安全评估需求分析与框架设计［J］. 中国电机工程学报，2009，29（16）：8－14.

［32］胡毅. 电网大面积冰灾分析及对策探讨［J］. 高电压技术，2008，34（2）：215－219.

［33］宋永华，阳岳希，胡泽春. 电动汽车电池的现状及发展趋势［J］. 电网技术，2011，35（4）：1－7.

［34］郑欢，江道灼，杜翼. 交流配电网与直流配电网的经济性比较［J］. 电网技术，2013，37（12）：3368－3374.

［35］王成山，孙充勃，李鹏，等. 基于 SNOP 的配电网运行优化及分析［J］. 电力系统自动化，2015，39（9）：82－87.

［36］A. Q. H.，M. L. C.，G. T. H.，J. P. Z. & S. J. D. The Future Renewable Electric Energy Delivery and Management（FREEDM） System：The Energy Internet. Proceedings of the IEEE，2011，99（1），133－148.

［37］宋强，赵彪，刘文华，等. 智能直流配电网研究综述. 中国电机工程学报，2013（25），9－19.

［38］江道灼，郑欢. 直流配电网研究现状与展望. 电力系统自动化，2012（08），98－104.

［39］P. F. DC Versus AC：The Second War of Currents Has Already Begun (In My View). IEEE Power and Energy Magazine，2012，10（6），103－104.

［40］王成山. 主动配电网优化技术研究现状及展望［J］. 电力建设，2015，36.

［41］曾鸣，杨雍琦，刘敦楠，等. 能源互联网"源－网－荷－储"协调优化运营模式及关键技术［J］. 电网技术，2016，40（1）：114－124.

［42］王成山，李鹏. 分布式发电、微网与智能配电网的发展与挑战［J］. 电力系统自动化，2010，34（2）：10－14.

［43］QUANYUAN JIANG，MEIDONG XUE，GUANGCHAO GENG. Energy management of microgrid in grid－connected and stand－alone modes. IEEE Transactions on Power Systems，2013，28（3）：3380－3389.

［44］孙玲玲，高赐威，谈健，等. 负荷聚合技术及其应用［J］. 电力系统自动化，2017，41（06）：159－167.

［45］周明，宋旭帆，涂京，等. 基于非侵入式负荷监测的居民用电行为分析［J］. 电网技术，2018，42（10）：3268－3276.

［46］张华. 电气综合监控系统的应用［J］. 电气自动化，2018，40（05）：92－94＋107.

［47］刘建明. 物联网与智能电网［M］. 北京：电子工业出版社. 2012.

［48］王子琦，拜克明，王海明. 智能电网与智慧城市［M］. 北京：水利水电出版社. 2015.